"十三五"普通高等教育本科系列教材

配电网运行与分析

王清亮　高淑萍　编著
赵洪山　主审

中国电力出版社
CHINA ELECTRIC POWER PRESS

内 容 提 要

本书系统阐述了配电网运行特性、故障分析、计算原理、设计与优化等内容。全书分 7 章，主要内容包括配电网中性点运行方式、电气参数计算；配电网单相接地故障分析、弧光过电压、谐振过电压；配电网自动化系统的构成、原理与实现技术；配电网可靠性分析方法、指标体系、计算与评估技术；配电网电能损耗分析计算；配电网谐波分析与度量；配电网电压损耗与无功补偿优化技术。本书在分析配电网运行特性的同时，注重理论与工程实践的紧密结合，安排并分析了各类应用实例，也可满足当前教育部"卓越工程师教育培养计划"对培养高质量工程技术人才的教学需求。

本书可作为高等院校电气工程及自动化专业和相关专业的教材，也可作为从事配电网分析、设计、运行和维护工作的工程技术人员的培训教材和参考书。

图书在版编目（CIP）数据

配电网运行与分析/王清亮，高淑萍编著 . —北京：中国电力出版社，2015.6（2025.7 重印）

"十三五"普通高等教育本科规划教材

ISBN 978 - 7 - 5123 - 8091 - 2

Ⅰ.①配… Ⅱ.①王…②高… Ⅲ.①配电系统－高等学校－教材 Ⅳ.①TM727

中国版本图书馆 CIP 数据核字（2015）第 169087 号

中国电力出版社出版、发行

（北京市东城区北京站西街 19 号 100005 http://www.cepp.sgcc.com.cn）

北京世纪东方数印科技有限公司印刷

各地新华书店经售

＊

2015 年 6 月第一版 2025 年 7 月北京第二次印刷

787 毫米×1092 毫米 16 开本 13 印张 318 千字

定价 39.00 元

前　言

配电网是电力系统的重要组成部分，其与用户的联系非常紧密，对用户的影响最为直接。现代配电网中越来越多的电力负荷具有非线性、冲击性和波动性，使得配电网损耗加大，供电质量日益恶化。据不完全统计，电力系统中约80%以上的故障来源于配电网，配电网的可靠运行成为进一步提高电力系统安全性的瓶颈。由于配电网具有海量电气节点、三相不平衡和辐射形接线等特点，因而其运行特性及分析方法与输电网差异较大。因此，对配电网的正确分析、准确计算和科学评估是配电网安全、可靠和经济运行的重要基础。

目前，电气工程及其自动化专业的教学体系中比较缺乏系统分析配电网特性的教学内容。已出版的电网分析方面的教材多偏重于输电网，而针对配电网分析、设计与运行方面的教学内容相对较少，尤其缺少配电网电能损耗计算、可靠性分析、故障分析方面的内容。编者在教学与科研过程中发现学生对高压输电网的分析计算比较熟悉，而对配电网的认识、分析及计算方面的知识较为缺乏；从目前电气工程专业学生的就业领域来看，很多学生在配电网、工矿企业供电网和电气公司从事相关设计与运行方面的工作；随着社会经济的快速发展，特别是数字化变电站逐步推广，分布式发电和微电网的引入以及智能配电网建设，都将引起配电网领域的一场巨大变革和技术提升。因而，《配电网运行与分析》教材的编写正是顺应电力系统这一发展潮流而开展的。

本书作为电气工程及其自动化专业和相关专业高年级学生及研究生教学用书。本书内容安排力求使学生对配电网运行有一个较系统的深入理解，并根据当前高等教育注重多方面综合、宽口径发展的教学需要，紧密结合配电网的最新技术发展来安排和编写，对配电网的运行特性、故障分析、计算原理、设计与优化等内容进行系统性的论述。全书分7章，第1章论述配电网中性点运行方式、电气参数计算；第2章分析配电网运行中的各种故障，包括单相接地故障分析、弧光过电压、谐振过电压等；第3章对配电网自动化系统的构成、配电自动终端单元、馈线自动化技术等进行阐述和分析；第4章论述配电网可靠性分析方法、指标体系、计算及预测评估技术；第5章分析配电网电能损耗原理、计算方法及降低线损的技术措施；第6章分析配电网谐波源、谐波度量、元件谐波参数及谐波抑制技术；第7章阐述配电网电压损耗计算方法、无功补偿原理、计算及优化技术。

本书是结合编者多年来从事配电网运行分析方面的教学、科研以及工程规划设计的实践经验编写而成的，同时参考和引用了相关学者的著作和文献。其中，第5章和第7章的部分内容参考了刘健教授的授课PPT。在此一并表示衷心感谢！

本书由王清亮、高淑萍共同编写。其中王清亮编写了本书的第2～第7章，高淑萍编写了第1章。本书由华北电力大学赵洪山教授担任主审并提出了许多宝贵意见，在此谨致衷心的感谢。

限于作者水平，加之电力系统新技术的发展迅速，书中疏漏和不足之处在所难免，敬请读者批评指正。

作　者

2015 年 6 月

目　　录

第1章 概　　论

配电网是从输电网或地区发电厂接受电能，将电能安全、可靠、经济地分配给用户，保证用户能得到符合质量要求的电力。配电网一般深入城市中心和居民密集点，传输功率和传输距离较小。不同电压等级的配电网在接线方式、供电容量、运行方式、供电可靠性、供电质量等方面的要求与输电网有较大区别。

配电网分为高压配电网、中压配电网和低压配电网。高压配电网一般由 35kV 及以上的线路和变电站组成，完成将一次变电站的电能输送到负荷中心的任务。中压配电网由 10kV 或 20kV 线路、开关站、箱式变电站、配电变压器、终端变电站等组成，将高压 110kV 或 35kV 变换成中压 10kV 或 20kV，并输送电能到终端变电站。低压配电网由 380V/220V 线路和开关设备等构成。

1.1　配电网中性点运行方式

配电网中性点与大地间的电气连接方式，称为配电网中性点运行方式。不同中性点运行方式将对配电网绝缘水平、过电压保护的选择、继电保护方式等产生不同的影响。反过来，针对一个具体的配电网，选择何种运行方式，要综合考虑多种因素，进行安全、技术及经济比较后确定。

由于接地电流值与零序电抗的大小密切相关，因此将零序电抗与正序电抗比值作为运行方式划分的依据。如果一个系统的零序电抗与正序电抗之比不大于 3，且零序电阻对正序电抗之比不大于 1 时，则认为该配电网中性点采用了有效接地的运行方式；否则，称为非有效接地运行方式。采用上述两种中性点运行方式的配电网，分别称为中性点有效接地配电网和中性点非有效接地配电网。

1.1.1　中性点有效接地运行方式

中性点有效接地运行方式分为中性点直接接地和中性点经小电阻接地两种情况。由于当配电网中性点采用有效接地方式时，单相接地的故障电流比较大，习惯上又将其称为大电流接地方式。

1. 中性点直接接地运行方式

中性点直接接地的配电网中出现单相接地故障时，短路电流较大，会对电气设备造成危害，干扰邻近的通信线路，可能使电信设备的接地部分产生高电位，以致引发事故；此外，故障点附近容易产生接触电压和跨步电压，可能对人身造成伤害。为避免这些危害，在配电网发生单相接地故障时，继电保护装置应立即动作，使断路器跳闸，切除故障线路。

中性点直接接地方式的优点是单相接地故障时非故障相对地电压一般低于正常运行电压的 140%，不会引起过电压；继电保护配置比较容易。其缺点是发生单相接地故障会引起断路器跳闸。实际上电网的绝大部分故障是单相接地故障，其中瞬时性故障又占有很大比例，这些故障都会引起供电中断，影响供电可靠性。

2. 中性点经小电阻接地运行方式

中性点经小电阻接地运行方式是在中性点与大地之间连接一个电阻，电阻的大小应使流经变压器绕组的故障电流不超过每个绕组的额定值。经小电阻接地的配电系统发生单相接地故障时，非故障相电压可能达到正常值的 $\sqrt{3}$ 倍，由于高、中压配电系统的绝缘水平是根据更高的雷电过电压设计的，因而不会对配电系统设备造成危害。

1.1.2　中性点非有效接地运行方式

中性点非有效接地运行方式包括中性点不接地、中性点经消弧线圈接地、中性点经大电阻接地三种方式。这三种接地方式下发生单相接地故障时，流过故障点的电流很小，因此，被称为小电流接地运行方式。

1. 中性点不接地运行方式

由于中性点对地绝缘，故障点接地电流主要取决于整个系统对地分布电容。在以架空线为主的配电网中，故障点接地电流一般为数安到数十安，在以电缆线路为主的配电网中，接地电流可达到数百安。

中性点不接地运行方式结构简单，运行方便，不需任何附加设备，若是瞬时故障，一般能自动熄弧，非故障相电压升高不大，不会破坏系统的对称性，单相接地电流较小，运行中可允许单相接地故障存在一段时间。电力系统安全运行规程规定可继续运行 $1\sim2h$，从而获得排除故障的时间，若是由于雷击引起的绝缘闪络，则绝缘可以自行恢复，相对提高了供电的可靠性。中性点不接地系统的最大优点在于：当线路不太长时能自动消除单相瞬时性接地故障，而不需要跳闸。

中性点不接地运行方式因其中性点是绝缘的，电网对地电容中储存的能量没有释放通路，在发生弧光接地时，对地电容中的能量不能释放，从而产生弧光接地过电压，其值可达相电压的数倍，对设备绝缘造成威胁。此外，由于电网中存在电容和电感元件，在一定条件下，因倒闸操作或故障，容易引发线性谐振或铁磁谐振，产生较高谐振过电压。

2. 中性点经消弧线圈接地运行方式

近年来我国城市配电网发展较快，电力电缆在城市配电网中大量使用，配电网的对地电容电流迅速增大，单相接地电弧难以自行熄灭。中性点经消弧线圈接地方式是将带气隙的可调电抗器接在系统中性点和地之间，当系统发生单相接地故障时，消弧线圈的电感电流能够补偿电网的接地电容电流，使故障点的接地电流变为数值较小的残余电流，残余电流的接地电弧就容易熄灭。由于消弧线圈的作用，当残流过零熄弧后，降低了恢复电压的初速度，延长了故障相电压的恢复时间，并限制了恢复电压的最大值，从而可以避免接地电弧的重燃，达到彻底熄弧的目的。

中性点经消弧线圈接地运行方式在系统发生单相接地故障时，流过接地点的电流较小，不会立即跳闸，按规程规定电网可带故障运行 $2h$。中性点经消弧线圈接地方式还具有人身、设备安全性好、电磁兼容性强和运行维护工作量小等一系列优点。

中性点经消弧线圈接地时，用消弧线圈的脱谐度表示消弧线圈的电感电流对电容电流的补偿程度的不同。根据脱谐度的值，可以分为完全补偿、欠补偿和过补偿三种补偿方式。

$$\upsilon = \frac{I_{\mathrm{C}} - I_{\mathrm{L}}}{I_{\mathrm{C}}} \qquad\qquad (1-1)$$

式中　υ——消弧线圈的脱谐度；

　　I_{C}——接地点的容性电流；

　　I_{L}——消弧线圈产生的感性电流。

（1）完全补偿。完全补偿时，式（1-1）中的 $\upsilon = 0$，消弧线圈产生的感性电流等于系统电容电流，接地点的电流近似为零。从消除故障点电弧，避免电弧重燃出现弧光过电压的角度看，显然这种补偿方式是最好的。在以往的概念中，由于易引起电感和三相对地电容串联谐振，完全补偿是个禁区，但在自动跟踪补偿系统中允许完全补偿。

（2）欠补偿。欠补偿时，式（1-1）中的 $\upsilon > 0$，则消弧线圈产生的感性电流小于系统电容电流，补偿后接地点的电流仍然是容性的。欠补偿方式在配电网改变运行方式，切除部分线路后易形成完全补偿，因此，这种方式较少采用。

（3）过补偿。过补偿时，式（1-1）中的 $\upsilon < 0$，消弧线圈产生的感性电流大于系统电容电流的，补偿后的残余电流是感性的。过补偿运行方式不可能引起系统发生串联谐振，因此，一般配电网运行中都采用过补偿，脱谐度在 -10% 左右。

我国配电网中压变电站主变压器一般采用 Y/△连接方式，系统中不存在中性点。当系统需要采用经消弧线圈接地运行方式时，最佳方法是增设接地变压器。接地变压器主绕组连接到接地系统的三相，并引出中性点端子到消弧线圈上，其原理接线如图 1-1 所示。

图 1-1 中，接地变压器由 6 个绕组组成，每一铁心柱上有 2 个绕组，然后反极性串联成曲折形的星形绕组。接地变压器在电网正常运行时有很高的励磁阻抗，在绕组中只流过较小的励磁电流或因中性点电压偏移而引起的持续电流。当系统发生单相接地故障时，接地变压器绕组对正序、负序电流都呈现高阻抗，而对零序电流则呈现低阻抗。阻尼电阻的主要作用是用来限制消弧线圈在调整和正常运行时的谐振过电压，其接线方式有串联和并联两种方式，一般是在消弧补偿装置调节电感量和正常运行时起作用。在接地故障发生时，一般将阻尼电阻切除。

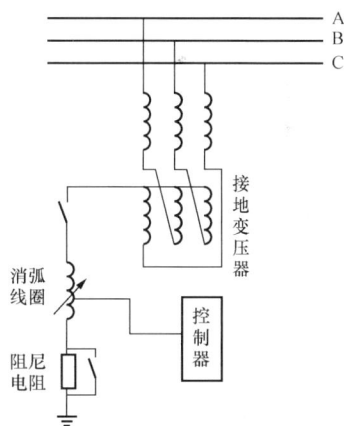

图 1-1　消弧补偿装置原理接线图

控制器对电网的电容电流实时在线检测，能自动跟踪电网电容电流的变化，自动调整补偿电流，有效地把接地点残流控制在 10A 以下，能够记录并打印故障参数为故障分析提供依据。

1.1.3　配电网中性点运行方式的选择

表 1-1 列出了各种中性点接地方式的优缺点，说明了中性点接地方式是一个涉及配电网许多方面的综合问题。在选择中性点接地方式时，必须考虑人身安全、供电可靠性、电气设备和线路绝缘水平、继电保护的可靠性、对通信信号的干扰等。

表 1 - 1　　　　　　　　　　　中性点接地方式比较

方式 比较内容	不接地	经电阻接地	经消弧线圈接地	直接接地
非故障相对地电压（相电压的倍数）	$\sqrt{3}$ 倍以上	$\sqrt{3}$ 倍以上	过补偿时为 $\sqrt{3}$ 倍，欠补偿时有谐振危险	1.3 倍以上
发展为多重故障	线路长电容电流大，可能性大	较好	可能由串联谐振引起多重故障	少
单相接地电流	小	较大	最小	大
接地保护	较难	较好	困难	可靠
故障时对通信线路的电磁干扰	小	较小	最小	大
供电可靠性	高	较高	高	低
故障电流对人身安全的影响	持续时间长	小	最小	大

1. 高压配电网

110kV 及以上高压配电网运行电压本身已经很高，如果采用中性点非有效接地方式，单相接地故障时，非故障相过电压可能会达到正常运行值的 3 倍以上，对电气设备绝缘的要求大大提高，设备制造成本显著增加。因此，国内外高压配电网一般都采用中性点直接接地方式。

2. 中压配电网

中压配电网的额定运行电压相对较低，接地故障过电压的问题不像在高压配电网中那样突出，中性点直接接地方式的优势不明显，很难确定中性点采用有效接地方式还是采用非有效接地方式更有利，因此，两种接地方式在实际工程中都有相当数量的应用。

目前，美国、英国、新加坡等国和我国香港地区的中压配电网中性点一般采用直接接地方式或经小电阻接地方式，德国、法国等欧洲国家以及日本、俄罗斯等国的中压配电网中性点一般采用非有效接地方式，我国的中压配电网中性点一般采用非有效接地方式。

3. 低压配电网

低压配电网的中性点运行方式主要考虑供电连续性和电击防护，有三种运行方式。

（1）IT 运行方式。IT 运行方式是指中性点不接地，用电设备外露可导电部分直接接地的运行方式。IT 系统主要用于对供电连续性要求较高，或对电击防护要求较高的场所。

（2）TT 运行方式。TT 运行方式是指中性点直接接地，用电设备外露可导电部分也直接接地，这两种接地相互独立的运行方式。TT 系统在我国主要用于城市公共配电网和农村电网。

（3）TN 运行方式。TN 运行方式是指中性点直接接地，用电设备外露可导电部分直接与电源地连接的运行方式。TN 系统主要用于三相四线低压配电网。

4. 我国配电网常采用的接地方式

根据 GB 50070—2009《矿山电力设计规范》规定，当单相接地电容电流小于等于 10A 时，宜采用电源中性点不接地方式；大于 10A 时，必须采用限制措施。DL/T 620—1997《交流电气装置的过电压保护和绝缘配合》作了如下规定：

（1）3～10kV 不直接连接发电机的系统和 35、66kV 系统，当单相接地故障电容电流不超过下列数值时，采用不接地方式；当超过下列数值时，应采用消弧线圈接地方式：

1）3～10kV 钢筋混凝土或金属杆塔的架空线路构成的系统和所有 35、66kV 系统，为 10A。

2）3～10kV 非钢筋混凝土或非金属杆塔的架空线路构成的系统，电压为 3kV 和 6kV 时，为 30A；电压为 10kV 时，为 20A；3～10kV 电缆线路构成的系统，为 30A。

（2）电压等级为 6～35kV 且主要由电缆线路构成的送、配电系统，在单相接地故障电容电流较大时，可以采用低电阻接地方式，但应考虑供电可靠性的要求、故障时瞬间电压、瞬态电流对电气设备和通信的影响及继电保护方面的技术要求以及本地的运行经验等。

（3）6kV 和 10kV 配电系统以及单相接地故障电流较小的发电厂厂用电系统，为了防止谐振、间歇性电弧接地过电压等对设备的损坏，可采用高电阻接地方式。

1.2　配电网主设备电气参数计算

1.2.1　电力线路电气参数计算

电力线路按结构可分为架空电力线路和电缆线路两类。电缆线路的造价较架空线路高，两者的电气参数计算有所不同。其中电缆线路的电气参数一般需要通过查阅产品手册获得，以下对架空电力线路电气参数计算进行分析。

架空电力线路的电气参数是沿线路长度均匀分布的，它的基本参数有：电阻（R）、电导（G）、电抗（X）和电纳（B）。本节关于架空电力线路电气参数的计算，均指三相对称线路。

对 35kV 以下、长度较短的配电线路，忽略电导的作用，架空电力线路的等值电路如图 1 - 2 所示。

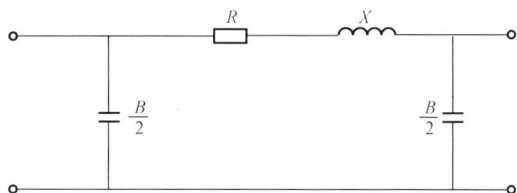

图 1 - 2　架空电力线路参数分布等值电路图

1. 架空电力线路电阻

单位长度导线的电阻计算式为

$$r_0 = \frac{\rho}{S} \tag{1-2}$$

式中　r_0——导线每千米的电阻，Ω/km；

　　　ρ——导线计算电阻率，$\Omega \cdot \text{mm}^2/\text{km}$；

　　　S——导线截面积，mm^2。

各种型号的导线电阻 r_0 也可采用制造厂家提供数据，见表 1 - 2。

表 1 - 2   各种型号的导线电阻 r_o

线材 r_o（Ω/m） 截面积（mm²）	铜绞线 （TJ）	铝绞线 （LJ）	钢芯铝绞线 （LGJ）	轻型钢芯铝绞线 （LGJ）	加强型钢芯铝绞线 （LGJJ）
16	1.20	1.98	2.04		
25	0.74	1.28	1.38		
35	0.54	0.92	0.85		
50	0.39	0.64	0.65		
70	0.27	0.46	0.45		
95	0.20	0.34	0.33		
120	0.158	0.27	0.27		
150	0.123	0.21	0.21		0.28
185	0.103	0.17	0.17	0.17	0.17
240	0.078	0.132	0.132	0.132	0.131
300	0.062	0.106	0.107	0.108	0.106
400	0.047	0.080	0.080	0.080	0.079
500		0.063		0.065	
600		0.052		0.055	
700				0.044	

2. 架空电力线路电抗

单位长度导线的电抗为

$$x_0 = 0.1445 \lg \frac{2D_{JH}}{r_{DX}} + \frac{0.0157\mu_r}{n} \quad （\Omega/km） \tag{1-3}$$

式中 D_{JH}——线路上导线相间几何均距，m；

  r_{DX}——每相导线的等效半径；

  μ_r——导线相对磁导率，有色金属的 $\mu_r=1$；

  n——每相分裂导线的根数。

架空 LJ 型铝绞线和 LGJ 型钢芯铝绞线的电抗值见表 1-3 和表 1-4。

表 1 - 3   架空 LJ 型铝绞线的电抗 x_0 数值表 （Ω/km）

导线截面积（mm²）		16	25	35	50	70	95	120
计算直径（mm）		5.1	6.4	7.5	9.0	10.7	12.4	14.0
几何均距 （m）	0.6	0.358	0.345	0.336	0.325	0.315	0.303	0.297
	0.8	0.377	0.363	0.352	0.341	0.331	0.319	0.313
	1.0	0.391	0.377	0.366	0.355	0.345	0.334	0.327
	1.25	0.405	0.391	0.380	0.369	0.359	0.347	0.341
	1.5	—	0.402	0.391	0.380	0.370	0.358	0.352
	2.0	—	0.421	0.410	0.389	0.388	0.377	0.371

表 1 - 4　　　　　　　　　　　架空 LGJ 型钢芯铝绞线的电抗 x_0 数值表

导线截面积（mm²）		35	50	70	95	120	150	185	240
导线计算直径（mm）		8.4	9.6	11.4	13.7	15.2	17.0	19.0	21.6
几何均距 （m）	2.0	0.403	0.392	0.382	0.371	0.365	0.358		
	2.5	0.417	0.406	0.396	0.385	0.379	0.372	0.365	0.357
	3.0	0.429	0.418	0.408	0.397	0.391	0.384	0.377	0.369
	3.5	0.438	0.427	0.417	0.406	0.400	0.398	0.386	0.378
	4.0	0.446	0.435	0.425	0.414	0.408	0.401	0.394	0.386
	4.5			0.433	0.422	0.416	0.409	0.402	0.974
	5.0			0.440	0.429	0.423	0.416	0.409	0.401
	5.5			0.446	0.435	0.429	0.422	0.415	0.407
	6.0								0.413

设每组线路长度为 L，则每组线路总阻抗为

$$X = x_0 L \tag{1 - 4}$$

3. 架空电力线路电纳

在电源频率 $f = 50\text{Hz}$ 的情况下，架空电力线路经过完整换位，每相导线单位长度的电纳为

$$b_0 = \frac{7.58}{\lg \dfrac{D_{\text{JH}}}{r_{\text{DX}}}} \times 10^{-6} \quad (\text{s/km}) \tag{1 - 5}$$

当每组相线路长度为 $L(\text{km})$ 时，则每相电纳为

$$B = b_0 L \tag{1 - 6}$$

架空 LGT 型钢芯铝绞线不同几何均距时的电纳 b_0 值见表 1 - 5。

表 1 - 5　　　　　架空 LGJ 型钢芯铝绞线的电纳 $b_0 (10^{-6}\text{s/km})$ 数值表（B）

导线截面积（mm²）		35	50	70	95	120	150	185	240
导线计算直径（mm）		8.4	9.6	11.4	13.7	15.2	17.0	19.0	21.6
几何均距 （m）	2.0	2.83	2.91						
	2.5	2.73	2.81						
	3.0	2.65	2.72	2.79	2.87	2.92	2.97	3.03	3.1
	3.5	2.59	2.66	2.73	2.81	2.85	2.90	2.96	3.02
	4.0	2.54	2.61	2.68	2.75	2.79	2.85	2.90	2.96
	4.5	2.49	2.56	2.62	2.69	2.74	2.79	2.82	2.85
	5.0	2.46	2.52	2.58	2.65	2.69	2.74	2.82	2.85
	6.0					2.64	2.68	2.71	2.76
	6.5					2.6	2.63	2.69	2.72
	7.0						2.60	2.66	2.70

1.2.2　双绕组变压器电气参数

1. 变压器参数折算

通常变压器一次绕组匝数 W_1 不等于二次绕组匝数 W_2，一次侧感应电动势 E_1 也不等于二次侧感应电动势 E_2。双绕组变压器带负载运行原理如图 1-3 所示。

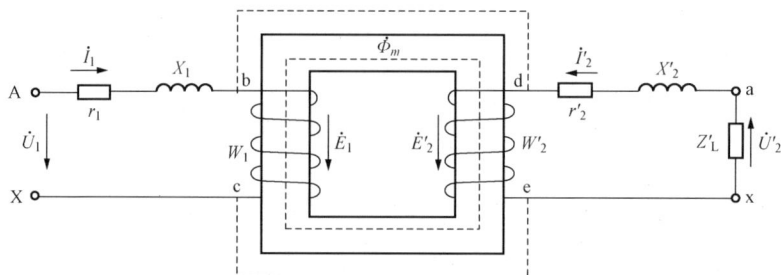

图 1-3　双绕组变压器带负载运行原理图

图 1-3 中，$\dot{U}_1$、$\dot{I}_1$ 是变压器一次侧电压和电流，r_1、X_1 是变压器一次绕组的电阻、漏抗，$\dot{U}_2'$、$\dot{I}_2'$ 是变压器二次侧折算到一次侧的电压和电流，r_2'、X_2' 是变压器二次侧折算到一次侧的电阻、漏抗，W_2'、E_2' 是变压器二次侧折算到一次侧的匝数和电动势，Z_L' 是变压器负载折算到一次侧的负载阻抗。

折算是研究变压器的一种方法，不改变变压器的电磁过程，因此折算前后变压器的磁势、磁场、功率、损耗都不变。通常是把二次侧参数折算到一次侧，具体折算方法如下。

（1）电流 I_2 的折算值 I_2'。折算前后的二次绕组的磁动势不变，即有 $I_2'W_2' = I_2W_2$，可得

$$I_2' = \frac{W_2}{W_2'}I_2 = \frac{W_2}{W_1}I_2 = \frac{1}{K}I_2 \tag{1-7}$$

（2）电动势和电压的折算值。因折算后的一、二次绕组有相同的匝数，所以两绕组的感应电动势相等，即有 $E_2' = E_1 = KE_2$。

同理，二次绕组漏磁感应电动势、二次绕组电压也折算为

$$E_{2\sigma}' = KE_{2\sigma} \tag{1-8}$$

$$U_2' = KU_2 \tag{1-9}$$

（3）电阻 r_2 的折算值 r_2'。折算前后二次绕组的电能损耗不变，既 $(I_2')^2 r_2' = I_2^2 r_2$，由此可得出

$$r_2' = \left(\frac{I_2}{I_2'}\right)^2 r_2 = K^2 r_2 \tag{1-10}$$

（4）漏电抗 X_2 的折算值 X_2'。由于 $E_{2\sigma}' = KE_{2\sigma} = KI_2X_2 = KKI_2'X_2$，故有

$$X_2' = K^2 X_2 \tag{1-11}$$

（5）负载阻抗 Z_L 的折算值 Z_L'。折算前后变压器二次侧输出的视在功率不变，即 $(I_2')^2 Z_L' = I_2^2 Z_L$，由此可得

$$Z_L' = \left(\frac{I_2}{I_2'}\right)^2 Z_L = K^2 Z_L \tag{1-12}$$

2. 变压器带载等值电路

先将二次侧组采用到一次侧，同时将变压器一、二次侧绕组中的电阻和漏抗移到绕组端点外，得到如图 1-4 所示变压器带负载时的等值电路。

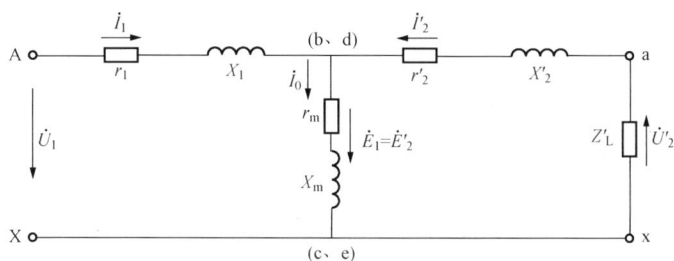

图 1-4 变压器带负载时等值电路图

在负载情况下，由 A、X 端看去，外加电压 $\dot{U}_1$，产生电流 $\dot{I}_1$，其阻抗 Z 是

$$Z = \frac{U_1}{I_1} = \frac{I_1 Z_1 - E_1}{I_1} = Z_1 + \cfrac{1}{\cfrac{1}{Z_m} + \cfrac{1}{Z_2' + Z_1'}} \tag{1-13}$$

式中 Z_1——变压器一次绕组的阻抗，$Z_1 = r_1 + jX_1$；

Z_m——变压器励磁绕组的阻抗，$Z_m = r_m + jX_m$；

Z_2'——变压器二次绕组的折算阻抗，$Z_2' = r_2' + jX_2'$。

在图 1-4 中，消耗在 r_1 及 r_2' 上的电功率 $I_1^2 r_1$ 及 $I_2^2 r_2'$ 分别表示一、二次绕组中的电能损耗（即铜耗）；消耗在 r_m 上的电功率 $I_0^2 r_m$ 代表变压器铁心中的磁场损耗（即铁损）；$U_1 I_1$ 为输入视在功率；$U_2' I_2'$ 为变压器输出的视在功率；而 $E_1 I_1 = E_2' I_2' = E_2 I_2$ 是变压器一次侧通过电磁感应传给二次侧的电磁功率。

在工程计算中，如果不需要很高的准确度，则变压器的等值电路还可以简化。其简化依据是：在一般变压器中 $Z_m \gg Z_1$，因此可以将图 1-4 中的励磁阻抗由中间移到电源位置，如图 1-5 所示。

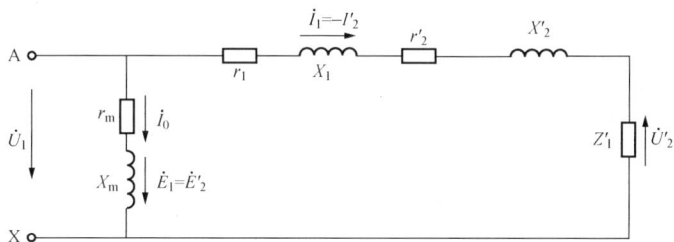

图 1-5 变压器二次侧折算到一次侧的"T"等值电路图

在图 1-5 中，一、二次绕组的阻抗是直接串联在一起的，其值等于短路阻抗 Z_k。变压器一次侧电流等于不变的空载电流 $\dot{I}_0$ 加上随负载而变化的二次侧折算电流。

在分析变压器带负载情况下的许多问题时，由于励磁阻抗很大，正常运行时变压器的空载电流与一次侧电流相比也较小，励磁支路近似开路，励磁支路中的空载电流可忽略不计，图 1-5 所示的"T"形等值电路简化为图 1-6 所示的"一"字形等值电路。

在图 1-5 和图 1-6 中，变压器的短路阻抗 Z_k、短路电阻 r_k、短路电抗 X_k 分别为

$$\begin{cases} Z_k = Z_1 + Z_2' \\ r_k = r_1 + r_2' \\ X_k = X_1 + X_2' \end{cases} \qquad (1-14)$$

变压器铭牌上的漏阻抗就是 Z_k 的百分值，Z_k 的大小决定了变压器短路时端电压的高低，同时也表征变压器在额定负载时的电压降落值。

3. 电气参数计算

忽略励磁支路的影响，双绕组配电变压器等值电路简化为如图 1-7 所示电路。

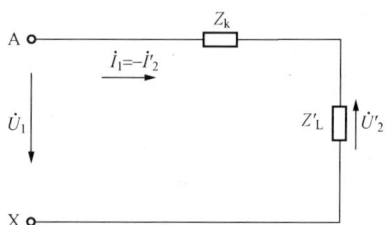

图 1-6　变压器"一"字形等值电路图　　　　图 1-7　双绕组变压器等值电路

双绕组配电变压器等值电阻计算式为

$$R_T = \frac{\Delta P_k U_N^2}{1000 S_N} \quad (\Omega) \qquad (1-15)$$

式中　ΔP_k——变压器短路损耗功率，kW；

U_N——归算侧变压器额定电压，kV；

S_N——变压器额定容量，kV·A。

双绕组配电变压器等值电抗计算式为

$$X_T = \frac{U_k\% U_N^2}{100 S_N} \quad (\Omega) \qquad (1-16)$$

式中　$U_k\%$——变压器短路电压百分值。

1.2.3　三绕组变压器电气参数

三绕组变压器等值电路如图 1-8 所示。图中，R_{T1}、R_{T2}、R_{T3} 分别表示三绕组变压器第一～第三个绕组的等值电阻，X_{T1}、X_{T2}、X_{T3} 分别表示三绕组变压器第一～第三个绕组的等值电抗。三绕组变压器等值电阻的计算式为

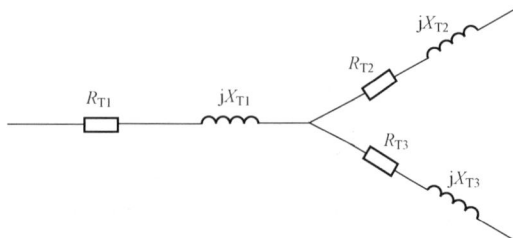

$$\begin{cases} R_{T1} = \dfrac{\Delta P_{1k} U_N^2}{S_N} \times 10^{-3} \\[2mm] R_{T2} = \dfrac{\Delta P_{2k} U_N^2}{S_N} \times 10^{-3} \\[2mm] R_{T3} = \dfrac{\Delta P_{3k} U_N^2}{S_N} \times 10^{-3} \end{cases}$$

$$(1-17)$$

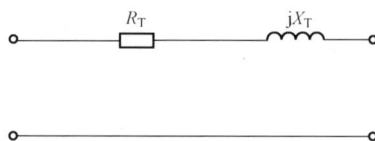

图 1-8　三绕组变压器等值电路

式中　ΔP_{1k}，ΔP_{2k}，ΔP_{3k}——三绕组变压器第一～第三个绕组的短路损耗功率。

可根据任意两个绕组之间的短路损耗功率计算各绕组的短路损耗功率，当变压器三个绕组容量相等时有

$$\begin{cases} \Delta P_{1k} = 0.5[\Delta P_{k(1-2)} + \Delta P_{k(1-3)} + \Delta P_{k(2-3)}] \\ \Delta P_{2k} = \Delta P_{k(1-2)} - \Delta P_{1k} \\ \Delta P_{3k} = \Delta P_{k(1-3)} - \Delta P_{1k} \end{cases} \tag{1-18}$$

当变压器三个绕组容量不相等时，应首先将绕组小于变压器额定容量的短路损耗功率进行归算，然后再根据式（1-18）进行计算。

三绕组变压器等值电抗的计算式为

$$\begin{cases} X_{T1} = \dfrac{U_{1k}\% U_N^2}{100 S_N} \quad (\Omega) \\[2mm] X_{T2} = \dfrac{U_{2k}\% U_N^2}{100 S_N} \quad (\Omega) \\[2mm] X_{T3} = \dfrac{U_{3k}\% U_N^2}{100 S_N} \quad (\Omega) \end{cases} \tag{1-19}$$

式中　$U_{1k}\%$，$U_{2k}\%$，$U_{3k}\%$——三绕组变压器第一～第三个绕组的短路电压百分值。

可根据任意两个绕组之间的短路电压百分值计算各绕组的短路电压百分值，当变压器三个绕组容量相等时有

$$\begin{cases} U_{1k}\% = 0.5[U_{k(1-2)}\% + U_{k(1-3)}\% + U_{k(2-3)}\%] \\ U_{2k}\% = U_{k(1-2)}\% - U_{1k}\% \\ U_{3k}\% = U_{k(1-3)}\% - U_{1k}\% \end{cases} \tag{1-20}$$

1.2.4　自耦变压器电气参数

自耦变压器及其参数计算与普通的双绕组、三绕组变压器相同，但各绕组间的短路损耗和短路电压百分数比必须先归算到同一基准容量。

$$\begin{cases} U_{k(1-2)}\% = U'_{k(1-2)}\% \\ U_{k(2-3)}\% = U'_{k(2-3)}\% \left(\dfrac{S_{2N}}{S_{3N}} \right) \\ U_{k(1-3)}\% = U'_{k(1-3)}\% \left(\dfrac{S_{1N}}{S_{3N}} \right) \end{cases} \tag{1-21}$$

式中　$U'_{k(1-2)}\%$，$U'_{k(1-3)}\%$，$U'_{k(2-3)}\%$——归算前各绕组的短路电压百分比。

1.3　配电网接线方式

配电网接线方式是配电网运行的基础，合理的接线是能灵活安排运行方式的重要方面。根据负荷对可靠性、供电质量和区域环境协调等要求的不同，配电网的基本接线方式包括辐射式、干线式、环式、链式等。

1.3.1　高压配电网常用接线方式

1. 架空线路

（1）单侧电源双回路放射式接线。单侧电源双回路放射式接线结构如图1-9所示。为节省占地，可采用同杆双三路供电方式，沿线可支持若干个变电站。

（2）双侧电源双回路放射式接线。为提高供电可靠性，可采用如图1-10所示的双侧电

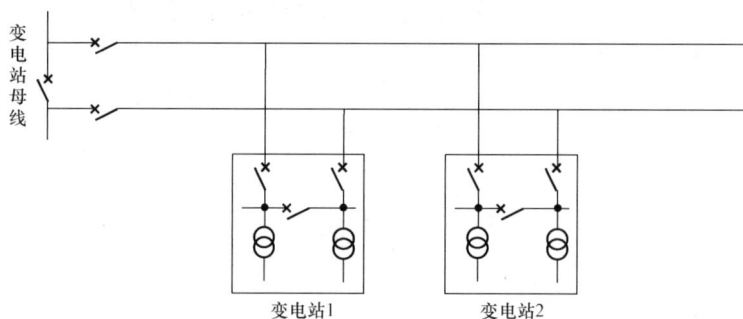

图 1-9　单侧电源双回路放射式接线示意图

源双回路放射式接线，又称对射式接线。城区范围内支接变电站数不宜超过 3 座，当支接 3 座变电站时宜采用双侧电源三回路供电，如图 1-11 所示。

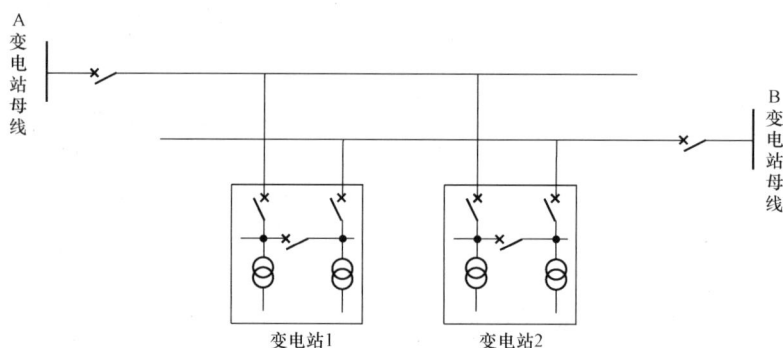

图 1-10　双侧电源双回路放射式接线示意图

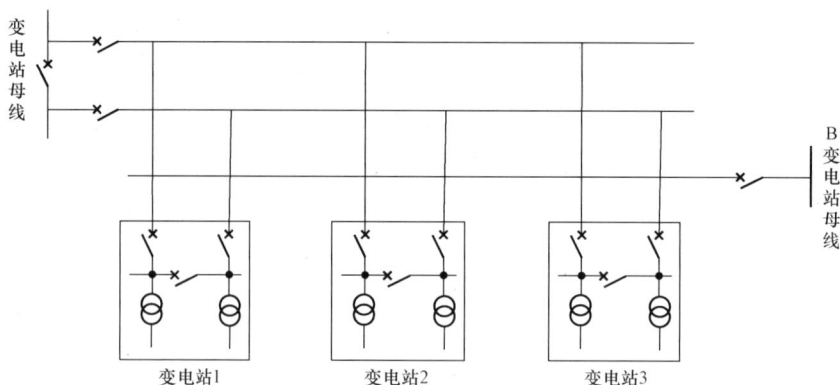

图 1-11　双侧电源三回路放射式接线示意图

2. 电缆线路

（1）单侧电源双回路式接线。高压配电线路采用电缆时，由于电缆故障率较低，单侧双路电源可以支接两个变电站，称为单侧电源双回路电缆接线，如图 1-12 所示。

（2）双侧电源双回环式接线。支接 2 座以上变电站时，宜在两侧配置电源和线路分段，如图 1-13 所示。

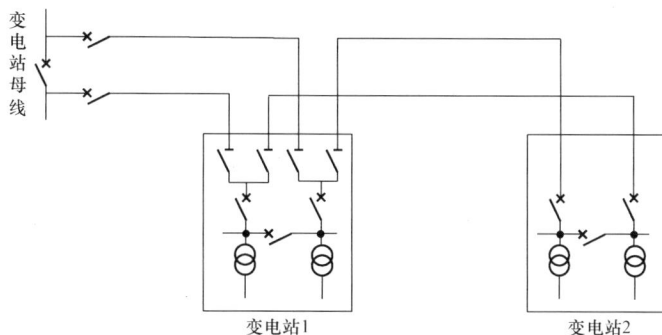

图 1-12　单侧电源双回接线示意图

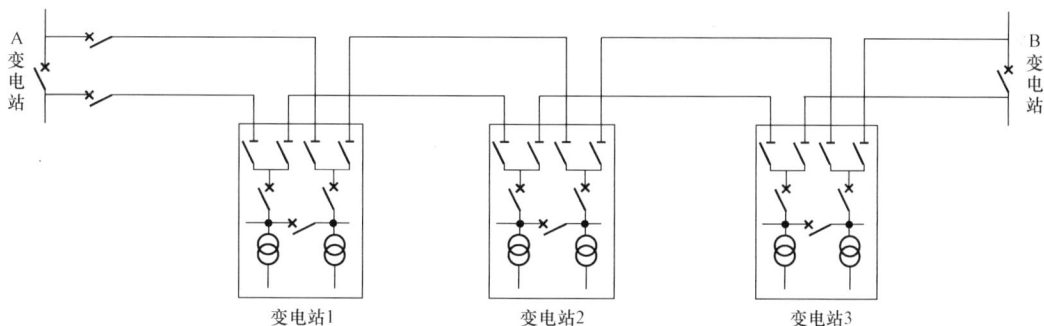

图 1-13　双侧电源双回环式接线示意图

（3）链式接线。大城市负荷密度大，供电可靠性要求高，可采用如图 1-14 所示的链式接线。

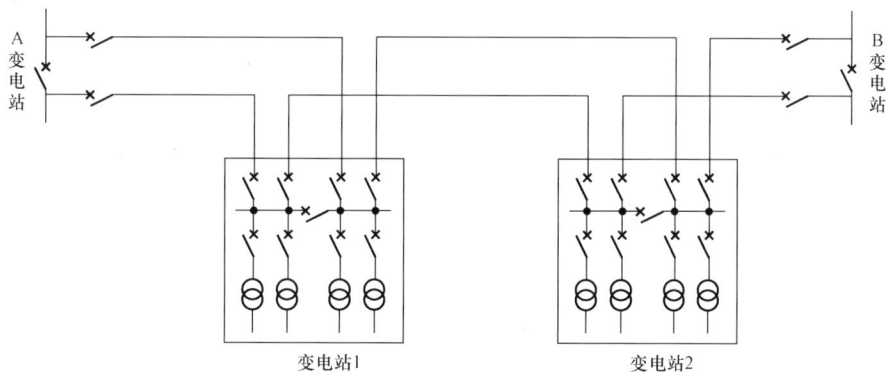

图 1-14　双侧电源双回链式接线示意图

1.3.2　中压配电网常用接线方式

1. 架空的线路

（1）辐射式接线。如图 1-15 所示，辐射式接线方式的线路末端没有其他能够联络的电源，在干线上或支线上设置分段开关，每一个分段能给多台终端变电站或柱上变压器供电。

干线分段原则是：一般主干线分为 2～3 段，负荷较密集地区 1km 分 1 段，远郊区和农村地区按所接配电变压器容量每 2～3MV·A 分 1 段，以缩小事故和检修停电范围。

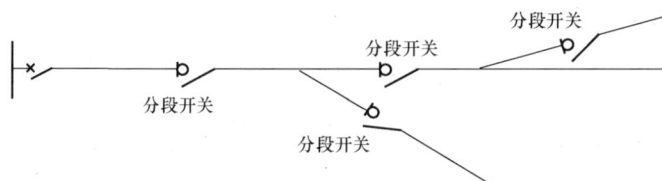

图 1-15　辐射式接线示意图

辐射式接线的特点是结构简单，可根据用户的发展随时扩展，就近接电，投资小，维护方便。其缺点是供电可靠性和电压质量不高，不能满足"$N-1$"原则，当线路故障时部分线路段或全线将停电，当电源故障时将导致整条线路停电。这种接线主要适合于在负荷密度不高、用户分布较分散或供电用户属一般用户的地区，如一般的居民区、小型城市近郊、农村地区。

（2）手拉手式接线。如图 1-16 所示，手拉手式接线与辐射式接线的不同点在于每个中压变电站的一回主干线都和另一中压变电站的一回主干线接通，形成一个两端都有电源、环式设计、开式运行的主干线，任何一端都可以供给全线负荷。主干线上有若干分段点，任何一个分段停电时都不影响其他分段的用电。因此，采用该接线方式时，配电线路停电检修时，可以分段进行，缩小停电范围，缩短停电时间；中压变电站全停电时，配电线路可以全部改由另一端电源供电。这种接线方式配电线路本身的投资并不一定比普通环式更高，但中压变电站的备用容量要适当增加，以负担其他中压变电站的负荷。

手拉手式接线方式的最大优点是可靠性比辐射式接线方式高，接线清晰，运行比较灵活。一条线路故障时，仍然能够通过负荷转移将故障线路隔离，同时没有故障的线路可继续运行。

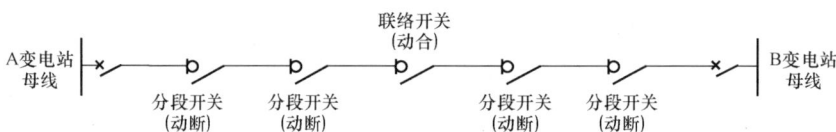

图 1-16　手拉手式接线示意图

（3）多分段多联络式接线。多分段多联络接线一般采用柱上负荷开关将线路多分段，根据分段数和联络数的不同可分为两分段两联络、三分段三联络、三分段四联络等。三分段三联络接线形式如图 1-17 所示。

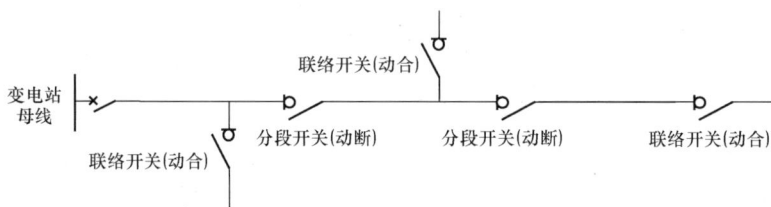

图 1-17　三分段三联络接线示意图

此接线方式的优点是供电可靠性高，经济性好，满足"N－1"安全准则；联络开关数目越多，故障停电和检修时间越少。其缺点是受地理位置、负荷分布的影响，供电区域要达到一定的规模，且造价较高。

2. 电缆线路

（1）单侧电源单辐射式接线。如图 1-18 所示，单侧电源单辐射式接线方式的优点是比较经济，配电线路较短，投资小，新增负荷连接比较方便。但其缺点也很明显，主要是电缆故障多为永久性故障，故障影响时间长，范围较大，供电可靠性较差；当线路故障或电源故障时将导致全线停电；单侧电源单辐射式接线不考虑线路的备用容量，每条出线均是满负载运行。

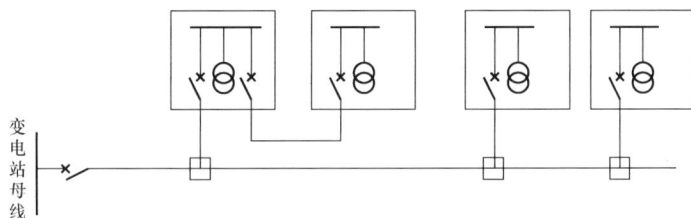

图 1-18　单侧电源单辐射式接线示意图

（2）单侧电源双辐射式接线。自一座变电站或开关站的不同中压母线引出双回线，或自同一供电区域的不同变电站引出双回线，形成单侧电源双辐射式接线，如图 1-19 所示。此种接线可以使客户同时得到两个方向的电源，满足从上一级 10kV 线路到客户侧 10kV 配电变压器的整个网络的"N－1"要求，供电可靠性很高，适于向对供电可靠性有较高要求的用户供电。

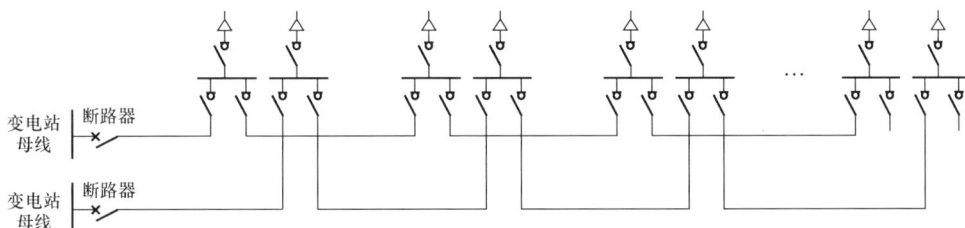

图 1-19　单侧电源双辐射式接线示意图

（3）双侧电源单环式接线。如图 1-20 所示，双侧电源单环式接线方式自同一供电区域两座变电站的中压母线，或一座变电站中不同中压母线，或两座开关站的中压母线馈出单回线路构成环网，开环运行。

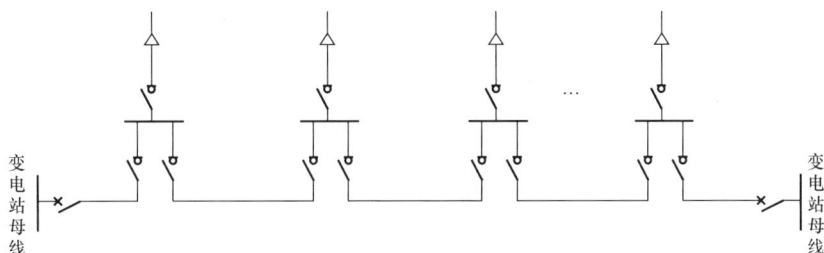

图 1-20　双侧电源单环式接线示意图

（4）双侧电源双环式接线。如图 1-21 所示，双侧电源双环式接线方式自同一供电区域的两座变电站的不同中压母线各引出一回线路，构成双环网接线方式。

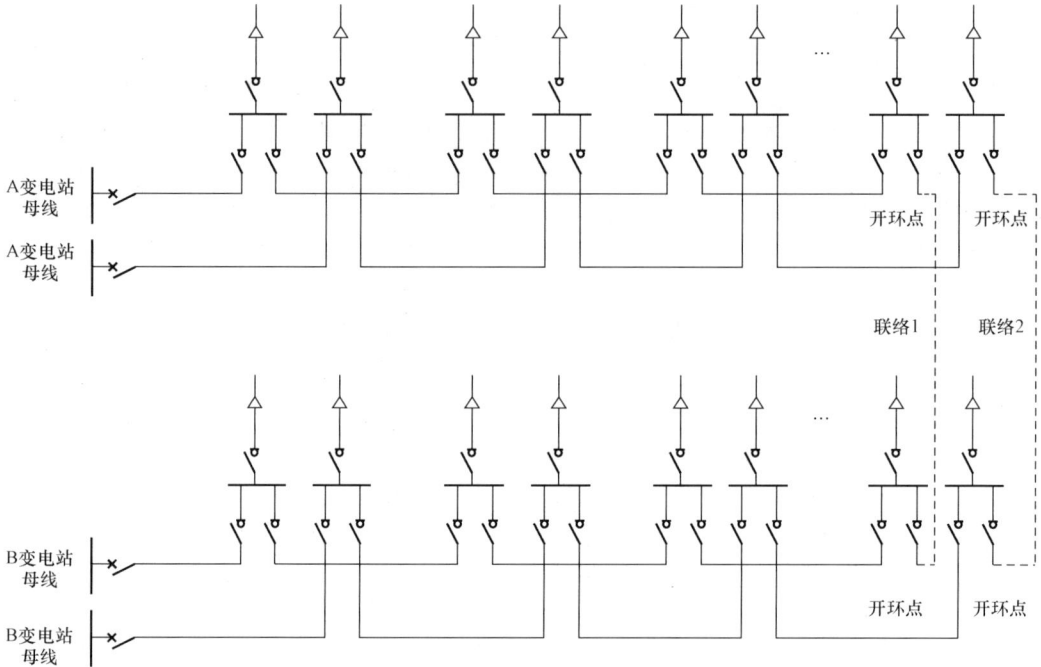

图 1-21　双侧电源双环式接线示意图

（5）"N-1"式接线。"N-1"接线形式主要有"N-1"主备式接线和"N-1"互为备用式接线两种。所谓"N-1"主备接线是指 N 条电缆线路连成电缆环网，其中有 1 条线路作为公共的备用线路正常时空载运行，其他线路都可以满载运行，若有某 1 条运行线路出现故障，则可以通过线路切换把备用线路投入运行。"N-1"主备式接线的主要形式有"3-1"接线和"4-1"接线，"5-1"以上接线形式比较复杂，操作繁琐，投资较大，因此一般 N 最大取 5。典型的"3-1"主备式接线结构如图 1-22 所示。

"N-1"主备接线模式的优点是供电可靠性较高，线路的理论利用率也较高。该方式适用于负荷发展已经饱和、网络按最终规模一次规划建成的地区。

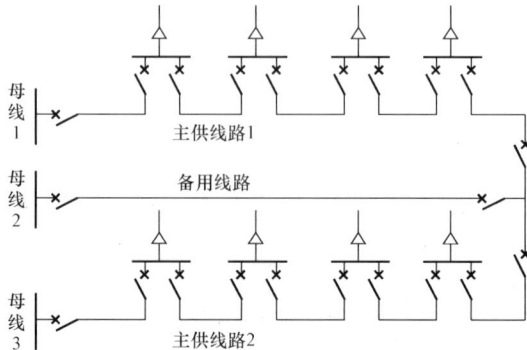

图 1-22　"3-1"主备式接线示意图

　　"N-1"互为备用式接线是指每一条馈线都在线路中间或末端装设断路器互相连接。图 1-23 所示为"3-1"互为备用式接线形式,正常情况下,每条馈线的最高负荷可以控制在该电缆安全载流量的 67%。该模式相当于电缆线路的分段联络接线模式,比较适合于架空电力线路逐渐发展为电力电缆网的情况。

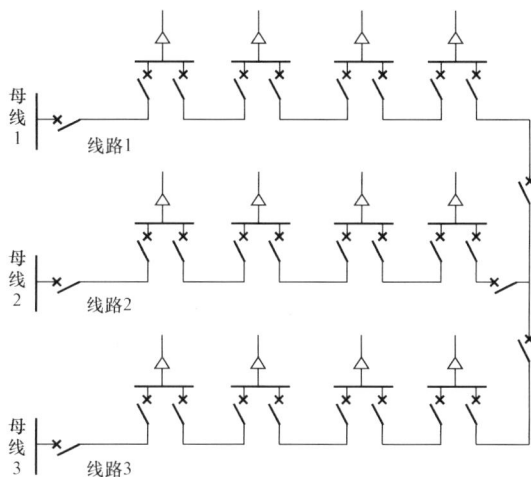

图 1-23　"3-1"互为备用式接线示意图

第2章 配电网运行特性

配电网由变压器、线路、电抗器、电容器以及各种用电设备组成,在运行过程中由于雷电、操作、电磁能量的转换会使系统发生各种类型的故障。在配电网中的故障类型主要有单相接地故障、短路故障、运行过电压等。单相接地故障是电气故障中出现几率最高的故障,并可能导致非故障相绝缘损坏,单相接地衍变为短路故障。短路故障是最严重的电气故障,会直接造成供电中断,过电压会造成电气设备绝缘损坏,使系统断电等重大事故。由于短路故障在电力系统分析课程中已有详细阐述,本章不对其论述。

2.1 配电网的单相接地故障分析

在非有效接地配电网中发生单相接地故障时,由于其接地电流主要是电网分布电容引起的,其故障分析有其特殊之处,理论上讲可以利用不对称分量法求出单相接地故障电流,但采用下面介绍的分析方法更为简单。

2.1.1 中性点不接地配电网的单相接地故障

图 2-1 所示配电系统中,三相对地分布电容均为 C_0。正常运行情况下,三相电压对称,对地电容电流之和等于零。在发生 A 相接地故障后,在接地点处 A 相对地电压变为零,对地电容被短接,电容电流为零,其他两个非故障相(B 相和 C 相)的对地电压升高 $\sqrt{3}$ 倍,对地电容电流也相应增大 $\sqrt{3}$ 倍,相量关系如图 2-2 所示。

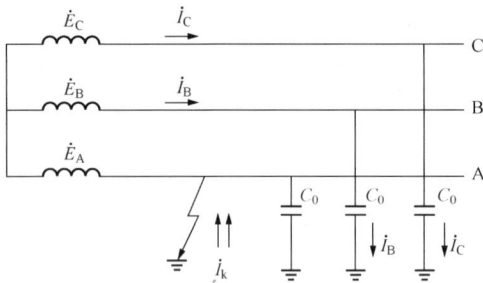

图 2-1 中性点不接地系统示意图

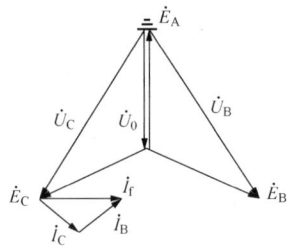

图 2-2 A 相接地的相量关系

由于线电压仍然三相对称,三相负荷电流对称,相对于故障前没有变化,下面只分析对地关系的变化。在 A 相接地以后,忽略负荷电流和电容电流在线路及电源阻抗上的电压降,在故障点处各相对地的电压为

$$\begin{cases} \dot{U}_A = 0 \\ \dot{U}_B = \dot{E}_B - \dot{E}_A = \sqrt{3}\dot{E}_A e^{-j150°} \\ \dot{U}_C = \dot{E}_C - \dot{E}_A = \sqrt{3}\dot{E}_A e^{j150°} \end{cases} \tag{2-1}$$

故障点零序电压为

$$\dot{U}_0 = \frac{1}{3}(\dot{U}_A + \dot{U}_B + \dot{U}_C) = -\dot{E}_A \qquad (2-2)$$

因为全系统 A 相对地电压均等于零，因而各元件 A 相对地的电容电流也等于零，此时流过故障点的电流是配电系统中所有非故障相对地电容电流之和，即

$$\dot{I}_k = \dot{I}_B + \dot{I}_C = j\omega C_0 \dot{U}_B + j\omega C_0 \dot{U}_C = -3j\omega C_0 \dot{E}_A \qquad (2-3)$$

下面分析故障线路与非故障线路零序电流之间的关系。若两条线路相对地电容分别为 C_{0I}、C_{0II}，母线及系统电源每相对地等效电容为 C_{0S}，设线路 II 的 A 相发生接地故障，其网络接线与零序电流的分布如图 2-3 所示。

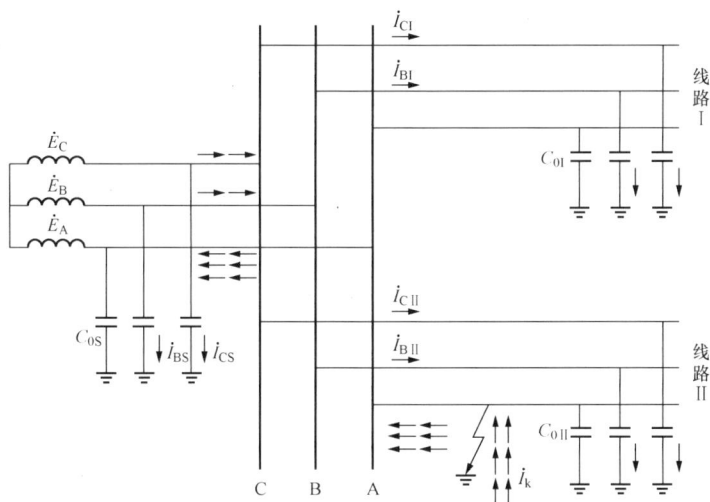

图 2-3　中性点不接地配电网单相接地电流分布图

非故障线路始端感受到的零序电流为

$$3\dot{I}_{0I} = \dot{I}_{BI} + \dot{I}_{CI} = -3j\omega C_{0I}\dot{E}_A \qquad (2-4)$$

即非故障线路零序电流为线路本身的对地电容电流，其方向由母线流向线路。

对于故障线路来说，在 B 相与 C 相流有它本身的电容电流 $\dot{I}_{BII}$ 和 $\dot{I}_{CII}$，而 A 相流回的是全系统的 B 相和 C 相对地电流之和，即流过故障点的电流 $\dot{I}_k$。因此，线路始端感受到的零序电流为

$$3\dot{I}_{0II} = \dot{I}_{AII} + \dot{I}_{BII} + \dot{I}_{CII} = 3j\omega(C_{0\Sigma} - C_{0II})\dot{E}_A \qquad (2-5)$$

式中　$C_{0\Sigma}$——配电系统每相对地电容的总和。

可见，故障线路零序电流数值等于系统中所有非故障元件（不包括故障线路本身）的对地电容电流之总和，其方向由线路流向母线，与非故障线路的零序电流方向相反。

根据以上分析，做出的单相接地故障时零序等效网络如图 2-4 所示。图中 $\dot{U}_{0k} = -\dot{E}_A$ 为接地点零序虚拟电压源电压；线路串联零序阻抗远小于对地电容的阻抗，因此忽略不计。

以上有关结论，适用于有多条线路的配电系统。

总结以上分析的结果，可以得出中性点不接地系统发生单相接地后零序分量分布的特点：

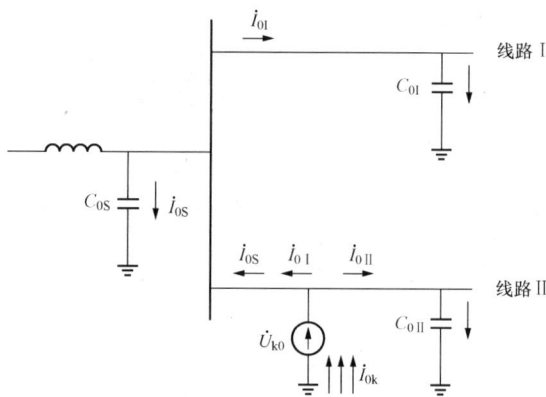

图 2-4　中性点不接地配电网单相接地零序等效网络

（1）零序网络由同级电压网络中元件对地的等效电容构成通路，与中性点直接接地系统由接地的中性点构成通路有极大的不同，网络中零序阻抗很大。

（2）在发生单相接地时，相当于在故障点产生了一个其值与故障相发生故障前相电压大小相等、方向相反的零序电压，从而全系统都将出现零序电压。

（3）在非故障线路中流过的零序电流，其数值等于本身的对地电容电流，电容性无功功率的实际方向为母线流向线路。

（4）在故障线路中流过的零序电流，其数值为全系统非故障元件对地电容电流之总和，电容性无功功率的实际方向为由线路流向母线。

2.1.2　中性点经消弧线圈接地配电网的单相接地故障

当在中性点接入消弧线圈后，单相接地时的电流分布将发生重大变化。假定在如图 2-5 所示的网络中，线路 Ⅱ 的 A 相发生接地故障，电容电压的大小和分布与不接地系统是一样的，不同之处是在接地点又增加了一个电感电流 $\dot{I}_{\text{L}}$。忽略线圈电阻，在相电压作用下产生的电感电流为

$$\dot{I}_{\text{L}} = \frac{-\dot{E}_{\text{A}}}{X_{\text{L}}} = \text{j}\frac{\dot{E}_{\text{A}}}{\omega L} \tag{2-6}$$

式中　L，X_{L}——消弧线圈的电感和感抗。

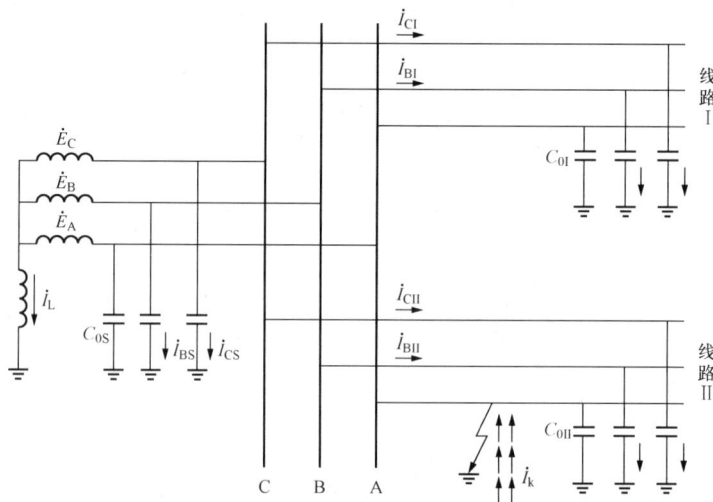

图 2-5　中性点经消弧线圈接地配电网单相接地时电流分布示意图

消弧线圈的电感电流经故障点沿故障相返回，因此从接地点返回的总电流为

$$\dot{I}_{\text{k}} = \dot{I}_{\text{L}} + \dot{I}_{\text{C}\Sigma} \tag{2-7}$$

式中　　$\dot{I}_{C\Sigma}$——全系统的对地电容电流。

由于 $\dot{I}_{C\Sigma}$ 与 $\dot{I}_L$ 的相位相差 180°，因此 $\dot{I}_k$ 因消弧线圈的补偿而减小。相似地，得出到零序等效网络，如图 2-6 所示。

根据对电容电流补偿程度的不同，消弧线圈可以由完全补偿、欠补偿及过补偿三种补偿方式，详见 1.1 节。

当采用过补偿方式时，接地点残余电流呈感性，故障线路零序电流幅值可能大于非故障线路，二者的方向也可能一致，因此，难以通过比较零序电流的幅值或方向选择故障线路。采用完全补偿方式时，接地电容电流被电感电流完全抵消掉，流经故障线路和非故障线路的零序电流都是本身的对地电容电流的 $\dfrac{1}{3}$，方向都是由母线流向线路。在这种情况下，利用稳态零序电流的大小和方向都无法判断出哪一条线路发生了故障。

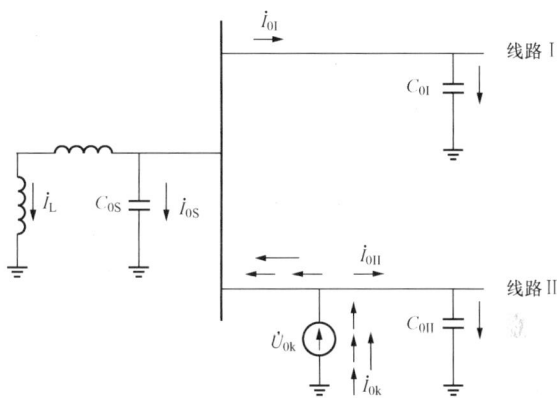

图 2-6　中性点经消弧线圈接地配电网
单相接地零序等效网络

2.1.3　配电网单相接地故障暂态过程

配电网处于正常运行状态时，每相线路对地绝缘电阻近似无穷大，每相线路的对地分布电容相等，三相电压对称，三相线路对地电容电流之和为零，各线路的电压和电流可近似认为恒定不变。因此，系统在未发生单相接地故障时，零序回路中电压为零，零序电流为零，整个配电系统处于一种稳定状态。当某一条配电线路发生单相接地故障，故障相的对地绝缘电阻突然减小，三相线路的平衡被打破，配电系统将从一种稳定状态进入另外一种状态，必然需要一个过渡过程。故障相绝缘电阻的突然降低，在故障分量理论中，可用在故障点突然增加一个虚拟附加电源来解释。

图 2-7 给出了中性点经消弧线圈接地配电网单相接地故障时的暂态过程等效电路。图中，$C_{\Sigma 0}$ 表示电网的三相对地电容总和，L_1 表示三相线路和变压器等在零序回路中的等值电感，R 表示零序回路中的等值电阻（包括故障点的接地电阻和导线电阻和大地电阻），L_L 表示为消弧线圈电感，u_0 为零序电压，R_g 表示接地点的过渡电阻。

列写图 2-7 中电容回路的方程，即

$$u_R + u_L + u_C + u_C(0_-) = u_0(t) \tag{2-8}$$

$$i_{0C}(3R_g + R) + L_1 \frac{\mathrm{d}i_{0C}}{\mathrm{d}t} + \frac{1}{C_{\Sigma 0}} \int_0^t i_{0C}\mathrm{d}t + u_C(0_-) = U_M \sin(\omega t + \varphi) \tag{2-9}$$

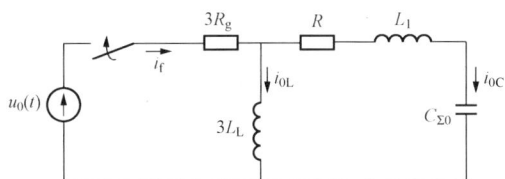

图 2-7　单相接地暂态过程等效电路

式中　　u_C——$C_{\Sigma 0}$ 上的电压；

　　　　u_R——回路电阻（$3R_g + R$）上的电压；

　　　　u_L——线路自身等效电感 L_1 上的电压；

　　　　U_M——系统零序电压的幅值；

　　　　$u_C(0_-)$——故障前电容的等效零序电压；

　　　　i_{0C}——单相接地故障点流过的容性电流；

ω——工频角频率;

φ——故障相电压的初相角。

根据初始条件可解得

$$i_{0C} = I_{CM}\left[\left(\frac{\omega_f}{\omega}\sin\varphi\sin\omega_f t - \cos\varphi\cos\omega_f t\right)e^{-\delta t} + \cos(\omega t + \varphi)\right] \quad (2-10)$$

式中 I_{CM}——单相接地故障点流过的容性电流 i_{0C} 的幅值,$I_{CM} = U_M\omega C_0$;

δ——暂态电容电流的衰减系数;

ω_f——暂态电容电流自由振荡的角频率。

列写图 2-7 中消弧线圈回路的方程,即

$$3R_g i_{0L} + W\frac{d\varphi_L}{dt} = U_M\sin(\omega t + \varphi) \quad (2-11)$$

式中 W——消弧线圈相应分接头的线圈匝数;

φ_L——消弧线圈铁心中的磁通;

i_{0L}——流过消弧线圈的电流。

可求出消弧线圈的电感电流为

$$i_{0L} = I_{Lm}\left[\cos\varphi e^{-\frac{t}{\tau_L}} - \cos(\omega t + \varphi)\right] \quad (2-12)$$

式中 I_{Lm}——电感电流的幅值;

τ_L——为电感回路的时间常数。

根据以上故障分析过程,得到流过接地点的故障暂态电流为

$$i_f = \left[I_{LM}e^{-\frac{t}{\tau_L}}\cos\varphi + I_{CM}e^{-\delta t}\left(\frac{\omega_f}{\omega}\sin\varphi\sin\omega t - \cos\varphi\cos\omega_f t\right)\right] \quad (2-13)$$

根据以上分析可知,谐振接地配电网发生单相接地故障后,接地点的故障电流经过一段暂态过程后进入稳态,接地点的暂态故障电流由暂态电容电流成分 $I_{CM}e^{-\delta t}\left(\frac{\omega_f}{\omega}\sin\varphi\sin\omega t - \cos\varphi\cos\omega_f t\right)$ 和暂态电感电流成分 $I_{LM}e^{-\frac{t}{\tau_L}}\cos\varphi$ 组成,由于二者频率差别悬殊,不仅不能相互补偿抵消,甚至可能彼此叠加,稳态情况下得出的脱谐度、补偿度等概念在研究故障信号暂态特性时全部失效。

一般情况下,由于配电网中绝缘被击穿而引起的接地故障,经常发生在相电压接近于最大值的瞬间,因此可以将暂态电容电流看成放电电容电流与充电电容电流之和:

(1)由于故障相电压突然降低而引起的放电电容电流,它通过母线而流向故障点,放电电流衰减很快,其振荡频率高达数千赫,振荡频率主要决定于配电网中线路的参数、故障点的位置以及过渡电阻的数值;

(2)非故障相电压突然升高而引起的充电电容电流,它要通过电源而成回路,由于整个流通回路的电感增大,因此,充电电流衰减较慢,振荡频率也较低。

对于中性点经消弧线圈接地的配电网,当故障发生在相电压接近于最大值瞬间时,$i_L = 0$,因此,暂态电容电流较暂态电感电流大很多。在同一配电网中,不论中性点不接地或是经消弧线圈接地,在相电压接近最大值发生故障的瞬间,其过渡过程是近似相同的。由于暂态电流的幅值和频率主要是由暂态电容电流所确定的,从而中性点经消弧线圈接地配电网的暂态电容电流分布与中性点不接地配电网的稳态电容电流分布情况类似,如图 2-8 所示。

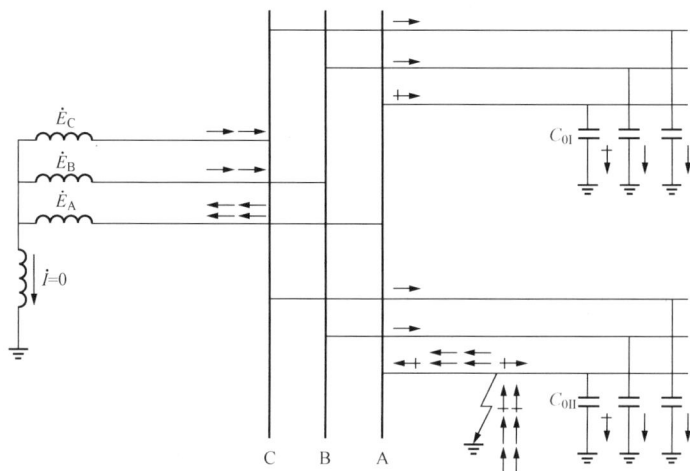

图 2-8　单相接地的暂态电流分布

┼►表示故障相的放电电容电流；━►表示非故障相的充电电容电流

2.2　单相接地故障选线原理

中性点非有效接地配电网发生单相接地故障时，不影响对负荷的供电，一般情况下，允许配电网继续运行 1～2h。但配电网带单相接地故障长期运行，接地电弧以及在非故障相产生的过电压，可能会烧坏电气设备或造成绝缘薄弱点击穿，引起短路，导致线路跳闸停电。因此，非有效接地配电网应装设单相接地保护，在发生单相接地故障后，选出故障线路并动作于信号，以便运行人员及时采取措施消除故障，这就是单相接地故障选线问题。

2.2.1　单相接地故障选线的意义

1. 可降低设备绝缘污闪事故率

系统在带单相接地故障运行时，非故障相电压升为线电压，这使得污秽设备在线电压的作用下加速了沿面放电的发展，更容易造成污闪恶性事故。在某些污秽较严重的地方，污闪事故成为系统的突出事故。

2. 可降低电压互感器等电气设备的绝缘事故率

当发生单相接地故障时，电压互感器铁心可能会出现饱和现象，在线电压作用下会产生并联谐振，使得电压互感器励磁电流大幅度增加，会导致互感器的高压熔断器可能会频繁熔断，过热喷油或爆炸事故不断发生。

3. 可降低形成两相异地短路和相间直接短路的机会

系统不可避免地存在绝缘弱点，系统在单相接地故障运行期间，由于电压升高和过电压的作用，很容易发生两相异地短路，使事故扩大。单相接地电弧还可能直接波及相间，形成相间直接短路。在许多情况下，单相弧光接地会很快发展为母线短路，在电动力的作用下，短路电弧会向着备用电源方向跳跃，可能造成"火烧连营"事故。

4. 减小对电缆绝缘的劣化影响

温度对电缆绝缘的影响很大，超过长期允许工作温度，电缆绝缘会加速劣化。实际中，许多已运行的电力电缆，其长期允许载流量与实际工作电流之间并无多大裕度，使得电缆长期发热严重，在单相接地故障运行情况下，线电压的作用使电缆绝缘劣化加速，一旦形成相间短路，则短路电流产生的温升将进一步加速绝缘劣化。因此在单相接地时会有电缆放炮和绝缘损伤的情况发生。

5. 可减小无间隙氧化锌避雷器（MOA）的故障率

我国国标规定的非有效接地系统 MOA 的持续运行电压为系统运行相电压的 1.15 倍，其值低于系统运行线电压。当发生单相接地故障持续时间较长时，MOA 就要经常承受线电压的作用并加速劣化，导致其损坏和爆炸。

2.2.2 非有效接地配电网单相接地的主要特征

非有效接地配电网发生单相接地故障时的原理性分析已在第 2.1 节做了论述，这里只对其中与单相接地故障选线有关的规律做以总结。

（1）系统正常运行时没有零序电压，电压互感器二次开口三角的电压通常小于 5V，这个电压是由电压互感器的不对称及系统电压的不对称造成的。发生单相接地后，由于系统失去了对称性，中性点发生偏移，将有很大的零序电压产生，这时电压互感器二次开口三角输出电压在 30～100V。对于金属性接地，开口电压为 100V；非金属性接地情况下，电压将小于 100V。

（2）发生单相接地时，非故障线路的零序电流为该线路对地等值电容电流，相位超前于零序电压 90°。

（3）对于中性点不接地配电网，发生单相接地故障线路的零序电流为所有非接地线路的零序电流与母线上各种设备（如变压器、电压互感器等）对地等值电容电流之和，因此数值上应该最大，且相位与正常线路零序电流相反，也就是滞后零序电压 90°。根据这些特点可以识别出故障线路。

（4）对于中性点经消弧线圈接地的电网，消弧线圈容量选择一般为过补偿电容电流的 105%～110%。由于消弧线圈的过补偿作用，这时故障线路上的零序电流不再与正常线路零序电流反相，而是同相，数值上也不一定最大。故障线路的零序电流与非故障线路的零序电流不再有特征上的差别，不能识别出故障线路。

10kV 中性点非有效接地配电网单相接地故障时的零序信号波形如图 2-9～图 2-13 所示。图中，单相接地是在 0.02s 开始发生。图 2-9 为中性点非有效接地配电网单相接地故障的零序电压波形图。其中零序电压大小和方向不受中性点是否接有消弧线圈的影响。图 2-10、图 2-11 是中性点不接地配电网故障线路和非故障线路的零序电流波形，两者在故障进入稳态后方向相反，接地故障线路的零序电流值大于非接地故障线路的零序电流值。图 2-12、图 2-13 是中性点经消弧线圈接地配电网故障线路和非故障线路的零序电流波形，两者故障在进入稳态后，方向近似相同，接地故障线路的零序电流值与非接地故障线路的零序电流值没有明显差距。根据零序电流波形可知，单相接地故障产生的暂态零序电流在大小、方向上则不受消弧线圈的影响。

2.2.3 利用稳态电气量的单相接地故障选线方法

现有的单相接地故障选线方法基本都是利用稳态信号，下面对这些方法的工作原理进行简介。

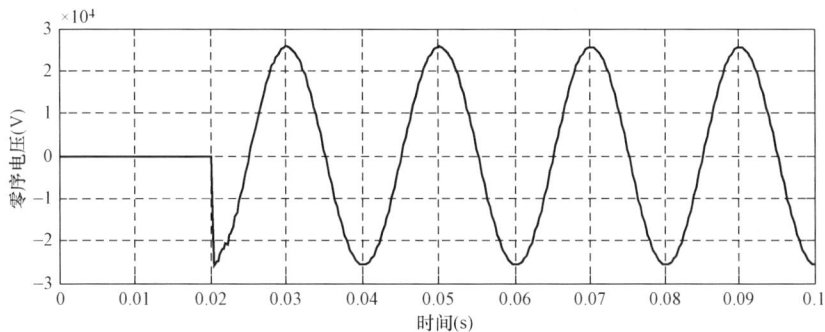

图 2-9　中性点非有效接地配电网单相接地故障的零序电压波形图

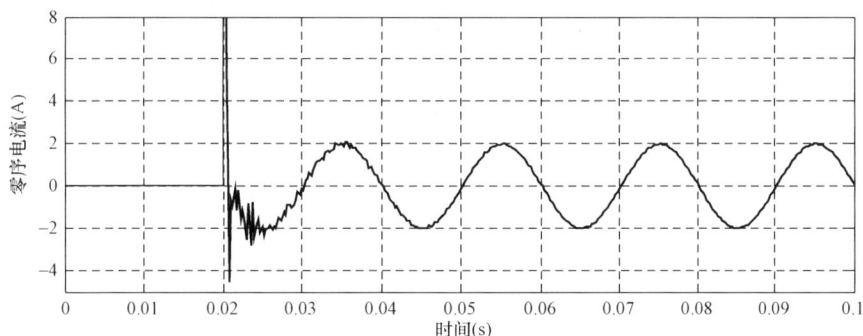

图 2-10　中性点不接地配电网单相接地故障时故障线路的零序电流波形图

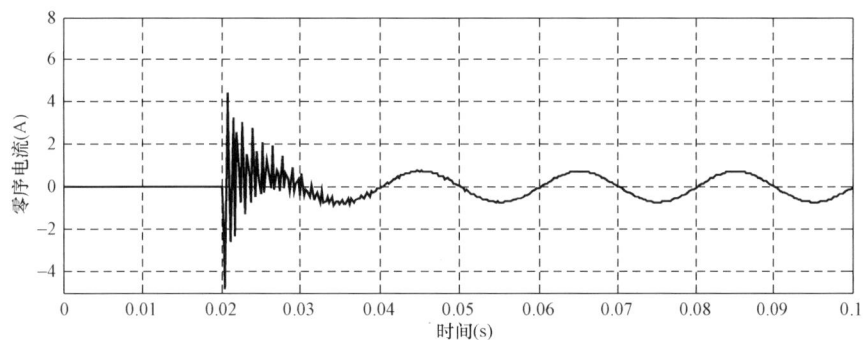

图 2-11　中性点不接地配电网单相接地故障时非故障线路的零序电流波形图

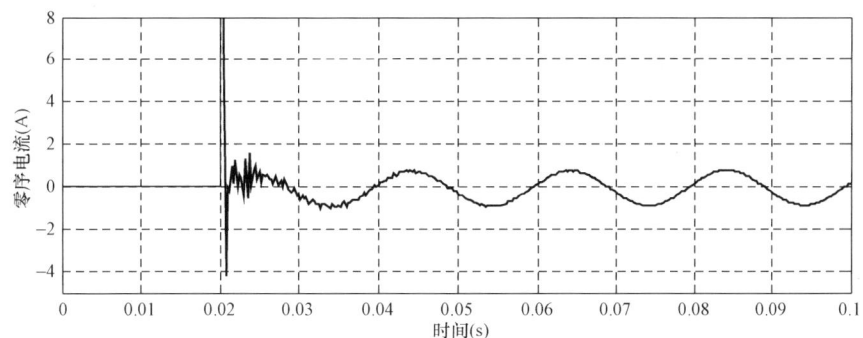

图 2-12　中性点经消弧线圈接地配电网单相接地故障时故障线路的零序电流波形图

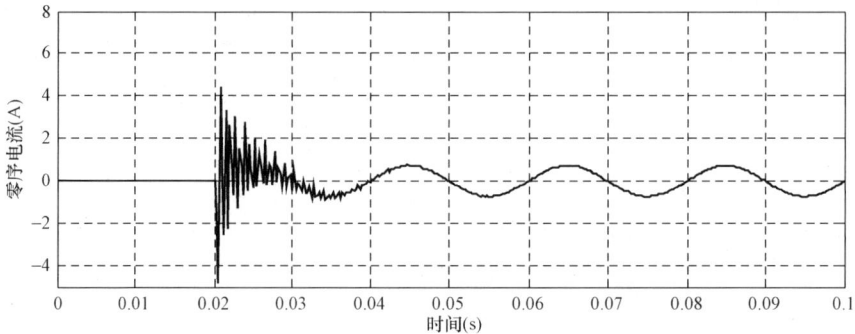

图 2-13 中性点经消弧线圈接地配电网单相接地故障时非故障线路的零序电流

1. 接地监视法

利用配电网发生单相接地故障后出现零序电压这一特点，可以监视是否发生了单相接地故障。一般是在配电网的母线处装设绝缘监察装置，接入电压互感器二次侧开口三角形绕组端子上的零序电压，在出现零序电压后，绝缘监察装置延时动作于信号。

由于同一母线上的线路任何一处发生接地故障，都将出现零序电压，因此，这种绝缘监察方法不能检出故障线路，不具备选择性。想要判别故障在哪一条线路上，需要由运行人员依次短时断开每条线路，当断开某条线路时，零序电压信号消失，即表明故障是在该线路上。

2. 零序电流选线法

零序电流选线法是利用故障线路零序电流大于非故障线路的特点来选择故障线路，动作于信号或跳闸。当某一线路上发生单相接地时，非故障线路上的零序电流为本身的电容电流，因此，为了保证动作的选择性，保护装置的启动电流应大于本线路的电容电流。

基于这种原理的故障选线装置一般是在各线路加装零序电流互感器，利用互感器检测发生单相接地故障的零序电流。这种方法简单、易行，基本上能满足选线的准确性，特别适合于中性点不接地配电网系统，只需配电网单相接地电流满足零序电流互感器灵敏度的要求，就可以准确地检测出发生单相接地的故障线路。但是随着电网的发展，我国许多配电网采用消弧线圈进行补偿，特别是大量的自动跟踪补偿消弧装置在电网中得到了应用，由于对其结构进行了完善，可以工作在过补偿、欠补偿和全补偿三种状态，这使得故障点的残流变得非常小，以至线路的零序电流很小，小到不能满足电流互感器的灵敏度，基于零序电流选线的故障选线装置就不能选出故障线路。

零序电流选线法不适用于中性点经消弧线圈接地的配电网，因为消弧线圈的电感电流与接地电容电流相互抵消，可使故障线路零序电流小于非故障线路。

3. 零序功率方向选线法

零序功率方向选线法是利用故障线路与非故障线路零序功率方向不同的特点进选线，其实质是测量母线处零序电压与各线路零序电流之间的相位关系，如果线路的零序电流超前零序电压 $90°$，则判断该线路是故障线路。由于不需要躲开本线路零序电流，这种选线法的灵敏度要高一些。

零序功率方向选线法不适用于中性点经消弧线圈接地配电网。受消弧线圈影响，故障线路零序电流很微弱，保护灵敏度很低，并且配电网一般是工作于过补偿状态，单相接地后故障线路零序功率方向可能与非故障线路一致，使其故障选线原理失效。

4. 零序电流群体比较选线法

零序电流群体比较选线法包括群体比幅和比相两种。选线装置采集并比较同一母线上所有出线的零序电流的幅值或相位，选择零序电流幅值最大或相位与其他线路相反的线路为故障线路。这两种方法均不存在躲开本线路零序电流的问题，检测灵敏度比较高，但需要同时采集并比较同母线上所有出线的零序电流，构成较复杂。

显然，零序电流群体比较选线法同样不适用于中性点经消弧线圈接地的配电网。此外，当母线发生接地故障时，比幅法会将电容电流最大的出线误判为故障线路。

5.5 次谐波选线法

由于故障点电弧、电气设备的非线性特性影响，单相接地故障电流中存在着谐波信号，其中以 5 次谐波分量为主。

之所以可以利用谐波，主要在于消弧线圈的补偿仅仅是针对零序基波电流的，其总容量依据电网的总电容电流来确定，因此消弧线圈的电抗 L 满足

$$X_L = \omega_0 L = \eta \frac{1}{\omega_0 C_{0\Sigma}} = \eta X_C \tag{2-14}$$

式中 $\quad \eta$ ——消弧线圈的补偿系数。

对于 5 次谐波，在一定的中性点谐波电压作用下，电容的容抗将减小至基波情况的 1/5，而消弧线圈的电抗则要增加为基波情况的 5 倍。可见，对于 5 次谐波电流，消弧线圈的阻抗要比全部分布电容的阻抗大得多，因而消弧线圈的补偿作用不会对 5 次零序谐波电流的大小和方向产生太大影响。即使在中性点经消弧线圈接地配电网中，故障线路的 5 次谐波电流仍然具有比非故障线路大且方向相反的特点，据此可以构成单相接地故障选线。

显然，5 次谐波选线法适用于中性点经消弧线圈接地的配电网，但因为故障电流中 5 次谐波含量很小，该方法灵敏度较低。为此，有人提出了谐波平方和法，主要是将 3、5、7 次等高次谐波分量求平方和后作为故障选线信号，这样虽然能在一定程度上克服单一的 5 次谐波信号含量小的缺点，但并不能从根本上解决问题。

6. 零序有功功率选线法

配电网线路存在串联电阻和对地电导，接地故障电流中含有有功分量。根据接地故障零序等效电路，故障线路上的零序有功功率是所有非故障线路零序有功损耗以及消弧线圈有功损耗之和，方向由线路流向母线；而非故障线路的上零序有功功率是线路本身的有功损耗，方向由母线流向线路。因此，故障线路零序有功功率远大于非故障线路且方向相反，利用这一特点可以构成单相接地故障选线。

零序有功功率选线法的优点是不受线弧线圈补偿度影响；但其灵敏度较低，因为故障电流中零序有功分量非常小。

7. 注入信号寻迹选线法

发生单相接地时，故障相电压互感器一次侧被短接，暂时处于不工作状态，通过故障相电压互感器向接地线路注入一个特定的电流信号，注入信号会沿着接地线路经接地点注入大地，利用固定安装的或手持的信号接收器，检测某一出线是否有注入信号流过，即可选择出故障线路。此方法还能够定出故障点位置，利用手持信号接收器沿故障线路检测，信号消失

处就是故障点。

信号注入法的可靠性较其他稳态方法有较大的提高。该技术的不足之处是需要安装信号注入设备，注入信号的强度受电压互感器容量限制；在接地电阻较大时，非故障线路的分布电容会对注入的信号分流，给选线和定位带来干扰；如接地点存在间歇性电弧，注入的信号在线路中将不连续，给检测带来困难。

8. 瞬间投入接地电阻选线法

为克服因故障电流微弱带来的检测困难，可在配电网发生接地故障后，在配电网中性点与地之间瞬间投入一电阻元件，以产生较大的故障电流，使利用零序电流、零序无功功率以及零序有功功率的选线装置可靠动作，选出故障线路。这一方法在欧洲一些国家获得了广泛应用，我国也开发出类似装置。其不足之处是保护构成较复杂，电阻投入后造成接地电流增加，易引起相间短路故障，导致事故扩大。

事实上，由于接地电流比较小，相当一部分故障的接地点存在间歇性电弧，造成电压、电流信号严重畸变，影响利用稳态信号的选线装置的正确动作。总体来说，利用稳态信号的选线装置实际运行效果还不理想。

利用稳态量选线原理的主要缺点在于有用信号的含量可能较小，导致信噪比过低而发生误选。针对这些缺点，有两种改进途径：一种是设计更好的硬件结构进行滤波、滤除噪声；另一种是利用软件的方法通过各种滤波算法进行消噪处理。

2.2.4　利用暂态电气量的单相接地故障选线方法

人们很早就认识到，利用单相接地故障暂态信号进行故障选线，能够解决保护灵敏度低的问题，并且能够消除消弧线圈补偿度影响。现代计算机技术的发展，为开发性能完善的利用暂态信号的选线装置创造了条件，利用暂态信号的单相接地故障选线技术的研究取得了重要突破，故障选线的灵敏度及可靠性显著提高。

1. 初始极性比较选线法

接地故障暂态电流从故障线路流向母线，并经过其他健全线路的电容返回故障点，因此，故障线路零序暂态电流与母线处的零序电压的初始极性是相反的，而非故障线路的零序暂态电流与零序电压的初始极性是相同的，据此可以选择故障线路。由于主要是利用故障开始半个周波内的信号，因此，这种初始极性比较选线法又称为首半波选线法。

初始极性比较选线法最早是在 20 世纪 50 年代由德国人提出的，我国在 20 世纪 70 年代推出过基于这种原理的晶体管式保护装置。初始极性比较选线法实际应用效果并不理想。究其原因，是受当时技术手段的限制，难以可靠地识别出暂态零序电压、电流的初始极性。实际上，暂态初始零序电压、电流的极性关系，受短路相角、线路结构和参数的影响很大，二者之间的极性关系往往在故障开始 1ms 后就发生变化，容易造成保护误判断。

2. 暂态电流比较选线法

进入 20 世纪 90 年代，利用现代微电子及计算机技术，可以很容易地以数万赫兹的采样频率，高速地采集、记录单相接地故障产生的暂态信号，并应用数学算法对其进行分析处理，因此，对利用暂态信号的单相接地故障选线的研究又活跃了起来。

非有效接地配电网发生单相接地故障时，忽略消弧线圈的影响，其暂态零序电流与稳态零序电流在中性点不接地配电网里的分布特征类似，即故障线路暂态零序电流是所有非故障线路及电源零序电容电流之和，故障线路暂态零序电流幅值远大于非故障线路暂态零序电流且极性相反。据此,人们提出了比较同一母线上所有出线暂态零序电流幅值和极性的选线法,零序电流幅值最大或极性与其他线路相反者被判定为故障线路。

暂态电流比较选线法具有简单、易于实现的优点,但从理论上分析,并不是很严格,用于实际选线有可能出现误判断。应用暂态信号,自然会遇到选择数据时间窗口的问题。如果窗口时间选得过小,信号利用不充分,影响检测灵敏度及抗干扰能力;反之,窗口选得过长,信号中稳态分量作用变大,受消弧线圈电流的影响,可能造成选线失败。

2.2.5 多种选线方法的融合

非有效接地配电网单相接地故障状况复杂多样,所表现出来的故障特征在形式上、大小上都变化无常。在这种状况下,仅利用故障某一方面的特征构造单一型选线判据具有片面性,当该种故障特征表现不明显时,选线结果可能是错误的,这是非有效接地系统单相接地故障选线不成功的根本原因。理论和实践都表明,没有一种选线方法能够保证对所有故障类型都有效,每种选线判据都有一定的适用范围,也都有各自的局限性,需要满足一定的适用条件。当一个故障具备该判据的适用条件时,该判据一定可以做出正确的判断;当适用条件不满足时,该判据的判断结果可能正确,也可能不正确,结果是不可信的。所以,仅靠一种判据进行选线是不充分的。

在这种现实状况下,一种可行的办法是使用多重选线判据来构成综合判据,利用各种判据选线性能上的互补性扩大正确选线的故障范围,提高选线结果的可靠性。因为每一种选线判据的适用条件是不同的,针对某个故障样本,一种判据的适用条件可能不满足,但另一种判据的适用条件可能能够满足,几种判据覆盖的总的有效故障区域必然大于单个判据的有效故障区域。这是使用多重选线判据的一个优势。使用多重选线判据的另一个优势是:当一个故障样本对所有选线判据的适用条件都不满足时,对多个判据不充分的选线结果进行融合,能够得到一个更加充分可信的判断结果。

每种判据能够输出绝对可靠的选线结果的适用条件称为该判据的充分性条件。单个判据的充分性条件意味着当一个实际故障满足该条件时,判据就一定能够做出正确的判断。判据的充分性条件对应于故障特征的一个区域,称为判据的充分性特征域。单判据的充分性特征域与整个故障域的关系可由图2-14所示。

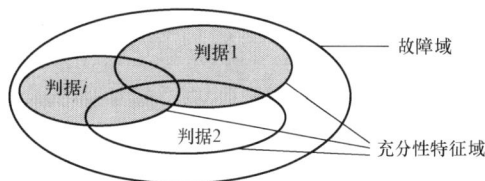

图2-14 单判据的充分性特征域与故障域的关系

利用单判据的充分性特征域,以及多种故障信息的融合,若满足故障域内的每一个故障都能够做出正确的选线,就实现了综合选线判据的充分性条件。综合选线策略的最终目标就是要构造满足充分性条件的综合选线判据。这里所谓的故障域,泛指一个电网中可能发生的、能够被绝缘监视系统感受到的一切单相接地故障。

2.2.6 选线装置的启动方案

非有效接地配电网对地阻抗大,其零序电压具有如下特点:

(1) 发生单相接地故障有零序电压产生,零序电压存在于整个配电网;

(2) 架空电力线路三相对地电容不对称也产生零序电压;

(3) 断线故障引起三相对地电容及负荷不对称,同样产生零序电压;

(4) 非有效接地系统相间短路故障或三相短路故障不会产生零序电压。

单相接地故障时，为了排除干扰信号影响，实现选线装置的可靠启动，可利用零序电压或三相电压的工频变化量作为故障启动条件。

1. 零序电压启动

在变电站内一般均配备三相电压互感器或专用零序电压互感器，检测电网零序电压的瞬时值是否超过设定的整定值。当零序电压超过整定值，记录故障前后的数据，进行接地故障检测，整定值一般设定为 20％额定相电压幅值。

当配电网中产生大的干扰时，在这个过程中零序电压的变化量可能超过设定的整定值，导致选线程序误启动。通过分析干扰波形和故障波形的异同处可知，虽然开始的一两个周波无法区分大干扰和故障，但是之后的几个周波两者的区别却是很明显的。干扰过后，零序电压又趋近于零；而接地故障发生后，直到故障消除前，零序电压都保持很大的值。所以在启动条件中增加检测零序电压在稳态周波的有效值，可避免大干扰带来的误判。

由上述分析可知，为了保证选线装置可靠启动，利用零序电压工频稳态幅值超越一预设门槛作为启动条件，或者用瞬时值启动后再利用工频稳态幅值作为校验条件。

由于三相系统不平衡，正常运行时母线也会出现一定的零序电压，一般小于相电压的15％。因此。零序电压的启动门槛可选为相电压的 20％。

2. 三相电压启动

单相接地故障时，故障相电压下降而健全相电压上升，因此可利用一相或两相电压超越一预设门槛值作为选线装置启动条件。

2.2.7　单相接地故障选线的难点

非有效接地配电网单相接地故障选线问题之所以难以解决，有以下主要原因：

（1）故障边界复杂、随机，难以用单一统计模型描述。

（2）故障稳态分量小，给信号的检测和选线判断造成困难。特别是经消弧线圈接地系统，流过故障线路的稳态电流十分微弱，甚至比健全线路感受到的电流变化还小。故障信号叠加在负荷电流上，稳态幅值小，而且环境电磁干扰相对很大，加上零序回路对高次谐波及各种暂态量的放大作用，使得检出的故障稳态分量信噪比非常低。

（3）消弧线圈失谐度的影响。对于中性点经消弧线圈接地配电网，失谐度表示电流谐振等效回路的不同工作状态和偏离谐振的程度。当电流谐振回路恰好在谐振点工作时，即全补偿状态时，残流中仅含有有功分量，此残流幅值最小，且与零序性质的中性点位移电压同相位。当电流谐振回路在欠补偿状态下工作时，残流中不仅含有有功分量，同时含有容性无功电流分量，其幅值明显大于全补偿状态时的幅值，残流的相位领先于零序性质的中性点位移电压。当电流谐振回路在过补偿状态下工作时，残流中不仅含有有功分量，同时含有感性无功电流分量，同样其幅值明显增大，相位滞后中性点位移电压。

（4）线路长短及结构的影响。非有效接地配电网单相接地故障电流由线路对地电容产生，线路的对地电容与线路的长短和结构关系密切。一般来说，单位长度电缆线路的对地电容比架空线路大，且线路对地电容与线路长度成正比。因此，配电网发生单相接地故障时，相同长度电缆线路的零序电流比架空电力线路的大，且暂态过程更为明显，自由振荡频率更高。

（5）故障合闸角的影响。非有效接地配电网单相接地故障一般发生在相电压峰值附近，可以产生明显的暂态电流；但是单相接地故障也可能发生在相电压过零附近，此时故障零序电流中高频暂态量很小，感性衰减直流分量很大。

（6）电流互感器特性的影响。在理想的电流互感器中励磁损耗电流为零，在数值上一次绕组和二次绕组的安匝数相等，并且一次侧电流和二次侧电流的相位不相同。但是，在实际的电流互感器中，由于励磁电流的存在，所以一、二次绕组的安匝数不相等，并且一、二次侧电流的相位不相同。因此，实际的电流互感器通常有变比误差和相位上的角度误差。此外，实际应用中中低压电网电流互感器的饱和时有发生。

（7）中性点经消弧线圈接地系统中存在零序瞬时功率倒相问题。由于系统运行方式的改变，消弧线圈突然进入全补偿状态而可能发生的"虚幻接地"现象会对准确选线造成困难。

（8）电压互感器特性的影响。与电流互感器相似，电压互感器由于其传变特性不一致，也存在电压误差和相角误差，且作为启动条件的零序电压必须通过并联在母线上的电压互感器得到，电压互感器的铁磁谐振现象会对选线造成大干扰。

（9）尚需解决好故障选线灵敏启动与选线可靠性的问题。

（10）各种选线方法都有局限性，普遍适用方法很难找到，如何解决好多种选线判据有效融合也是一个重要问题。

2.3　配电网弧光过电压分析

单相接地是配电网的主要故障形式，在单相接地故障中绝大部分为电弧不稳定，处于时燃时灭的状态。这种间歇性电弧接地使系统工作状态时刻在变化，导致电网中电感、电容回路的电磁振荡，产生遍及全系统的过电压，这就是间歇性电弧接地过电压，也称弧光接地过电压。

是否在单相接地时产生间隙电弧，与配电网单相接地电流大小直接相关。若配电网规模较小，线路又不长，其单相接地电容电流也小，一些暂时性单相弧光接地故障导致的接地电弧可自动熄灭，配电网很快恢复正常。随着电网的发展和电缆出线的增多，配电网单相接地电流值会成比例地增长。运行经验表明，6～10kV 线路电容电流超过 30A 时，20～60kV 线路电容电流超过 10A 时，接地电弧将难以自动熄灭。

2.3.1　弧光过电压的物理过程

由于产生间歇电弧的具体情况不同，如电弧部位介质（空气、油、固体介质）不同、外界气象条件（风、雨、温度、湿度、气压等）不同，实际过电压发展的过程是极其复杂的，因此，理论分析只是对这些极其复杂并具有统计性的燃弧过程进行理想化后作的解释。长期以来，多数研究者认为电弧的熄灭与重燃时间是决定最大过电压的重要因素。以工频电流过零时电弧熄灭来解释间歇电弧接地过电压发展过程，称为工频熄弧理论。以高频振荡电流第一次过零时电弧熄灭来解释间隙电弧接地过电压的发展过程，则称为高频熄弧理论。高频熄弧与工频熄弧两种理论的分析方法和考虑因素是相同的，但与系统实测值相比较，高频理论分析所得电压值偏高，工频理论分析所得过电压值则较接近实际情况。故本书中只讨论工频熄弧理论解释间隙电弧接地过电压的发展过程。

假定某配电线路 A 相电弧接地，等效电路如图 2-2 所示。图中三相电源电压为 e_A、e_B、e_C，接地电流为 i_f，各相对地电压 u_A、u_B、u_C。A 相接地时过电压的发展过程如图 2-15 所示。若 A 相电压在幅值 $-U_{xg}$ 时对地闪络，则 A 相电压将从最大值突降为零，此时非故障相

B、C 相对地电压要从原来的按相应的电源电压规律变化，变为按线电压规律变化，即由对地电容上的初始电压 $0.5U_{xg}$ 过渡到 $1.5U_{xg}$。显然，发弧前与发弧后电容上的电压不等，u_B、u_C 的这种改变是通过电源经过本身的漏抗对 B 相、C 相的对地电容充电，这是一个高频振荡的过程。在振荡过程中，当回路中的电容过渡到另一稳态值 U_w 时，过渡过程中可能出现的弧光过电压最大值 U_{max} 为

$$U_{max} = U_w + (U_w - U_0) \tag{2-15}$$

式中　U_w——过渡过程结束后的稳态值；

　　　　U_0——对地电容的初始电压。

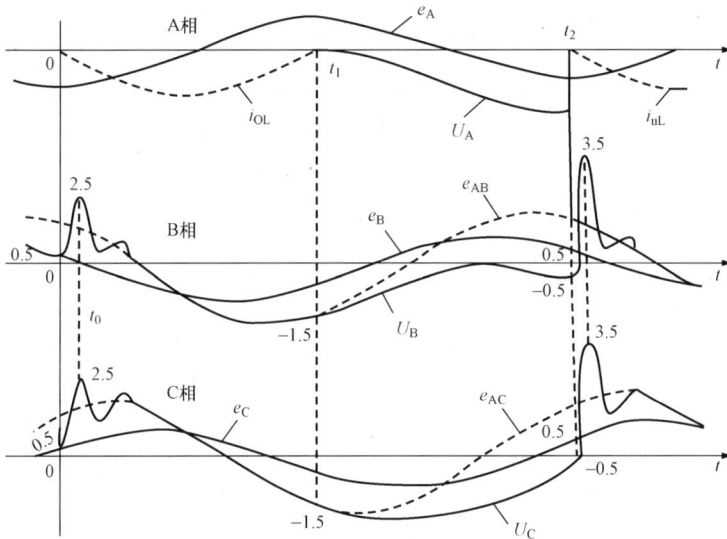

图 2-15　弧光接地过电压的发展过程

由此可计算出非故障相对地电压在振荡过程中出现的最高电压为

$$U_{max} = 1.5U_{xg} + (1.5U_{xg} - 0.5U_{xg}) = 2.5U_{xg} \tag{2-16}$$

其后，过渡过程很快衰减，B、C 相对地电压 u_B、u_C 分别按线电压 e_{AB}、e_{AC} 规律变化，而 A 相仍电弧接地，其对地电压 u_A 为零。

经过半个工频周期，A 相电源电压 e_A 达到正的最大值，A 相接地电流 i_k 通过零点，电弧自动熄灭，即第一次熄弧，电弧的持续时间为半个工频周波。在熄弧瞬间，B、C 相电压等于 $-1.5U_{xg}$，A 相对地电压为零。熄弧后，非故障相对地电容上的电荷重新分配到三相对地电容上，系统对地电容上的电荷量 q 为

$$q = 0 \times C_0 + (-1.5U_{xg}) \times C_0 + (-1.5U_{xg}) \times C_0 = -3C_0U_{xg} \tag{2-17}$$

由于配电网采用中性点不接地运行方式，这些电荷无处泄漏，仍留在系统中，于是在三相对地电容间平均分配，在配电网中形成一个直流电压分量，即

$$U_0 = \frac{q}{3C_0} = -U_{xg} \tag{2-18}$$

即各相对地电容上叠加了一个直流分量，其数值为 $-U_{xg}$。所以电弧熄灭后，每相导线对地稳态电压由各自电源电动势和直流电压 $-U_{xg}$ 叠加而成，即

$$\begin{cases} U_{\mathrm{A}} = U_{\mathrm{xg}} + (-U_{\mathrm{xg}}) = 0 \\ U_{\mathrm{B}} = -0.5U_{\mathrm{xg}} + (-U_{\mathrm{xg}}) = -1.5U_{\mathrm{xg}} \\ U_{\mathrm{C}} = -0.5U_{\mathrm{xg}} + (-U_{\mathrm{xg}}) = -1.5U_{\mathrm{xg}} \end{cases} \tag{2-19}$$

熄弧后，A 相电压逐渐恢复，又经过 0.01s 后，原 A 相电压达到最大值，此时 A、B、C 相的电压分别为

$$\begin{cases} U_{\mathrm{A}} = -U_{\mathrm{xg}} + (-U_{\mathrm{xg}}) = -2U_{\mathrm{xg}} \\ U_{\mathrm{B}} = 0.5U_{\mathrm{xg}} + (-U_{\mathrm{xg}}) = -0.5U_{\mathrm{xg}} \\ U_{\mathrm{C}} = 0.5U_{\mathrm{xg}} + (-U_{\mathrm{xg}}) = -0.5U_{\mathrm{xg}} \end{cases} \tag{2-20}$$

这时可能引起电弧重燃，则 A 相电压突然降为零，系统再次出现过渡过程，B、C 两相电压从初始值 $-0.5U_{\mathrm{xg}}$ 变化到线电压瞬时值 $1.5U_{\mathrm{xg}}$。又将形成新的高频振荡，振荡过渡过程可能出现的过电压最大值为

$$U_{\max} = 1.5U_{\mathrm{xg}} + (1.5U_{\mathrm{xg}} + 0.5U_{\mathrm{xg}}) = 3.5U_{\mathrm{xg}} \tag{2-21}$$

也就是说，第一次发弧，非故障相上的过电压值为 $2.5U_{\mathrm{xg}}$；第二次发弧，非故障相上的过电压为 $3.5U_{\mathrm{xg}}$。之后每隔半个工频周期依次发生熄弧和重燃，过渡过程与上面完全重复。在此过程中，非故障相的最大过电压值为 $3.5U_{\mathrm{xg}}$，故障相的最大过电压值为 $2U_{\mathrm{xg}}$。

2.3.2　弧光过电压的危害

国内外电力系统的实测结果表明，中性点不接地系统中的电弧接地暂态过电压，极少达到或超过 3.2p.u.。经消弧线圈接地系统中的电弧接地暂态过电压，在消弧线圈调谐良好的情况下，一般不超过 2.5p.u.；而瞬间熄弧的情况下不超过 2.3p.u.。中性点经电阻接地的系统中，最高不超过 2.5p.u.。但从过电压出现的概率方面考虑，根据上述以 2.0p.u. 作参考值的统计，中性点不接地系统中，出现此值及以上过电压的概率约为 64%；经电阻接地系统约为 34%；经消弧线圈接地系统仅为 5%。显然，相同倍数过电压出现的概率越高，则越加危险。

间隙电弧接地过电压幅值并不太高，对于现代的中性点不接地电网中的正常设备，因为它们具有较大的绝缘裕度，是能承受这种过电压的。但因为这种过电压持续时间长，过电压遍及全网，对网内装设的绝缘较差的老设备、线路上存在的绝缘弱点，尤其是对配电网中绝缘强度较低的旋转电机等都将构成较大的威胁，在一定程度上影响电网的安全运行。我国曾多次发生间隙电弧过电压造成的停电事故。因此，应对电弧接地过电压予以重视，防止电弧接地过电压的危害，使电气设备绝缘良好，为此应作好定期预防性试验和检修工作，运行中并应注意监视和维护工作（如清除严重污垢等）。

2.3.3　弧光过电压的影响因素

产生弧光接地过电压的根本原因是不稳定的电弧过程。影响弧光接地过电压的主要因素有：

（1）电弧过程的随机性。由于受到发生电弧部位的介质以及大气条件的影响，电弧的燃烧与熄灭具有强烈的随机性，直接影响弧光接地过电压的发展过程，使过电压数值具有统计性。

（2）导线相间电容的影响。图 2-16 为考虑相间电容时中性点不接地系统的等值电路。设线路完全对称，则 $C_1 = C_2 = C_3 = C$，$C_{12} = C_{23} = C_{31} = C_{\mathrm{m}}$。在故障点燃弧后，电路上 C_{12} 与 C_2、C_{31} 与 C_3 并联，但是燃弧前相间电容与相对地电容上的电压是不同的，因此在发弧后振

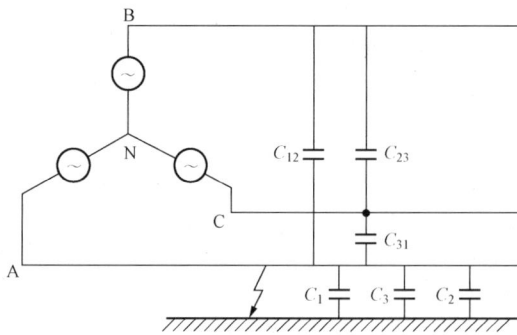

图 2-16 考虑相间电容时的等值电路

荡过程之前，还会存在一个电荷重新分配的过程。其结果使健全相电压起始值增高，这就减少了与稳态值的差，从而使过电压降低。当然，这个相间电容的存在，对以后的熄弧及重燃也有类似的影响。

（3）电网的损耗电阻。如电源的内阻、导线的电阻、电弧的弧阻等，使振荡的回路存在有功损耗，加强了振荡的衰减。

（4）对地绝缘的泄漏电导。电弧熄灭后，电网对地电容中所储存的电荷，因绝缘有泄漏，不可能保持不变，电荷泄漏的快慢与线路绝缘表面状况及气象条件等因素有关。电荷泄漏使系统中性点位移减小，相应的弧光接地过电压有所下降。

2.3.4 弧光过电压的消除与抑制

防止产生弧光接地过电压的根本途径是消除间隙电弧。为此，根据系统实际运行状况可采取相应措施：

（1）系统中性点经小电阻接地。使系统在单相接地时产生较大的短路电流，在继电保护装置配合下迅速切除故障线路。故障切除后，线路对地电容中储存的电荷直接经中性点入地，系统中就不会出现弧光接地过电压，但它有跳闸率较高的缺点，所以此方案需要作经济技术比较后定。

（2）系统中性点经消弧线圈接地。正确运用消弧线圈可补偿单相接地电流和降低弧道恢复电压上升速度，促使接地电弧自动熄灭，减小出现高幅值弧光接地过电压的概率，但不能认为消弧线圈能消除弧光接地过电压。在某些情况下，因有消弧线圈的作用，熄弧后原弧道恢复电压上升速度减慢，增长了去游离时间，有可能在恢复电压最大的最不利时刻发生重燃，使过电压仍然较高。

（3）在中性点不接地系统中，若线路过长，当运行条件许可，可采用分网运行方式，减小电容电流，有利接地电弧的自熄。

（4）在实际系统中，为提高功率因数而装设星形（或三角形）连接的电容器组，则相当于加大了相间电容，一般不会产生严重的弧光接地过电压。

（5）在电容电流较小的系统里，采用高电阻接地降低弧光接地过电压的倍数，特别是电气设备绝缘水平较低的系统中。

2.3.5 消弧接地开关

消弧接地开关又称接地故障转移装置，该装置原理简单，构成方便，虽然在 110kV 架空线路电网中投入运行不久后，便被特性优良的消弧线圈所取代，但却建成了近代单相自动重合闸的雏形。

1. 基本工作原理

消弧接地开关的基本工作原理，是将发生在配电系统中的单相电弧接地故障从一个未知点自动转移到预先选定的某一变电站的母线上，形成电弧接地与金属接地相互并联的单相接地故障，以分流故障点的电容电流，易于在故障点形成无电流间隙，促使接地电弧自行熄灭。这样，待消弧接地开关自动跳开后，系统便可恢复正常运行。

2. 实施方案

消弧接地开关的实施方案，就是在预先选定的变电站母线上，安装一组自动控制的单相接地断路器。在系统正常运行的情况下，该组断路器处于断开状态；当系统发生单相接地故障时，该相的断路器自动投入，根据设定程序相继重合，最后一次投入保持一定的接地时间，促使接地电弧的彻底熄灭。

3. 应用分析

当系统发生单相接地故障时，由于断路器的操动机构存在着固有的时滞，待其投入后可能出现以下几种情况：

（1）若系统的接地电容电流较小，当接地电流过零熄弧后，因绝缘子或空气间隙的绝缘具有自恢复功能，所以只需中性点不接地运行即可，无需安装消弧接地开关。

（2）若系统的接地电容电流较大，在接地断路器自动投入之前，故障点已经形成相间短路或残流性接地故障，则转移必然失败。

（3）若遇单相金属性接地故障，不论接地电容电流的大小如何，则接地故障转移装置均无能为力。

（4）从分流熄弧原理方面考虑，消弧接地开关没有必要重合多次。因为，若第 1 次不成功，则第 2、第 3 次成功的机会更低；其次，由于连续操作引起的系统扰动，反而对安全运行不利。所以，只需自动投入 1 次，并保持一定的持续接地时间，再自动断开即可。

（5）消弧接地开关或接地故障转移装置同样是不能消除电弧接地过电压的。若符合产生间歇电弧接地过电压的条件，那么在接地断路器投入之前便已经发生了；若转移成功，则过电压的作用时间可以缩短；若转移不成功，待接地开关断开后，则过电压还会产生。

从以上的分析中不难看出，消弧接地开关的应用范围是十分局限的，又因电缆网络中的单相永久接地故障较多，故此种消弧装置已不适用。

目前我国市场上推出的消弧及过电压保护装置是由一组单相自动控制的接地开关装置和一组氧化锌避雷器组成的，其核心技术就是"消弧接地开关"，原理如图 2-17 所示。图中，过电压保护器采由氧化锌（ZnO）非线性电阻和放电间隙组合而成，起限制系统过电压的作用。高压真空接触器接于母线与地之间。正常运行时处于断开状态，当接到控制器命令时，

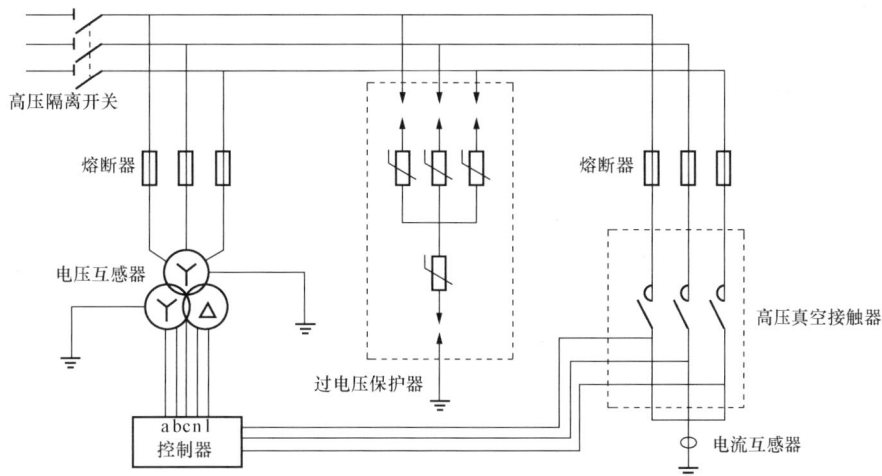

图 2-17　消弧过电压保护装置接线图

完成分相合闸动作，使弧光接地故障转化为金属性接地。该类装置现场应用效果达不到其说明书上的消弧效果，其作用有待进一步验证。

综上所述，任何接地方式（包括消弧接地开关在内），是不能消除电弧接地过电压的。若欲消除电弧接地过电压，则必须做到电网不再发生弧光接地故障，因此完全防止由外部原因（大气过电压和外力破坏等）引起电网弧光单相接地是十分不经济和不可行的，只有由内部原因（电气设备绝缘老化和缺陷等）引起的弧光接地是可以尽量避免的。

2.4　配电网谐振过电压

配电网中有许多电感元件和电容元件，如电力变压器、电磁式互感器、消弧线圈、电抗器等为电感元件，而线路对地电容、相间电容、并联和串联电容器以及各种高压设备的杂散电容为电容元件。这些电感元件和电容元件均为储能元件，可能形成各种不同的谐振回路，在一定的条件下会产生不同类型的谐振现象，引起谐振过电压。

配电网中的谐振过电压不仅会在操作或发生故障时的过渡过程中产生，而且可能在过渡过程结束以后较长时间内稳定的存在，直至原回路的谐振条件被破坏为止。因为谐振过电压的持续时间长，所以其危害也大。谐振过电压不仅会危及电气设备的绝缘，还可能产生持续的过电流而烧毁设备，而且还可能影响过电压保护装置的工作条件。

2.4.1　谐振过电压分类

在不同电压等级以及不同结构的配电网中，会产生情况各异的谐振过电压。配电网中的电阻元件和电容元件，一般可认为是线性参数，而电感元件则有线性、非线性之分。由于振荡回路中包含不同特性的电感元件，相应配电网中的谐振过电压按其性质可分为下列类型。

1. 线性谐振过电压

线性谐振电路中的参数都是常数。谐振回路由不带铁心的电感元件（如线路电感、变压器漏感）或励磁特性接近线性的带铁心的电感元件（如消弧线圈）和系统中的电容元件所组成。在交流电源作用下，当配电网的自振频率与电源频率相等和接近时，可引起线性谐振现象。

2. 非线性（铁磁）谐振过电压

配电网中最典型的非线性元件是铁心电感。非线性谐振回路由带铁心的电感元件（如空载变压器、电磁式电压互感器）和系统的电容元件组成。通常将这种非线性谐振称作铁磁谐振。这类铁磁电感参数不再是常数，而是随着电流或磁通的变化而变化。

2.4.2　线性谐振过电压

1. 线性谐振的原理

由线性电感、电容和电阻元件组成的串联谐振回路如图 2-18 所示。当电路的自振频率接近交流电源的频率时，就会发生串联谐振现象，这时在电感或电容元件上产生较高的过电压。

根据图 2-18，可得稳态时电感和电容的电压为

$$U_L = \frac{E}{\sqrt{\left(\frac{2\mu}{\omega_0}\frac{\omega_0}{\omega}\right) + \left[1 - \left(\frac{\omega_0}{\omega}\right)^2\right]^2}} \qquad (2-22)$$

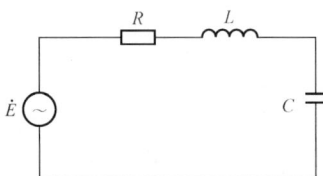

图 2-18　线性谐振回路

$$U_{\mathrm{C}} = \frac{E}{\sqrt{\left(\dfrac{2\mu}{\omega_0}\dfrac{\omega_0}{\omega}\right)^2 + \left[1 - \left(\dfrac{\omega_0}{\omega}\right)^2\right]^2}} \tag{2-23}$$

式中　μ——回路的阻尼率，$\mu = \dfrac{R}{2L}$；

$\quad\quad\ \omega$——电源的角频率；

$\quad\quad\ \omega_0$——回路的自振角频率，$\omega_0 = \dfrac{1}{\sqrt{LC}}$。

（1）当回路参数满足 $\omega = \omega_0$，即 $\omega L = \dfrac{1}{\omega C}$ 时，回路中的电流只受电阻 R 的限制，电感上的电压等于电容上电压，即

$$U_{\mathrm{L}} = U_{\mathrm{C}} = \frac{E}{R}\sqrt{\frac{L}{C}} \tag{2-24}$$

此时，若回路电阻 R 较小，会产生极高的谐振过电压。

（2）当回路参数满足 $\omega < \omega_0$，即 $\omega L < \dfrac{1}{\omega C}$ 时，回路中的电容上电压为

$$U_{\mathrm{C}} = \frac{E}{1 - \left(\dfrac{\omega}{\omega_0}\right)} \tag{2-25}$$

此时，电容上的电压总是大于电源电压。

（3）当回路参数满足 $\omega > \omega_0$，即 $\omega L > \dfrac{1}{\omega C}$ 时，回路中的电容上电压为

$$U_{\mathrm{C}} = \frac{E}{\left(\dfrac{\omega}{\omega_0}\right) - 1} \tag{2-26}$$

当 $\dfrac{\omega}{\omega_0} \leqslant \sqrt{2}$ 时，电容上的电压等于或大于电源电压 E，而且随着 $\dfrac{\omega}{\omega_0}$ 的增大，过电压很快下降。

　　2. 消弧线圈引起的线性谐振过电压

　　消弧线圈是带气隙的铁心电感，接在变压器的中性点上。在中性点不接地的配电网中，消弧线圈的主要作用是补偿系统单相接地故障的短路电流。就减小残流、熄灭接地电弧来说，消弧线圈的脱谐度越小越好。但实际系统中消弧线圈又不宜运行在全补偿状态，因为在系统正常运行时，电网三相对地电容不对称，可能在系统中性点上出现较大的位移电压。当系统接入消弧线圈后，恰好形成零序谐振回路，则在系统位移电压的作用下将发生线性谐振现象。接有消弧线圈配电网的零序谐振回路如图 2-19 所示。

　　由图 2-19 可知，当系统正常运行时，利用节点电位法可求出中性点 N 上的位移电压为

$$\dot{U}_{\mathrm{N}} = -\frac{\mathrm{j}\omega(C_1\dot{U}_{\mathrm{A}} + C_2\dot{U}_{\mathrm{B}} + C_3\dot{U}_{\mathrm{C}})}{\mathrm{j}\omega 3C_0 - \mathrm{j}\dfrac{1}{\omega L}} \tag{2-27}$$

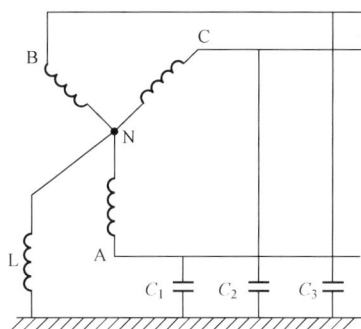

图 2-19　接有消弧线圈配电网的零序谐振回路

$$C_0 = \frac{C_1 + C_2 + C_3}{3}$$

通常系统三相电源是对称的，但由于导线对地面不对称布置，各相对地电容一般并不相等，即 $C_1 \neq C_2 \neq C_3$，这样 $C_1 \dot{U}_A + C_2 \dot{U}_B + C_3 \dot{U}_C$ 将不等于零。而当消弧线圈 L 调谐至使脱谐度为零时，就有 $\omega L = \frac{1}{3\omega C_0}$，于是系统中性点位移电压将显著上升，这时由于消弧线圈调谐不当，系统发生了谐振现象。

通过上述分析可知，接入消弧线圈能起到补偿单相接地故障电流，并能降低故障点弧隙恢复电压的上升速度，而且脱谐度越小，其补偿作用越显著。但是，过小的脱谐度将导致系统正常运行时产生较大的中性点位移。因此，必须综合这两方面的要求确定合适的脱谐度。我国相关规程规定，中性点经消弧线圈接地系统应采用过补偿方式，其脱谐度不超过 10%，同时还要求中性点位移电压一般不超过相电压的 15%。

目前，配电网中的消弧线圈一般采用随调式，即系统正常运行时将消弧线圈的脱谐度调大，使其不放大系统的位移电压；而当系统发生单相接地故障时，自动调小脱谐度使其发挥补偿作用。但这种调谐方式要求消弧线圈应有尽快的响应时间，在系统发生故障时能快速发挥补偿作用。

3. 变压器绕组间的电压传递

在配电网中，当发生不对称接地故障或断路器的不同期操作时，将会出现零序电压和零序电流，通过电容耦合和互感电磁耦合，会在变压器绕组之间产生工频电压传递现象；当变压器的高压绕组侧出现零序电压时，会通过绕组间的杂散电容传递至低压侧，危及低压绕组绝缘或接在低压绕组侧的电气设备。

在变压器的不同绕组之间发生电压传递的现象，如果传递的方向是从高压侧到低压侧，那就可能危及低压侧的电气设备绝缘的安全。若与接在电源中性点的消弧线圈或电压互感器等铁磁元件组成谐振回路，还可能产生线性谐振或铁磁谐振的传递过电压。

图 2 - 20 所示配电网中，C_{12} 是变压器一、二次绕组间电容，C_0 是二次绕组每相对地电容，L 是二次绕组侧高压中性点接地的电磁式电压互感器每相电感。

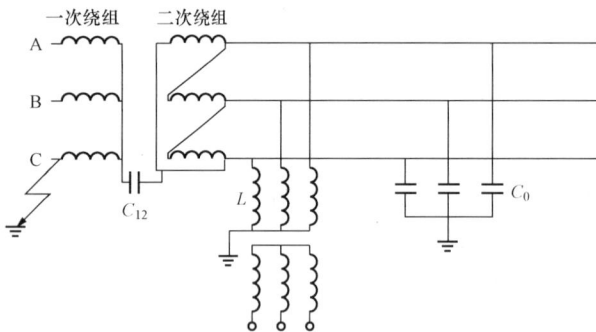

图 2 - 20　变压器绕组间电容传递过电压

设一次绕组 C 相接地，并出现零序电压 $\dot{U}_0$，则二次绕组上电压为

$$\dot{U}_0' = \frac{X_2}{X_{12} + X_2} \dot{U}_0 \qquad (2 - 28)$$

式中　X_{12}——变压器绕组间容抗，$X_{12} = \frac{1}{\omega C_{12}}$；

　　　X_2——二次绕组侧对地综合阻抗，$X_2 = \frac{\omega L}{3\,(1 + \omega^2 C_0 L)}$。

如果 $\dot{U}_0$ 较高，而 $3C_0$ 又很小，传递到二次侧的过电压可能达到危险值。

对变压器而言，传递回路中 X_{12} 值固定；二次绕组三相对地电容 $3C_0$ 随接入电气设备及线路长度而异，电感 L 随中性点接地的电压互感器台数及其铁心饱和程度的不同而不同，即传递回路中的 X_2 是变化的，还可能是非线性的。X_2 变化要考虑 L 非线性的状况，随 X_2 的变化 $\dot{U}_0'$ 大小和方向均有变化。

以图 2-20 为例，变压器一次侧 C 相接地零序电压 $\dot{U}_0$ 大小等于相电压，当 $\dot{U}_0'$ 与 $\dot{U}_0$ 同相或反相时，二次侧电压互感器都可以测得有零序电压，发出接地信号，电压表指示两相高一相低。此时，其实二次侧并没有接地故障，称此现象为虚幻接地。

抑制传递过电压的措施有：避免出现系统中性点位移电压，如尽量使断路器三相同期操作；装设消弧线圈后，应当保持一定的脱谐度，避免出现谐振条件；在低压绕组侧不装消弧线圈的情况下，可在低压侧加装三相对地电容，以增大 $3C_0$。

2.4.3　铁磁谐振过电压

在配电网中为了监视绝缘（三相对地电压），变电站母线上常接有 YN 接线的电磁式电压互感器。当进行某些操作时，可能会导致电压互感器的励磁阻抗与系统的对地电容形成非线性谐振回路，由于回路参数及外界激发条件的不同，可产生基频、分频和高频铁磁谐振。电磁式电压互感器引起的铁磁谐振过电压是配电网中最常见、造成事故最多的一种内部过电压。

谐振时产生的过电压和过电流将会引起电磁式电压互感器爆炸和停电事故，不仅影响供电可靠性，而且会引起主设备损坏，严重威胁电网的安全稳定运行。在中性点不接地系统中，当系统的接地电容电流较大时，在单相接地故障恢复的瞬间，容易发生电磁式电压互感器一次熔断器熔断事故，不仅影响电费的计量，造成很大的经济损失，而且可引起继电保护误动作，容易造成工作人员的误判，将其当成系统接地，对于配电网稳定、安全、可靠的运行十分不利。

1. 铁磁谐振的原理

（1）物理过程分析。图 2-21 中，电感 L 是带铁心的非线性电感，电容是线性元件。为了简化和突出谐振的基本物理概念，不考虑回路中的各种谐波的影响，并忽略回路中的能量损耗。

根据图 2-21，可分别画出电感和电容电压随回路电流的变化曲线 $U_L(I)$ 和 $U_C(I)$，如图 2-22 所示。图中，电压

图 2-21　铁磁谐振回路

和电流都用有效值表示；由于电容是线性的，所以 $U_C(I)$ 是一条直线。对于铁心电感，在铁心未饱和前，$U_L(I)$ 基本是直线，即具有未饱和电感值 L_0；当铁心饱和之后，电感下降，$U_L(I)$ 不再是直线，设两条伏安特性曲线相交于 P 点。

若忽略回路电阻，从回路中元件上的压降与电源电动势平衡关系可以得到

$$\dot{E} = \dot{U}_L + \dot{U}_C \tag{2-29}$$

因 U_L 与 U_C 相位相反，式（2-29）也可以用电压降之差的绝对值来表示，即

$$E = \Delta U = |U_L - U_C| \tag{2-30}$$

ΔU 与 I 的关系曲线 $\Delta U(I)$ 也表示在图 2-22 中。图中，电动势 E 和 ΔU 曲线的三个交点 a_1、a_2、a_3，就是满足上述平衡方程的平衡点。由图 2-22 中可以看出，平衡点满足平衡

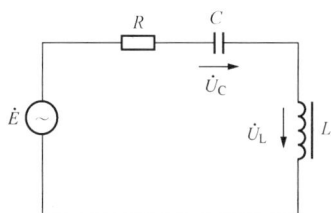

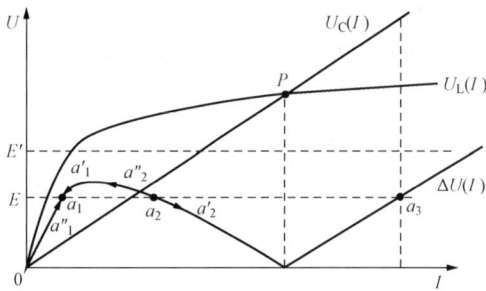

图 2-22 铁磁谐振回路的特性曲线

条件，但不一定满足稳定条件，不满足稳定条件就不能成为电路的实际工作点。采用"小扰动"法来判断平衡点的稳定性，可知 a_1、a_3 是稳定的，即在一定的外加电动势 E 作用下，图 2-21 的铁磁谐振回路在稳态时可能有两个稳定的工作状态。a_1 点是回路的非谐振工作状态，这时回路中 $U_L > U_C$，回路呈感性，电感和电容上的电压都不高，回路电流也不大。a_3 点是回路的谐振工作状态，这时回路中的 $U_C > U_L$，回路是电容性的，此时不仅回路电流较大，而且在电容和电感上都会产生较高的过电压，一般将这称为回路处于谐振工作状态。

在正常情况下，一般回路工作在非谐振工作状态，当系统遭受强烈冲击（如电源突然合闸），会使回路从 a_1 点跃变到谐振区域，这种需要经过过渡过程来建立谐振的情况，称为铁磁谐振的激发。谐振激发起来以后，谐振状态能"自保持"，维持在谐振状态。

（2）铁磁谐振的特点。根据以上分析可知铁磁谐振具有以下特点：

1）产生串联铁磁谐振的必要条件是：电感和电容的伏安特性曲线必需相交，即

$$\omega L_0 > \frac{1}{\omega C} \tag{2-31}$$

式中 L_0——铁心线圈起始线性部分的等值电感。

2）对铁磁谐振电路，在相同的电源电动势作用下，回路有两种不同性质的稳定工作状态。在外界激发下，电路可能从非谐振工作状态跃变到谐振工作状态，相应回路从感性变成容性，发生相位反倾现象，同时产生过电压与过电流。

3）非线性电感的铁磁特性是产生铁磁谐振的根本原因，但铁磁元件饱和效应本身也限制了过电压的幅值。此外，回路损耗也是阻尼和限制铁磁谐振过电压的有效措施。

以上内容讨论了基波铁磁谐振过电压的基本性质。实验和分析表明，在具有铁心电感的谐振回路中，如果满足一定的条件，还可能出现持续性的其他频率的谐振现象，其谐振频率可能等于工频的整数倍，这被称为高次谐波谐振；谐振频率也可能等于工频的分数倍，这被称为分频谐振。在某些特殊情况下，还会同时出现两个或两个以上频率的铁磁谐振。

在配电网中，可能发生的铁磁谐振形式有：电磁式电压互感器饱和以及断线引起的铁磁谐振过电压。

2. 电磁式电压互感器引起的铁磁谐振过电压

电磁式电压互感器低压侧的负荷很小（接近空载），高压侧具有很高的励磁阻抗。在某些操作时，电磁式电压互感器与导线对地电容或其他设备的杂散电容间形成特殊的三相或单相谐振回路，并能激发起各种铁磁谐振过电压。

（1）物理过程分析。在中性点不接地系统中，常在母线上接有一次绕组为星形连接、中性点接地的电磁式电压互感器 TV，如图 2-23 所示。图 2-24 所示为其等值电路图。图中，$\dot{E}_A$、$\dot{E}_B$、$\dot{E}_C$ 为三相对称电源电动势，L_A、L_B、L_C 为 TV 的各相励磁电感，C_0 为各相导线及母线的对地电容。令 C_0 与各相励磁电感并联后的导纳分别为 Y_A、Y_B、Y_C。在正常运行时，TV 的参数对称，励磁电感较大，铁心不饱和，不会产生过电压。当系统发生故障或操

作等外界干扰时，TV 绕组受励磁的激发而饱和，由于三相绕组的饱和深度不同，必然导致中性点位移电压。

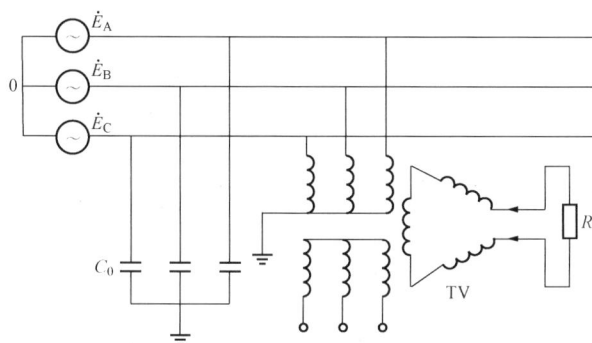

图 2 - 23　带有电压互感器的三相线路

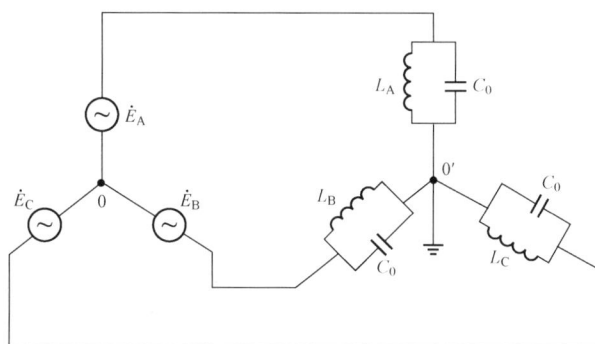

图 2 - 24　带有电压互感器的等值电路

使电压互感器产生严重饱和的常见情况有：电源突然合闸到母线上，使接在母线上的电压互感器某一相或两相绕组出现较大的励磁涌流，而导致电压互感器饱和；由于雷击或其他原因使线路发生瞬间单相电弧接地，使系统产生直流分量，而故障相接地消失时，该直流分量通过电压互感器释放，而引起电压互感器饱和。

由于各电压互感器饱和程度不同，会造成系统两相或三相对地电压同时升高，而电源变压器的绕组电动势 $\dot{E}_A$、$\dot{E}_B$ 和 $\dot{E}_C$ 要维持恒定不变。因而，整个电网对地电压的改变表现为电源中性点的位移，这种过电压现象又称电网中性点的位移过电压。

中性点的位移电压也就是电网的对地零序电压，将全部反映至互感器的开口三角绕组，引起虚幻接地信号和其他的过电压现象，造成值班人员的错觉。

既然过电压是由零序电压引起的，系统的线电压将维持不变。因而，导线的相间电容、改善系统功率因数用的电容器组、系统内的负载变压器及其有功和无功负荷不参与谐振。

下面分析基波谐振过电压的产生过程。由图 2 - 24 的等值电路图可知，系统中性点的位移电压为

$$\dot{U}_0 = \frac{(Y_A\dot{E}_A + Y_B\dot{E}_B + Y_C\dot{E}_C)}{Y_A + Y_B + Y_C} \tag{2 - 32}$$

式中　Y_A，Y_B，Y_C——三相回路的等值导纳。

正常运行时，可认为 $Y_A = Y_B = Y_C$、$\dot{E}_A + \dot{E}_B + \dot{E}_C = 0$，所以

$$\dot{U}_0 = 0 \tag{2-33}$$

当系统遭受干扰，使电压互感器的铁心出现饱和，如 B、C 两相电压升高，电压互感器电感饱和，则流过 L_B 和 L_C 的电感电流增大，使 L_B 和 L_C 减小，这就可能使得 B、C 相的对地导纳变成电感性，即 Y_B、Y_C 为感性导纳，而 Y_A 仍为容性导纳。由于容性导纳与感性导纳相互抵消的作用，使 $Y_A + Y_B + Y_C$ 显著减小，造成系统中性点位移电压大大增加。

中性点位移电压升高后，各相对地电压等于各相电源电动势与中性点位移电压的相量和，即

$$\begin{cases} \dot{U}_A = \dot{E}_A + \dot{U}_0 \\ \dot{U}_B = \dot{E}_B + \dot{U}_0 \\ \dot{U}_C = \dot{E}_C + \dot{U}_0 \end{cases} \tag{2-34}$$

在三相对地电压作用下，流过各相对地导纳的电流相量之和应等于零，则电压、电流相量关系如图 2-25 所示。相量相加的结果使 B 相和 C 相的对地电压升高，而 A 相的对地电压降低。这种结果与系统单相接地时出现的情况相仿，但实际上系统并不存在单相接地，所以将这种现象称为虚幻接地现象。

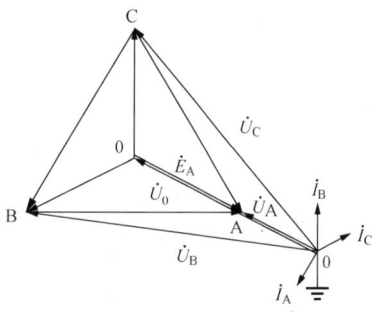

图 2-25　中性点位移时的相量图

虚幻接地是 TV 饱和引起工频位移电压的标志。至于哪一相对地电压降低是随机的，因外界因素使互感器哪一相不饱和也是随机的。干扰造成电压互感器铁心饱和后，将会产生一系列谐波，若系统参数配合恰当，会使某次谐波放大，引起谐波谐振过电压。配电网中常见的谐波谐振有 1/2 次分频谐振与 3 次高频谐振。

对于相同品质的电压互感器，当系统线路较长时，等效 C_0 大，回路的自振角频率低，就可能激发产生分频谐振过电压，发生分频谐振的频率为 24~25Hz，存在频差，会引起配电盘上的表计指示有抖动或以低频来回摆动。这时电压互感器等值感抗降低，会造成励磁电流急剧增加，引起高压熔断器熔断，甚至造成电压互感器烧毁。系统线路较短时，等效 C_0 小，自振角频率高，就有可能产生高频谐振过电压，这时过电压数值较高。

（2）铁磁谐振的特点。各种谐振频率具备以下不同的特点：

1）分频谐振。过电压倍数较低，一般不超过 2.5 倍的相电压，三相对地电压表的指示值同时有周期性的摆动，线电压指示正常，过电流很大，往往导致 TV 熔丝熔断，甚至烧毁 TV。

2）高频谐振。过电压倍数较高，三相对地电压同时升高，最大幅值达 4~5 倍相电压，线电压基本正常，过电流较小。

3）基频谐振。三相对地电压表示为两相高、一相低，线电压正常，过电压倍数在 3.2 倍相电压以内，伴有接地信号，即虚假接地现象。

（3）消除和抑制的措施

在中性点不接地系统中，可采用下列措施消除 TV 饱和引起的过电压：

1）选用伏安特性较好的、不易饱和 TV，可明显降低产生谐振的概率。

2）选用电容式电压互感器，它不存在饱和的问题。

3）尽量减少系统中性点接地的电压互感器数，增加互感器中的等值总感抗。

4）增大对地电容。母线侧装设一组三相对地电容器，或利用电缆段代替架空线段，以增加对地电容。

5）采取临时措施。可在发生谐振时，临时投入消弧线圈，也可以按事先方案投入某些线路或设备以改变电路参数。

6）系统中性点经过消弧线圈接地后，相当于在电压互感器每一相电感上并联一个消弧线圈的电感。消弧线圈的电感远较电压互感器相对地的电感为小，完全打破了参数匹配的关系，谐振过电压就不会产生了。

7）在 TV 高压中性点串接单相 TV。

8）在零序回路中接入阻尼电阻。

3. 其他铁磁谐振过电压

（1）断线谐振过电压。断线谐振过电压是电力系统中较常见的一种铁磁谐振过电压。这里所指的断线泛指导线因故障折断、断路器拒动以及断路器和熔断器的不同期切合等。只要电源侧或负荷侧有一侧中性点不接地，断线可能组成复杂多样的非线性串联谐振回路，出现谐振过电压。

在 35kV 及以下的中性点绝缘的配电网内，断线引起的铁磁谐振过电压比较频繁出现，并且可能造成各种后果，如在绕组两端和导线对地间出现过电压，负荷变压器的相序反倾、中性点位移和虚幻接地，绕组铁心发出响声和导线的电晕声。在严重情况下，甚至发生绝缘子闪络，避雷器爆炸，击毁电气设备等事故。在某些条件下，这种过电压也会传递到绕组的另一侧，对后者造成危害。

现以某中性点不接地配电网为例，已知线路长度为 l，线末接空载变压器，发生 A 相断线，如图 2-26 所示。图中，导线折断处至电源端距离为 xl，线路对地电容及相间电容分别为 C_0、C_{12}。由于电源三相电路对称，且 A 相断线后，B、C 相在电路上完全对称，所以三相电路等值为单相电路时等值电动势为 $1.5\dot{E}_A$。其单相等值电路如图 2-27 所示，对该等值电路进一步简化，从而得到如图 2-28 所示的简化等值电路。

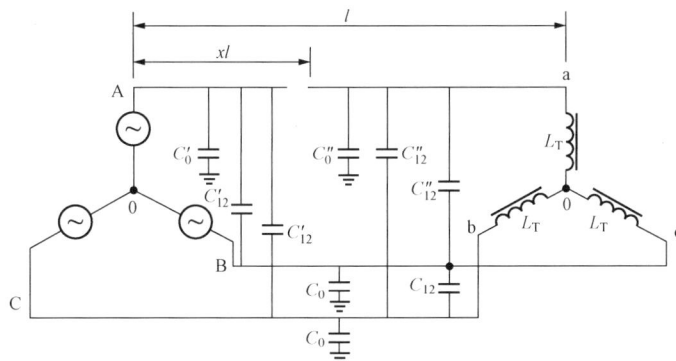

图 2-26　中性点不接地配电网单相断线

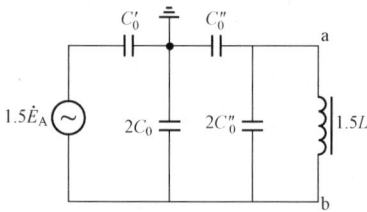

图 2-27　单相断线等值电路

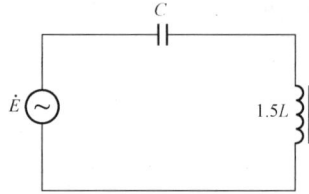

图 2-28　简化单相断线等值电路

在图 2-26 中，断线处两侧 A 相导线的对地电容分别为 $C_0' = xC_0$、$C_0'' = (1-x)C_0$，断线处变压器侧 A 相对 B、C 相导线的相间电容为 $C_{12}'' = (1-x)C_{12}$，设线路的正序电容和零序电容的比值为

$$\sigma = \frac{C_0 + 3C_{12}}{C_0} \tag{2-35}$$

图 2-28 中等效电动势 E 等于图 2-27 中 a、b 两点间的开路电压，等值电容为 a、b 两点向电源侧看进去的入口电容，因此

$$C = \frac{(C_0' + 2C_0)C_0''}{C_0' + C_0'' + 2C_0} = \frac{C_0}{3}\big[(x + 2\sigma)(1-x)\big] \tag{2-36}$$

$$\dot{E} = 1.5\dot{E}_A \frac{1}{1 + \dfrac{2\sigma}{x}} \tag{2-37}$$

根据配电系统的具体参数和断线位置，通过图 2-28 就可分析计算断线谐振过电压。

为防止断线过电压，可采取下列的限制措施：

1）保证断路器的三相同期动作，不采用熔断器设备。

2）加强线路的巡视和检修，预防发生断线。

3）若断路器操作后有异常现象，可立即复原，并进行检查。

4）不要将空载变压器长期接在系统中。

5）在中性点接地的配电网中，合闸中性点不接地的变压器时，先将变压器中性点临时接地。这样做可使变压器未合闸相的电位，被三角形连接的低压绕组感应出来的恒定电压所固定，不会引起谐振。

（2）配电变压器一点接地谐振过电压。我国 6～10kV 等级的配电变压器为数极多，长期运行后绝缘老化以及变压器制造的质量问题，往往在变压器的内部形成绝缘的薄弱点，经受外部（雷击）或者内部（电机的启动、短路）的各种冲击后，最终导致绕组的匝间短路和绕组导线对地的闪络。

图 2-29 中画出了配电变压器运行中损坏时的两种现象：假设配电变压器为 A 相因匝间短路，而使该相的熔丝熔断并在 m 点接地。这样，三相不平衡的对地励磁电感与导线的对地电容 C_0 并联在一起，与电压互感器的谐振接线方式完全一致，因而在一定的参数的配合下，可激发起各种谐波的铁磁谐振过电压。试验和运行经验表明，这种情况由于故障电流较小，而且周围环境是一种绝缘强度极高的油介质，绕组对地接地的电弧电流总是处于不稳定的电弧状态，构成了强烈的激发因素，并在谐振时发生较高幅值的暂态过电压。

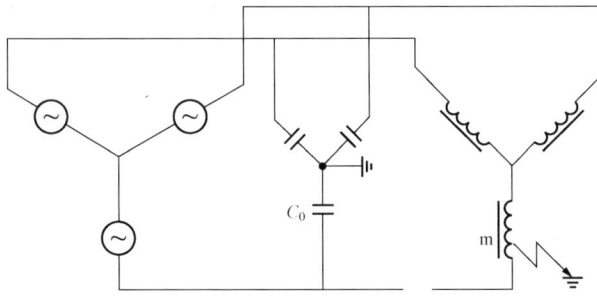

图 2-29　配电变压器故障接地时的谐振接线图

图 2-29 的谐振回路比电压互感器的回路要复杂，这里需要考虑匝间短路的去磁效应以及各段绕组间的互感影响等，很难用计算的方法来确定。一般 10kV 配电网的对地电容较小，变压器的励磁电抗也比电压互感器的励磁电抗要小，故过电压经常具有基波性质，即二相对地电压升高，一相对地电压降低，或者一相高，二相低，也可能是三相电压同时升高。

为防止上述现象的出现，应严格控制配电变压器的制造质量，加强配电变压器的管理，特别要求淘汰高能耗产品。

第3章 配电网自动化

配电网自动化系统是一项综合了计算机技术、现代通信技术、电力系统理论和自动控制技术等的复杂系统，是提高电网供电可靠性和实现高效管理的有效手段之一。

3.1 概　　述

3.1.1 配电网自动化的概念

配电网自动化、配电系统自动化或配电自动化的概念目前还没有国家标准规范，本书采用中国电机工程学会城市供电专业委员会起草的《配电系统自动化规划设计导则》中给出的配电网自动化定义。所谓配电网自动化，是利用现代电子、计算机、通信及网络技术，将配电网在线数据和离线数据、配电网数据和用户数据、电网结构和地理图形进行信息集成，构成完整的自动化系统，实现配电网及其设备正常运行及事故状态下的监测、保护、控制、用电和配电管理的现代化。

配电网自动化系统中涉及两个主要系统。

1. 配电管理系统

配电管理系统（DMS，Distribution Management System）是变电、配电到用电过程的监视、控制和管理的综合自动化系统。一般认为，DMS 是和电网调度自动化的能量管理系统（EMS）处于同一层次的。二者不同之处是 EMS 涉及发电、输电和变电系统，DMS 涉及变电、配电和用电，二者管理范围如图 3-1 所示。

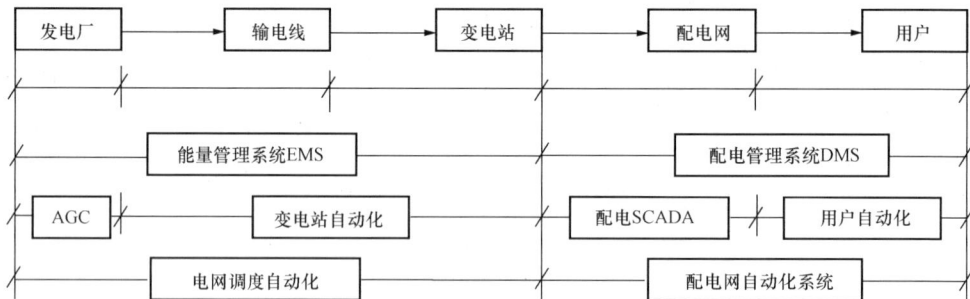

图 3-1　配电管理系统（DMS）和能量管理系统（EMS）的管理范围

2. 配电网自动化系统

配电网自动化系统（DAS，Distribution Automation System）是在远方以实时方式监视、协调和操作配电设备的自动化系统。其内容包括配电网数据采集和监控（SCADA，Supervision Control and Data Acquisition）、配电地理信息系统（GIS，Geographic Information System）和需求侧管理（DSM，Demand Side Management）等。

配电管理系统和能量管理系统均为电力系统的安全、经济和优质运行服务，且可使用相同的支撑平台，并具有某些类似之处。由于无论是一次系统接线还是二次系统装备都有许多差别，导致输电网和配电网在应用上的一些不同，主要体现在：

(1) 典型的配电网多为辐射形结构。

(2) 配电网的许多设备（如分段器、重合器、补偿电容器、调压变压器等）是按配电线路长度安放的，往往装在电线杆上；而输电网的设备（如断路器、静止补偿器等）一般都是安装在变电站内。

(3) 配电网内要求安装自动化终端设备的数量，通常比相连输电系统所需的数量要多一个数量级。

(4) 配电网的数据库规模，一般比所连输电网的数据库大。

(5) 配电网内大多数的现场设备都是人工操作，而不像输电网中大多数的现场设备可以远方控制。

(6) 配电网的网络接线变化，常常发生在事故地点而不是在开关电器安装处。如由于交通事故而碰断某相线路，这样的接线变化就很少会发生在输电网上。

(7) 配电网设备名目繁多，数量极大，且面临经常变动的需求侧负荷，检修更新频繁。

(8) 配电网除供方的设备外，还连有大量需求侧的用电设备，有时还有包括联合循环发电在内的自备电源。而输电系统中基本上是供方的发、输、变电设备。

(9) 承担传输数据和通话任务的配电网通信系统，由于包含有各种类型的负荷控制和远方读表装置而具有多种通信方式的特点，但其通信速率不如输电系统要求那样高。

3.1.2 配电管理系统

配电管理系统（DMS）的内容包括配电自动化系统、配电网应用软件、工作票管理系统、调度员仿真调度培训模拟系统等应用功能。配电管理系统和配电网自动化系统的涵盖关系如图 3-2 所示。

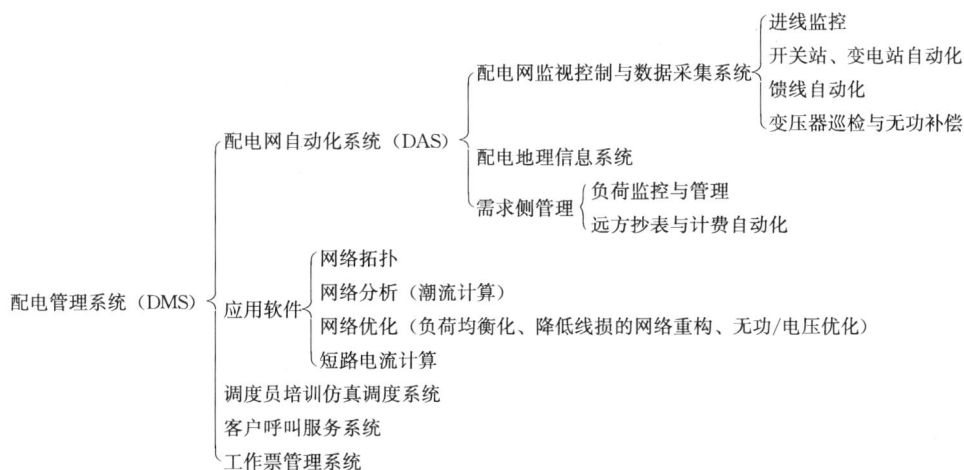

图 3-2　配电管理系统与配电网自动化系统的涵盖关系

1. 配电网自动化系统

(1) 配电网监视控制与数据采集。配电网自动化系统中，从对配电网供电的主变压器电站 35kV 和 10kV 部分的监视，到馈线自动化，以及配电开关站/变电站自动化和配电变压器的巡检和无功电压综合控制，称为配电网监视控制与数据采集（SCADA）。

馈线自动化（FA，Feeder Automation）主要包含两方面功能：①在正常情况下远方实时监视馈线分段开关与联络开关的状态和馈线电流、电压情况，并实现线路开关电器的远方合闸和分闸操作，以优化配电网的运行方式，从而达到充分发挥现有设备容量的目的；②在故障时获取故障信息，并自动判别和隔离馈线故障区段以及恢复对非故障区域的供电，从而达到减小停电面积和缩短停电的目的。

开关站和变电站自动化（SA，Substation Automation）完成对配电网中 10kV 开关站、小区变压器的开关位置、保护动作信号、小电流接地选线情况、母线电压、线路电流、有功和无功功率、电能表的远方监视，以及开关远方控制、变压器远方有载调压等，从而有助于进一步提高供电可靠性和改善供电质量。

变压器巡检与无功补偿是指对配电网中箱式变电站、变压器的参数进行远方监视和补偿电容器的远方自动投切等，从而达到提高供电质量的目的。

（2）配电地理信息系统。因为配电网节点多、设备分散，运行管理工作经常与地理位置有关，引入地理信息系统（GIS），可以更加直观地进行运行管理。

配电地理信息系统的内容主要包括：

1）设备管理（FM，Facilities Management），指将变电站、馈电线、变压器、开关电器、电杆等设备的技术数据反映在地理背景图上。

2）用户信息系统（CIS，Customer Information System），指借助 GIS 对大量用户信息，如用户名称、地址、账号、电话、用电量、供电优先级、停电记录等进行处理，便于迅速判断故障的影响范围。同时，用电量和负荷的统计信息还作为网络潮流分析的依据。

3）SCADA 功能是指将 SCADA 和 DSM 上报的实时数据信息与 GIS 相结合，以便于操作和管理人员动态分析配电网的运行情况。

4）停电管理系统（OMS，Outage Management System），指接到停电投诉后，GIS 通过调用 CIS 和 SCADA 功能，迅速查明故障地点和影响范围，选择合理的操作顺序和路径，显示处理过程中的进展，并自动将有关信息转给用户投诉电话应答系统。

（3）需求侧管理。需求侧管理（PDSM，Power Demand Side Management）是指在政府法规和政策的支持下，采取有效的激励措施和引导措施以及适宜的运作方式，通过发电公司、电网公司、电力用户等共同协作，提高终端用电效率和改变用电方式，在满足用电功能的同时，减少电量消耗和电力需求，达到节约资源和保护环境的目的，实现社会效益好、各方受益、最低成本能源服务所进行的管理活动。其内容主要包括负荷监控与管理（LCM，Load Control and Management）和远方抄表与计费自动化（AMR，Automatic Meter Reading）。

负荷监控和管理（LCM）是根据用户的用电量、分时电价、天气预报以及建筑物内的供暖特性等综合分析，确定最优运行和负荷控制计划，对集中负荷及部分厂矿用电负荷进行监视、管理和控制，并通过合理的电价结构引导用户转移负荷，从而进一步发挥和利用现有设备的容量。

远方抄表与计费自动化（AMR）是指通过各种通信手段读取远方用户电表数据，并将其传至控制中心，自动生成电费报表和曲线，并能实现复费率和各项统计功能，从而降低劳动强度，提高营业管理现代化水平，有助于减人增效。

2. 配电应用软件

配电网应用软件（PAS，Power Application Software）主要是指配电网络分析计算软件，包括负荷预测、网络拓扑分析、状态估计、潮流计算、线损计算分析、电压/无功优化等。配电网应用软件是有力的调度工具，通过应用软件的分析计算，可以更好地掌握当前运行状态。配电自动化中的这些软件与调度自动化的相类似，但配电网不涉及系统稳定和调频这类问题，其主要任务是保证安全可靠供电、做好负荷分配和负荷/无功管理等。

由于配电网具有三相不平衡及辐射形接线等特点，给应用软件带来不少新问题。配电网潮流具有一些不同于输电网潮流的特性，它要求使用详细的元件模型并能模拟平衡和不平衡系统。此外，面向各式各类用户的配电网，碰到的个性问题较多，很难归纳出几个应用程序来统一解决配电网的所有问题。因此，当前配电管理系统的应用软件主要分成以下三个层次来开发：

1）基本应用软件：网络拓扑、状态估计、潮流、短路电流、电压/无功控制、负荷预报等。

2）派生应用软件：变电站负荷分配、馈线负荷分配、按相平衡负荷等。

3）专门应用软件：小区负荷预报、投诉电话处理、变压器设备管理等。

3. 调度员培训仿真系统

调度员培训仿真系统（DTS，Dispatcher Train System）利用计算机模拟实际配电网的运行特性，用调度运行人员熟悉或易于掌握的人机界面，逼真地再现学员所在配电网的静态和动态特性，以对调度员、运行支持及决策人员进行演示和培训，使他们有一种身临其境的感觉，可以增进对系统的了解，积累处理事故的经验，提高处理事故的能力。

DTS 对电力系统动态行为进行逼真的模拟，严格模拟调度室中人机会话操作过程，并且要能体现配电管理系统（DMS）的全部功能。DTS 应可以共享 SCADA 系统的实时数据和历史数据，而且保持环境一致，即数据采集、网络分析等采用与控制中心相同的画面及信息，使学员与调度员面对的环境完全一致。

4. 客户呼叫服务功能

电力客户呼叫中心，是供电企业面向用户的一个接口，是通过统一的供电客服电话"95598"和互联网站，向电力客户提供除柜台服务方式外的多层次、全方位服务的综合业务服务平台。电力客户呼叫中心可实现与电力客户的交互，7×24h 不间断的向用户提供与用电相关的业务功能，包括信息查询/咨询、业务受理、故障报修、投诉与建议、停电预告、客户欠费提示、催交电费、市场调查等多层次、全方位的服务。

5. 工作票管理系统

工作票是保证电力系统安全生产的根本制度，是电力运行管理中一项防止误操作的有效安全措施。工作票填写的内容主要有工作票编号、工作负责人、工作班成员、工作地点、工作内容、计划工作时间、工作终结时间、停电范围、安全措施、工作许可人、工作票签发人、工作票审批人、送电后评语等。

工作票管理系统可对工作票开票、签发、审核、作废、打印、统计、查询和各级单位之间网上上报、接收等实现自动生成和一体化管理。用户可以根据本辖区内电力线路档案建立工作票基础数据库和权限设定、工作任务档案、履行工作票的工作队、人员档案。工作票管理系统可以设置多个操作员，设置不同级别的操作权限，可满足电力工作票制度下的所有规定，还可设置工作票进程查询功能。

3.1.3　配电网自动化的意义

1. 提高供电可靠性

（1）缩小故障停电范围。图 3-3 描述了一个典型的"手拉手"配电网，A 和 G 为电源开关，B、C、E 和 F 为分段开关，D 为联络开关。正常运行时，分段开关 B、C、E、F 闭合，在图 3-3 中用实心表示；联络开关 D 打开，在图 3-3 中用空心表示。假设配电自动化覆盖到馈线开关，即 A～G 开关处均安装了配电自动化终端设备，并通过通信网络与位于配电主站控制中心的计算机系统相连。

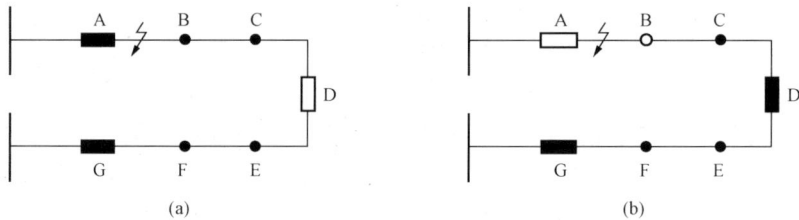

图 3-3　自动化系统覆盖到馈线开关
（a）故障发生；（b）故障隔离、恢复供电

在图 3-3（a）中假设开关电器 A 和 B 之间的馈线发生故障，主变压器电站的保护装置首先跳开开关电器 A，断开故障区域，并通过配电自动化分段开关 B 隔离故障区域，通过配电自动化合联络开关 D，恢复受故障影响的健全区域 BC 和 CD 供电，故障处理结果如图 3-3（b）所示。可见配电自动化可以及时隔离故障区域，并减少故障的影响范围，但是在此例中，AB 段馈线上的任意用户发生故障，该馈线就必须整段切除。

图 3-4 描述了在图 3-3 所示配电网的基础上，在负荷密集区 B 设置开关站，并且配电自动化覆盖到开关站的层次，也即开关站的进线和出线开关电器处均安装了配电自动化终端设备，并通过通信网络与位于配电主站控制中心的后台计算机系统相连。

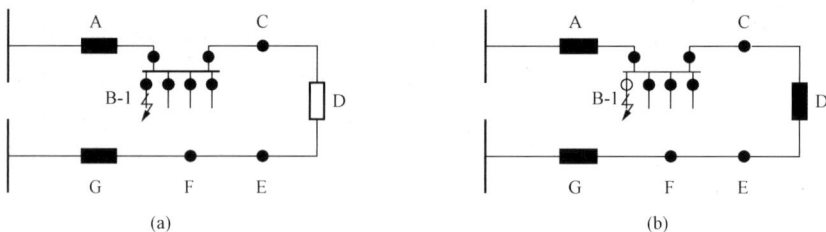

图 3-4　自动化系统覆盖到开关站
（a）故障发生；（b）故障隔离、恢复供电

图 3-4 中，假设在开关站 B 的 B-1 出线上发生故障，在图 3-4（b）中描述了通过配电自动化分断隔离故障区域，而不影响故障所在馈线的开关站的其他出线供电的处理结果。与图 3-3 所示的实例相比，本例进一步缩小了故障影响范围。

若在图 3-4 所示网络的基础上，在配电变压器高压侧设置配电自动化终端设备，并通过通信网络与位于控制中心的计算机系统相连，则可以更进一步缩小故障影响的范围。总之，配电自动化覆盖层次越深，则故障影响范围越小，供电可靠性越高。

（2）缩短事故处理所需的时间。实现配电自动化能提高供电可靠性的另一个体现是缩短事故处理所需的时间。下面以某电力企业在应用配电网自动化系统前后，对配电系统事故处理所需的时间进行比较为例说明。

变电站中的变压器事故时，自动操作需要 5min，人工操作需要 30min（缩短了 25min，约 83%）；改由其他变压器和变电站恢复送电操作，由自动化系统完成需 15min，而采用人工操作则需要 120min（缩短了 105min，约 88%）；变电站发生全站停电时，由自动化系统完成全部配电线路负荷转移需 15min，采用人工就地操作需要 150min（缩短了 135min，约 90%）。

2. 提高供电经济性

降低配电网线路损耗（简称线损）是提高供电经济性的重要方法之一。目前，降低配电网线损方法有多种，如配电网络重构、安装补偿电容器、提高配电网的电压等级和更换导线等。其中，提高配电网的电压等级需要进行慎重的综合考虑，更换导线和安装补偿电容器则需要投资。配电网自动化通过实时遥控配电网开关电器进行网络重构和电容器投切管理，在不显著增加投资的前提下，可以达到改善配电网运行方式和降低网损的目的。配电网络重构的实质就是通过优化现存的网络结构，改善配电系统的潮流分布，理想情况是达到最优潮流分布，使配电系统的网损最小。当然，通过配电网自动化实现远方自动抄表，还可以杜绝人工抄表导致的不客观性和漏洞，显著降低管理线损，并能及时察觉窃电行为，减少损失。

3. 提高供电能力

一般说来，配电网是按满足峰值负荷的要求来设计的。然而在配电网中，每条馈线均有不同类型的负荷，如商业类、民用类和工业类。这些负荷的日负荷曲线是不同的，在变电站的变压器及每条馈线上峰值负荷出现的时间也是不同的，导致实际当中配电网中的负荷分布不均衡，有时甚至是极不均衡的，这严重降低了配电线路和设备的利用率，同时也导致线损较高。

配电网的某些线路有时会发生过负荷，传统的处理办法是再建设一条线路，将负荷分解到两条线路上运行。但是实际上往往过负荷仅发生在一年中某几天的个别时期内，因此上述做法很不经济。在合理的网架结构下，通过配电网自动化实现技术移荷与负荷管理，可以将重负荷甚至是过负荷转移到轻负荷馈线上，有效地提高了馈线的负荷率，增强了配电网的供电能力。

4. 改善电能质量

现代工业和科学技术中的精密仪器设备、复杂的控制系统和工艺流程，对电能质量的要求越来越高，电能质量关系着国民经济的总体效益。随着现代工业技术的发展，电力负荷的种类越来越多，特别是非线性、冲击性负荷在容量上、数量上日益增大，使公用电网中的各种干扰成分不断增加，电能质量日益恶化。近年来，由于电能质量引发的事故和问题呈上升趋势，对电能质量的管理和对电力污染的治理工作势在必行。通过配电网自动化实现远方有载调压和集中补偿电容器的正确投切、配电变压器低压侧无功补偿，以及以提高电压质量为目的的配电网络重构等，都是提高电能质量的有效手段。

5. 降低劳动强度，提高管理水平和服务质量

配电网自动化能实现在人力尽量少介入的情况下，完成大量的重复性工作，包括查抄用户电能表、监视记录变压器运行工况、检核变电站的负荷、断路器分合状态记录、投入或退

出补偿电容器、升降有载调压变压器分接头等。通过配电网自动化，工作人员不必登杆操作，在配电控制中心就可以控制柱上开关，实现变电站和开关站无人值班；借助人工智能代替人的经验做出更科学的决策报表、曲线、操作记录等自动存档，数据统计和处理，配电地理信息系统的建立，客户呼叫服务系统等。这些手段无疑显著地降低了工作人员的劳动强度，提高了管理水平和服务质量。

3.1.4　配电网自动化的技术难点

现代电力系统是由发电网、输电网、配电网和负荷中心组成的庞大系统，需要一个高度信息化和自动化的系统来监控和调度。近年来，输电网各级别（国调、网调、省调、地调和县调）的调度计算机系统自动化程度已经得到了很大的发展，然而配电网的自动化系统发展仍然很慢。配电网自动化系统不但比输电网自动化系统对于设备的要求高，而且规模也要大得多，因而建设费用也要高很多。

1. 测控对象非常多

输电网自动化系统的测控对象一般都是大型的 110kV 以上变电站，以及少数 35kV 和 10kV 变电站，因此站点少。一般小型县调具有 1～7 个站，中型县调具有 7～16 个站，大型县调有 16～24 个站，小型地调只有 24～32 个站，中型地调有 32～48 个站，大型地调有 48～64 个站。

配电网自动化系统的测控对象为变电站、10kV 开关站、小区变电站、配电变压器、分段开关、并补电容器、用户电能表、重要负荷等，站点非常多，通常有成百上千甚至上万点之多。因此，不仅给系统组织会带来较大的困难，而且在控制中心的计算机网络上也必须下更大的工夫，特别是在图形工作站上，要想较清晰地展现配电网的运行方式，困难将更大。对于配电网自动化主站系统，无论是硬件还是软件，较输电网自动化系统都有更高的要求。此外，由于配电网自动化系统的站端设备极多，因此要求设备的可靠性和可维护性一定要高，否则电力公司会陷入繁琐的维修工作中；同时每台设备的造价也受到限制，否则整个系统造价会过高，影响配电网自动化潜在效益的发挥。

2. 大量终端设备安放在户外

输电网自动化系统的站端设备一般都可安放在所测控的变电站内，因此行业标准中这类设备按照户内设备对待，即只要求其在 0～55℃ 环境温度下工作。配电网自动化系统中的大量站端设备必须安放在户外，工作环境恶劣，通常要能够在 −25～65℃ 环境下工作，因此必须考虑雷击、过电压、低温和高温、雨淋和潮湿、风沙、振动、电磁干扰等因素的影响，从而导致不仅设备制造难度大，造价也较户内设备高。此外，配电网自动化系统中的站端设备进行远方控制的频繁程度比输电自动化系统要高得多，因此要求配电网自动化系统中的站端设备具有更高的可靠性。

3. 通信系统复杂

由于配电网自动化系统的站端设备数量非常多，会大大增加通信系统的建设复杂性，从目前成熟的通信手段看，没有一种方式能够单独满足要求，因此往往综合采用多种通信方式，并且通常采取多层集结的方式。

4. 工作电源和操作电源提取困难

在配电网自动化系统中，必须面临许多输电网自动化中不会遇到的问题，其中最重要的是控制电源和工作电源的获取问题。故障位置判断、隔离故障区段、恢复正常区域供电是配电自动化最重要的功能之一。为实现这一功能，必须确保故障期间能够获取停电区域的信息，并通过远方控制跳开一部分开关电器，再合上另外一些开关电器。可是由于该区域停电，无论计算机系统工作所需的电源和通信系统所需的电源，还是跳闸或合闸所需的操作电源，都成了问题。对于输电网自动化系统，可以通过所在变电站的直流电源屏获取电源；对于现场自动化终端设备，就往往不得不安放足够容量的蓄电池以维持停电时供电，与之配套还需要有充电器和逆变器。此外，长期未进行充放电对蓄电池性能有较大的影响。

5. 我国目前配电网现状落后

我国目前配电网的现状仍比较落后，未来的发展方向首先要对配网的拓扑结构进行改造，使之适合于自动化的要求，如馈线分段化、配网环网化等。分段开关也需更换成为能进行电动操作的真空开关，并且应具有必要的互感器。开关站和配电变电站中的保护装置，应能提供一对信号接点，以作为事故信号，区分事故跳闸和人工正常操作，开关柜的操动机构应该具有防跳跃机构等。现阶段我国的配电网和上述要求尚存在一定差距，因此为了实现配电网自动化，往往必须把对传统配电网的改造纳入工程之中，进一步增加了实施的困难。

3.2　配电网自动化系统结构

从结构上划分，配电网自动化系统一般由配电主站控制中心、远方测控终端、通信系统三大部分组成。

（1）配电主站控制中心，通常由一系列工作站、服务器、网络设备和应用软件等组成。

（2）远方测控终端主要安装在各开关电器、配电变压器、开关站等处，是整个系统构成中最底层的设备，主要负责采集配电网的各种实时数据信息，并执行上级下发的控制命令。

（3）通信系统通常由通信主机、适配器和通信介质等组成。

3.2.1　总体结构

图 3-5 所示为大型配电网自动化系统的构成，分为四层。

（1）第一层：配电网自动化主站。

（2）第二层：区域主站，又称控制分中心，负责所管辖区域的配电管理。

（3）第三层：配电子站。

（4）第四层：配电终端。

配电网自动化主站一般设置在供电企业的配电网调度中心，或者行使配电网调度职权的场所。它通过通信信道获取各配电终端的电网实时信息，对电网进行监视控制，分析电网运行状态，使其最优运行。配电网自动化主站是整个配电网自动化系统的核心，由中心调度室和主站计算机系统及设备组成，其作用是：

（1）对整个配电网及其设备的运行进行监视、控制与管理。

（2）接收通过区域主站、子站转发来的现场设备信息，或直接接收来自各终端设备的配电网

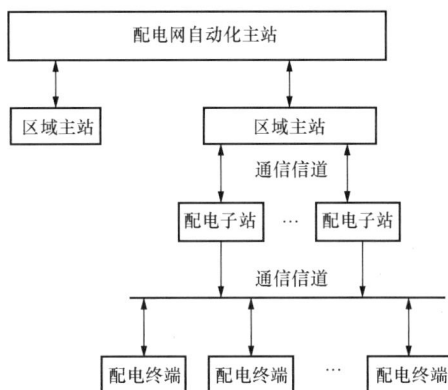

图 3-5　大型配电网自动化系统构成示意图

实时信息，利用这些信息分析配电网的运行状态。

（3）通过计算机联网，将配电网运行信息发送给 SCADA、EMS、MIS 等系统，根据需要，获取这些系统与配电网有关的信息，实现信息共享；还可利用 Internet 将配电网信息向外发布。

区域主站是城市配电网自动化系统的区域指挥中心，其组成与主站控制中心相似，但规模上要小于主站控制中心。其作用与控制中心基本相同，不同之处是：控制的区域是城市配电网的一部分，另外还要向主站控制中心上报有关信息，接受主站控制中心下发的信息或指令，执行操作命令。

配电子站作为区域主站与终端之间的一层设备，主要完成通信方式及路由的转换、数据的分层处理与中转、控制中心部分功能的分散等任务。其具体作用如下：

（1）完成不同通信方式或路由的转换；

（2）实现就地或就近监视和控制功能；

（3）与终端设备及自动化主站完成数据交换，实现数据的上传下达；

（4）完成故障隔离和部分恢复功能。

通信信道是联系配电终端与主站的纽带，完成数据、命令的上传下达，占据相当重要的地位，配电系统设备数量庞大、地域分布广，合理可靠的通信系统是配电网自动化成功实施的关键。

小型配电网自动化系统中馈线较少，可以不设配电子站。

3.2.2 主站系统

1. 主站功能

主站系统是整个配电网自动化系统的核心，应具有以下功能：

（1）分别实现对所辖区域不同电压等级变电站的集中监视和控制功能。

（2）实现对配电网的实时监控，具备完备的 SCADA 功能，包括实现对变电站的监视控制和 10kV 馈电线路、开关电器、配电变压器等的实时监控。

（3）馈线自动化功能。主站的一个重要功能是利用子站上报来的故障信息和子站的故障定位、隔离信息，产生跨网的恢复供电方案，并在此基础上实现故障隔离以及对跨子站非故障区恢复供电，使停电持续时间尽量缩短。

（4）结合地理信息系统实现对配电设备的计算机管理。

（5）对电网运行状态进行分析，使电网处于安全、优化的运行状态。

（6）实现配电工作管理功能，结合地理信息实现对配电工作的管理，提高配电工作的管理水平。

2. 主站系统的配置

配电网自动化主站系统主要由硬件系统和软件系统构成。硬件系统配置采用分布式结构，包括工作站（如维护工作站、调度工作站等）、服务器（如数据采集服务器、历史数据服务器等）、连接 MIS 的网关、主站的局域网、对时装置 GPS 等，如图 3 - 6 所示。

配电网自动化主站软件系统体系结构，可分为四个层次，即平台层、管理层、数据层、应用层。每个层次内部都是由一组完成一定功能的软件模块构成，各个层次之间通过相互支撑，完成配电网自动化系统功能，如图 3 - 7 所示。

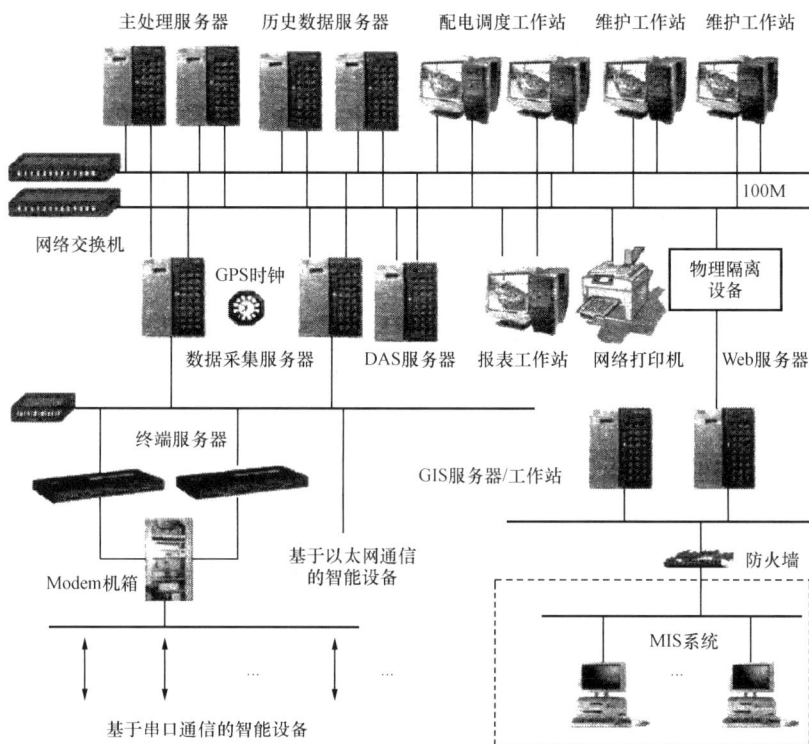

图 3-6　配电网自动化主站的硬件配置结构

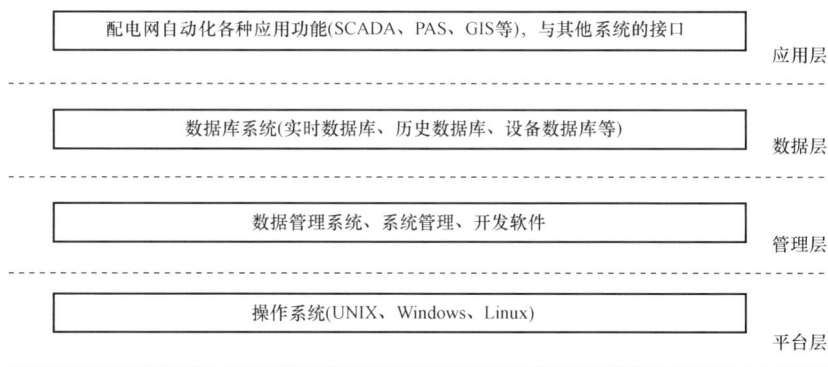

图 3-7　配电网自动化主站的软件体系结构

3.2.3　配电网自动化的终端单元

1. 远方终端分类

DL/T 721—2013《配电网自动化系统远方终端》对配电网自动化远方终端的定义为：配电网远方终端是用于配电网馈线回路的各种馈线远方终端、配电变压器远方终端以及中压监控单元等设备的统称。配电网自动化远方终端主要分三类。

（1）馈线远方终端（FTU，Feeder Terminal Unit），安装在配电网馈线回路的柱上和开关柜等处，并具有遥信、遥测、遥控和故障电流检测（或利用故障指示器检测故障）等功能的远方终端。

（2）站所远方终端（DTU，Distribution Terminal Unit），安装在配电网的开关站、配电所、箱式变电站等处，并具有遥信、遥测、遥控和故障电流检测（或利用故障指示器检测故障）等功能的远方终端。

（3）配电变压器远方终端（TTU，Transformer Terminal Unit），用于配电变压器的各种运行参数的监视、测量的远方终端。

2. 馈线远方终端

馈线远方终端FTU的主要作用是故障检测、状态监控、远程控制、电量测量及与配电自动化系统中心主站通信。其一般具有如下功能：

（1）遥信功能。采集柱上开关当前位置、通信状态、储能情况等状态量，如果有保护信号的，对保护动作情况进行遥信。

（2）遥测功能。采集线路电压、负荷电流等模拟量，以及监视电源电压和蓄电池剩余容量。一般线路发生故障电流时，需要能够采集较大动态范围输入电流的能力。测量故障电流的准确度要求不高但响应速度要快，正常测量时则要求测量准确度高、响应可以相对慢一些。因此，一般保护和测量数据不能共享，需要两组互感器来实现。

（3）遥控功能。能够在接收到远方控制命令后，实现柱上开关设备的合闸和分闸以及启动储能过程等。

（4）远方控制闭锁功能。当设备进行维修或检修时，通过远方控制使相应的FTU发出合闸闭锁命令，以保证现场检修的安全性。

（5）手动操作功能。FTU可以实现现场的手动合/分闸，以保证现场一旦发生事故，能就地合分柱上开关设备，而不必直接上杆操作。

（6）远程通信功能。一般FTU提供标准的RS-232C或RS-485接口，实现与各类通信传输设备的连接。

（7）定值远方修改和召唤定值。由于配网线路的复杂多变，一些FTU的定值会根据线路参数的变化而变，这时通过远方修改定值，提高设备工作的效率，及时处理线路故障。控制也应能随时召唤定值进行参数分析和检验。

（8）统计功能。必要时，FTU能对柱上开关设备的动作次数、动作时间等情况进行监视。

（9）对时功能。对一些以时间为判据的FTU，FTU应能接收主站对时命令，保持系统时钟一致性。

（10）事件顺序记录。一些FTU可以直接利用其自身的设计，记录状态量发生变化的时刻和先后顺序。

（11）事故记录。一些FTU可以直接记录事故发生时的最大故障电流和事故前一段时间的平均负荷，用于事故分析。

（12）自检与自恢复功能。FTU在设备自身故障时可及时告警，具有可靠的自恢复功能，一旦受干扰造成死机时，可以重新复位恢复正常运行。

配电网自动化系统通过FTU实现配网的SCADA功能时，应能通过对各FTU的控制实现配网的故障识别、故障隔离、网络重构以及配网的无功/电压控制和优化运行等功能。FTU因需与开关设备、变压器配套，往往安装在户外且现场很恶劣的电气环境中，对抗干扰、抗震动以及温度范围要求更高。国家电网公司的技术条件要求中规定 FTU 适应温度需达到－40～85℃，电磁兼容性需通过 IEC 四级瞬变干扰试验。

FTU 主要由测控单元、电源模块、通信接口设备、蓄电池等组成。图 3-8 所示的为国内某 FTU 单元的接线、结构功能图。

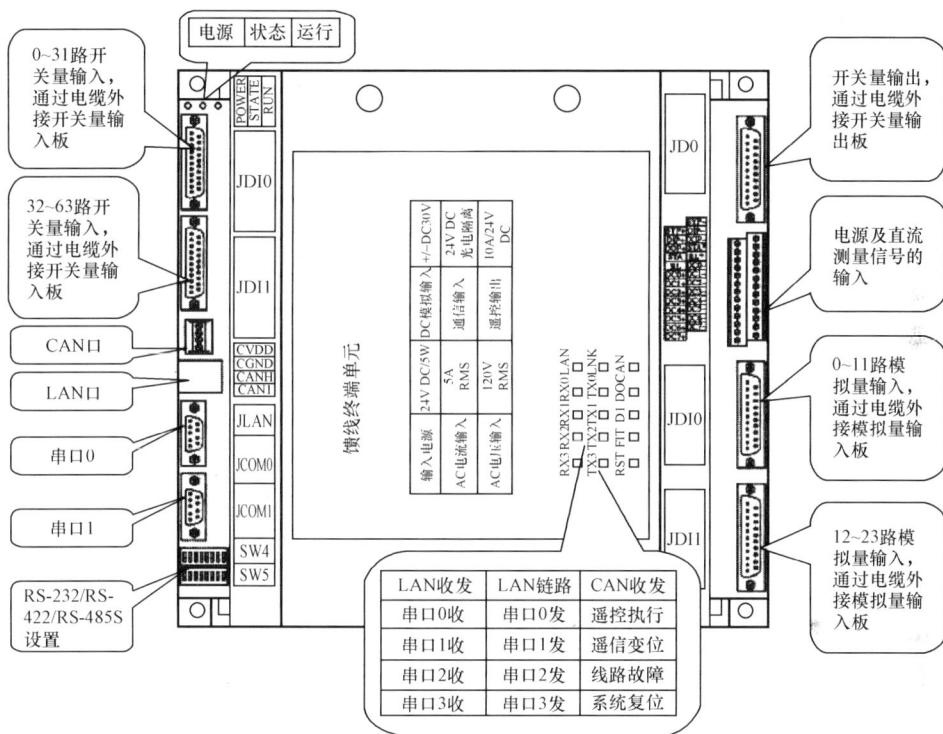

图 3-8　FTU 的结构功能图

3. 站所远方终端（DTU）

为了适应开关站、环网柜等开关设备多回路集中监控需求，目前最新设计的站所远方终端（DTU）较多的是基于先进的 DSP 数字信号处理技术和高速工业网络技术，并且集遥测、遥信、遥控、保护和通信等功能于一体的微机型配电自动化远方终端单元。DTU 根据信道方式配套通信设备，配合配电子站、主站实现配电线路的运行状态监视、故障识别、故障隔离和非故障区域恢复供电等配电网功能。

基于终端设备类型系列化、硬件平台统一化、功能一体化的设计思想，远方终端采用高速数字信号处理器（DSP）实时采集相应环网柜或开关站的运行数据并做出相应处理，将处理后数据通过 CAN BUS 接口传递给通信管理单元。DTU 通信管理单元采用嵌入式系统平台，它负责将采集到的信息由通信网络发往远方的配电网自动化控制中心或分站，也可接受配电网自动化控制中心下达的命令进行相应的远方倒闸操作。在故障发生时，DTU 记录下故障前及故障时的重要信息，并传至配电网自动化控制中心，经计算机系统分析后确定故障区段和最佳供电恢复方案，为网络重构、负荷转移提供依据。

4. 配电变压器远方终端（TTU）

配电变压器远方终端（TTU）用于对配电变压器的信息采集和控制，实时监测配电变压器的运行工况，完成传统的电压表、电流表、功率因数表以及负荷指示仪和电压监视仪等的功能。它能与其他后台设备通信，提供配电系统运行控制及管理所需的数据。一般要求TTU能实时监测线路、柱上配电变压器或箱式变压器的运行工况，发现、处理事故和紧急情况，就地和远方进行无功补偿，实现有载调压的配电变压器或箱式变压器自动调压功能。

从监视负荷变化情况的角度出发，不要求TTU一定要及时上传采集的数据，为减少成本，可采用低速公用通信网进行通信。从功能和性能上看，TTU不涉及故障过程的处理，因此其对电气量处理的实时性要求比FTU要低。为了方便的采用无线公网实现和上级的通信，TTU内部一般集成自带TCP/IP协议的GPRS或CDMA通信模块。

5. 馈线故障指示器

除以上三类远方终端外，馈线故障指示器也是一种常用的配电网自动化系统远方终端。馈线故障指示器是一种安装在架空线、电缆及母排上指示故障电流通路的装置。通过在分支点和用户进线等处安装故障指示器，可以在故障后借助于指示器的指示，迅速确定故障分支和具体区段，大幅度减少寻找故障点的时间，尽快排除故障，恢复正常供电，提高供电可靠性。

馈线故障指示器一般安装在：

（1）变电站出线，用于判断短路故障在站内或站外；

（2）长线路分段，指示短路故障所在的区段；

（3）高压用户入口，用于判断用户故障；

（4）安装于电缆与架空线路连接处，指示故障是否在电缆段；

（5）环网柜或电缆分支箱的进出线，判断故障区段和故障馈出线。

短路故障指示器是一种可以直接安装在配电线路上的指示装置，其原理示意图如图3-9所示。

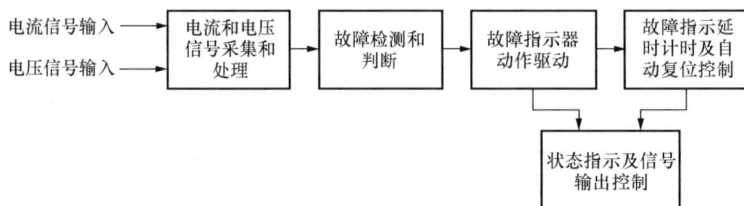

图 3-9　短路故障指示器原理示意图

故障指示器的故障判别功能主要是通过检测电流和电压的变化来识别故障特征，从而判断是否给出故障指示。当系统发生短路故障时，线路上流过短路故障电流的故障指示器检测到该信号后自动动作，如由白色指示变为红色翻牌指示，或给出发光指示运行人员由变电站出口开始，沿着动作了的故障指示器方向前行至分支处，再沿着有故障指示器动作的主干或分支线路前行，则该主干或分支线路上最后一个翻牌的故障指示器和第一个没有翻牌的故障指示器间的区段，即为故障点所在的区段。使用故障指示器，减小了巡线人员的工作强度，提高了故障排查效率和供电可靠性。故障指示器动作后，其状态指示一般能维持数小时至数十小时，便于巡线人员到现场观察。为了免维护，故障指示器一般都具有延时自动复归功能，在故障排除、恢复送电后自动延时复归，为下次故障指示准备。

3.3　配电网自动化的开关设备

3.3.1　柱上配电自动化开关设备

典型的柱上开关设备包括断路器、负荷开关、隔离开关、熔断器等,应用于配电网自动化的柱上开关以断路器和负荷开关为主。

1. 柱上断路器

柱上断路器是指在架空线路正常工作状态、过载和短路状态下关合和开断高压线路的开关电器。断路器可以手动关合和分断,也可以通过其他动力进行关合;在高压线路过载或短路时,断路器可以通过保护装置的动作自动将线路迅速断开。

中压系统中所用断路器主要有四种,即空气、油、SF_6 和真空断路器。随着 SF_6 断路器的发展及近年来中压领域真空断路器的发展,前两种断路器已逐步被淘汰。

柱上断路器是配网目前使用最普遍的柱上开关设备,其自带的保护功能是典型的配电网初级自动化。目前国内在配网设备选型时,经常把柱上断路器作为一款在未实施配电网系统时,线路保护用的开关电器。随着配电网的实施,其保护功能将由配电网自动化系统来实现,断路器退而成为一款能够与配电自动化系统进行配合的负荷开关来使用。考虑到未来将与配电网自动化系统配合,断路器机构特性及预留的各种自动化接口是选型中特别需要注意的。

2. 柱上负荷开关

柱上负荷开关是指在架空线路上用来关合和开断额定电流或规定过载电流的开关设备。负荷开关以电路的接通和断开为目的,因此具有短路电流关合功能、短时短路电流耐受能力和负荷电流开断功能。柱上负荷开关按结构分为封闭式和敞开式,按灭弧介质分产气式、压气式、充油式、SF_6 式和真空式。图 3-10 所示为一种压气式高压负荷开关的结构示意图。

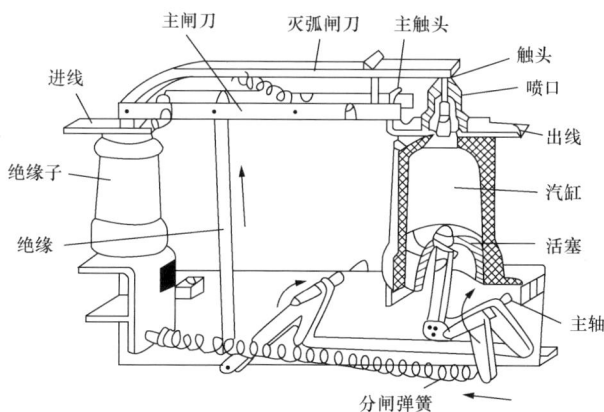

图 3-10　压气式高压负荷开关结构示意图

柱上负荷开关的功能要求与断路器不同,它不需要开断短路电流,只需要切负荷电流,其断口绝缘性能比较高,因此适合于频繁操作的场合。

3. 自动重合器

自动重合器（Recloser）是一种能够检测故障电流、在给定时间内断开故障电流并能进行给定次数重合的一种有"自具"能力的控制开关。所谓自具（Self Contained），即本身具有故障电流检测和操作顺序控制与执行的能力，无需附加继电保护装置和另外的操作电源，也不需要与外界通信。现有的重合器通常可进行三次或四次重合。如果重合成功，重合器则自动中止后续动作，并经一段延时后恢复到预先的整定状态，为下一次故障做好准备。如果故障是永久性的，则重合器经过预先整定的重合次数后，就不再进行重合，即闭锁于开断状态，从而将故障线段与供电电源隔离开来。

自动重合器在开断性能上与普通断路器相似，但具有多次重合闸的功能。在保护控制特性方面，则比断路器要智能，能自身完成故障检测、判断电流性质，执行开合功能，记忆动作次数、恢复初始状态、完成合闸闭锁等，只有通过手动复位才能解除闭锁。图 3 - 11 所示为安装在柱上的真空自动重合器。

图 3 - 11　安装在柱上的真空自动重合器

（1）重合器特点。

1）重合器的作用是强调短路电流开断、重合闸操作、保护特性操作顺序、保护系统。而断路器强调开断、关合，由外部机构对断路器进行控制。重合器具备断路器的全部功能。

2）重合器的机构由灭弧室、操动机构、控制系统、合闸线圈等部分组成，而断路器本体则无继电保护、控制系统。

3）重合器是本体控制设备，具有故障检测、操作顺序选择、开断和重合特性等功能。用于线路上的重合器，其操作电源直接取自高压线路，用于变电站内时要具有可供操作的电源。

4）重合器适用于户外柱上安装，即可用在变电站内，也可在配电线路上。

5）不同类型重合器的闭锁操作次数、分闸快慢动作特性、重合间隔等特性一般不同，它可以根据运行中的需要调整重合次数及重合闸间隔时间。而断路器有标准给定的额定操作顺序。

6）重合器的相间故障开断都采用反时限特性，以便与熔断器安—秒特性相配合。

7）在开断能力方面，重合器短路开断试验的程序和试验条件比断路器严格得多。

（2）重合器的操作。重合器的操作指重合器进入合闸闭锁状态前，在规定的重合闸间隔应完成的分合闸次数。不同类型的重合器的分合操作次数、快慢动作特性、重合间隔不同，如三重合四分闸的重合器操作顺序为：分—重合间隔 1—合分—重合间隔 2—合分—重合间隔 3—合分。

可以根据配电网实际需要调整重合器的合分次数和间隔时间。典型的重合器操作顺序可整定为"二快二慢""一快三慢""一快二慢"等。这里的"快"是指按快速电流—时间特性曲线，"慢"是指按某一条慢速电流—时间特性曲线整定分闸。

4. 分段器

分段器（Sectionalizer）是一种与电源侧前级断路器配合，在失压或无电流的情况下自动分闸的开关设备。当发生永久性故障时，分段器在预定次数的分合操作后闭锁于分闸状态，从而达到隔离故障线路的目的。若分段器未完成预定次数的分合操作，故障就被其他设备切除了，则其将保持在闭合状态，并经一段延时后恢复到预先的整定状态，为下一次故障做好准备。分段器一般不能开断短路故障电流。图 3 - 12 所示为一种三相跌落式分段器外观图。

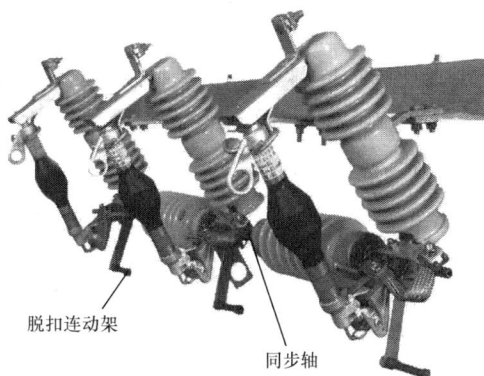

图 3 - 12　三相跌落式分段器外观图

根据判断故障方式的不同，分段器可分为电压—时间型分段器和过流脉冲计数型分段器两类。

（1）电压—时间型分段器。电压—时间型分段器是凭借加压、失压的时间长短来控制动作的，失压后分闸，加压后合闸或闭锁。电压—时间型分段器既可用于辐射状配电网和树状配电网，又可用于环状配电网。

电压—时间型分段器有两个重要参数需要整定。

1）X 时限，是指从分段器电源侧加压至该分段器合闸的时延。

2）Y 时限，又称为故障检测时间，其含义是：若分段器合闸后在未超过 Y 时限的时间内又失压，则该分段器分闸并被闭锁在分闸状态，待下一次再得电时也不再自动重合。

配电网中电压—时间型分段器的接线形式如图 3 - 13 所示。图中，PVS 为真空开关，是电压—时间型分段器的开关本体；T 为电源变压器，是真空开关的动力电源；FDR 是故障检测器，用来检测真空开关两端的电压，当检测到馈线有电压时，真空开关就闭合。

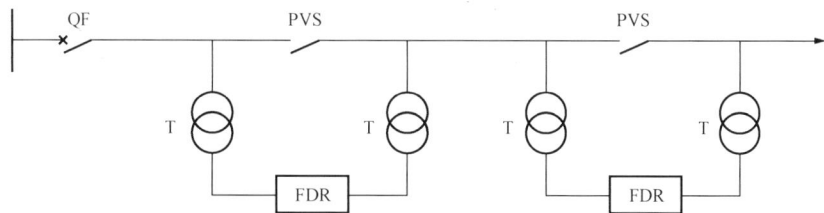

图 3 - 13　配电网中电压—时间型分段器的接线形式

电压—时间型分段器有两套功能：一是正常运行时闭合，作为分段开关用；二是正常运行时断开，作为联络开关用。

（2）电流—时间型分段器。电流—时间型分段器又称为过电流脉冲计数型分段器，是以检测线路电流来进行控制的。电流—时间型分段器通常与前级开关设备（重合器或断路器）配合使用，它不能开断短路电流，但具有"记忆"前级开关设备开断故障电流动作的次数，也即流过自身过电流脉冲次数的能力。当线路发生永久性故障时，重合器分闸，在失电期间，分段器开始进行计数，当分闸次数达到整定次数时，即自动永久分闸，而重合器（或断路器）重合后，就可隔离该故障段。一般分段器整定的次数应比重合器或断路器的操作次数少一次。当发生瞬时性故障时，分段器的分闸次数还未达到预定的次数，因瞬时性故障已消除，线路就可恢复正常供电。分段器的累计计数器经过一段时间后自动复零，为下一次故障做好准备。过电流脉冲计数值可以整定为记忆 1～3 次。

3.3.2 电缆线路的配电自动化开关设备

1. 环网柜

负荷开关柜、负荷开关—熔断器组合电器柜是交流金属封闭开关设备，主要用于 10kV 及以下的电缆线路配电系统中，因常用于环网供电系统，故又称环网柜。环网柜的主要开关元件为负荷开关、断路器或负荷开关—熔断器组合电器，其中断路器通常不要求快速重合闸功能。由于在使用时常常是负荷开关柜与组合电器柜配套使用，把它们这种配套使用的单元称为环网供电单元，环网供电单元中的每一个功能柜统称为环网柜。每个环网柜对应着一路进（出）线支路。由于环网柜是终端电气设备，具有量大面广、安装方式与地点多样的特点，因此要求体积小、造价低、占地面积小。

环网供电单元具有成本低廉、使用组合灵活的特点，加之限流熔断器可限制短路电流峰值和快速分断短路电流的特性，可使故障短路电流对变压器的损坏减少到最小值，特别适用于城市配电系统的电缆线路，应用于住宅小区、高层建筑、中小企业、大型公共建筑、开关站、箱式变电站中。环网柜可根据用户需要配置不同的开关元件实现相应的功能，主要有以下三种形式。

（1）负荷开关环网柜。负荷开关环网柜的主要功能有：

1）控制回路，开合负荷电流、过载电流；

2）配合熔断器实施故障电流和过载电流保护；

3）用以开合并联电抗器、电动机、配电线、电容器组、空载电路；

4）实施配电线路分段和重构功能。

（2）负荷开关十限流熔断器环网柜。负荷开关与熔断器组合式环网柜的主要功能有：

1）控制、开合、隔离变压器及其配送回路；

2）对中压变压器的中压侧、变压器及低压配电回路内的短路电流及过载电流进行保护；

3）快速有效地切除变压器内部故障，从而有效保护变压器安全；

（3）断路器环网柜。其作为环网柜、开关站等进线开关设备，可有效承载所辖中压配电系统内较大故障电流。

2. 环网供电单元的基本结构形式

环网供电单元一般由三个环网柜组成，如图 3-14 所示。图中，QL 为负荷开关，FU 为熔断器，T 为出线变压器。该环网供电单元有两个进线柜，一个出线柜。进线柜一般为负荷开关柜，出线柜一般为组合电器柜。环网供电单元可及时隔离故障线路，调整电源方向，恢复正常区段的供电，完成环网供电的功能。出线柜直接接到用户终端变压器，并对变压器、低压出线及母线等进行保护；利用组合电器中的高压限流熔断器保护变压器可以快速切除电路故障，对变压器内部短路故障的保护极为有利。

环网供电单元也可由多回路进、出线柜组成，如图 3-15 所示，图中 TA 是电流互感器，F 是避雷器。环网供电单元常用于开关站或预装式箱式变电站中，可扩大

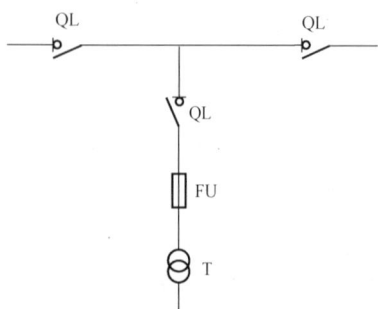

图 3-14 环网供电单元原理图

供电对象及保护范围,提高配电网供电的灵活性和可靠性,更合理经济地控制和分配电能。

3. 箱式变电站

根据 GB/T 17467—2010《高压/低压预装式变电站》和 DL/T 537—2002《高压/低压预装箱式变电站选用导则》中的描述:高压/低压预装箱式变电站的主要元件是变压器、高压开关设备和控制设备、低压开关设备和控制设备、相应的内部连接线(电缆、母线和其他)和辅助设备,并能够根据用户

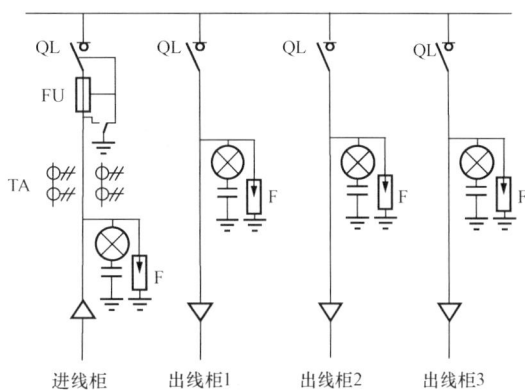

图 3-15 环网多回路配电原理图

要求装设电能计量设备和无功补偿设备。这些元件应该用一个共用的外壳或一组外壳封闭起来。

由此,箱式变电站定义为经过型式试验的、用来从高压系统向低压系统输送电能的设备,它包括装在外壳内的变压器、低压和高压开关设备、连接线辅助设备。由于箱式变电站安装在公众易接近的地点,应按规定使用条件保证人身安全。因此,箱式变电站是将配电网终端变电站设备在制造厂内预先集成装配在一起,使之具备变电站的基本功能。

箱式变电站成套性强,选址灵活,便于建设安装,不需建房,节省占地面积、安全可靠,中压可以深入负荷中心,减少网损,易与环境协调,具有明显的社会效益,是技术性和经济性较优的一种末端变电站。箱式变电站通常用于城市公共配电、交通运输、住宅小区、高层建筑、工矿企业、油田、临时工地及移动变电站等。图 3-16 所示为预装箱式变电站的一种外观形式。图 3-17 所

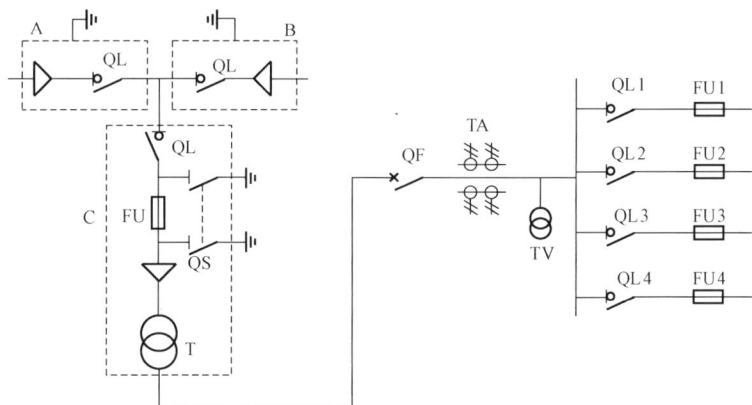

图 3-16 预装箱式变电站外观形式

示为预装箱式变电站典型电气线路图。

图 3-17 预装箱式变电站典型电气线路图

在图 3-17 中，T 为箱式变电站中的变压器，QF 为低压主进线断路器，QS 为接地开关，TA 为电流互感器，TV 是电压互感器，进线柜 A、B 和组合电器柜 C 组成的环网供电单元作为箱变中的高压电气设备，QL1～QL4 是多路低压出线负荷开关，这些构成了箱变中的低压开关设备。

3.4 馈线自动化技术

3.4.1 馈线自动化的功能

馈线自动化是指在正常状态下，实时监视馈线分段开关与联络开关的状态和馈线电流、电压情况，实现线路开关电器的远方或就地合闸和分闸操作。在故障时获得故障记录，并能自动判别和隔离馈线故障区段，迅速对非故障区段恢复供电。其中故障定位、隔离和自动恢复对健全段的供电是馈线自动化的一项主要功能。

1. 馈线运行状态监测

状态监测的量主要有电压、电流、有功功率、无功功率、功率因数等以及开关设备的运行状态，监测设备为馈线终端单元（FTU）。在有通信设备时，这些量可以送到某一级配电 SCADA 系统；在没有通信设备时，可以选择某些可以保存或指示的量加以监测。

装有 FTU 的配电网，同样可以完成事故状态下的监测。没有装设 FTU 的地点可装设故障指示器，通常将其装在分支线路和大用户入口处。

2. 馈线控制

利用配电网中可控设备（主要是开关设备）对馈线实行事故状态下和正常运行时的控制。

3. 馈线的故障定位、隔离和自动恢复供电

这是馈线自动化的一个独特功能，可在馈线发生永久性故障时，自动对故障进行定位，通过开关设备的顺序动作实现故障隔离，在环网结构的配电网中实现负荷转供，恢复供电。在发生瞬时性故障时，通常在切断故障电流后故障自动消失，可以由开关电器自动重合而恢复对负荷的供电。

3.4.2 馈线自动化的类型

馈线自动化的实现有就地控制和远方控制两种基本类型。

1. 就地控制

就地控制是指，利用开关设备相互配合来实现馈线自动化，采用具有就地控制功能的重合器和分段器等开关设备，实现配电线路故障的自动隔离和恢复供电功能，无远方通信通道及数据采集功能。

就地控制的馈线自动化根据检测电气量不同，分为电流型方案和电压型方案。电流型方案是采用重合器、过电流脉冲计数型分段器、熔断器相配合，以检测馈线电流为依据来进行控制和保护；电压型方案则是采用重合器和时间—电压型分段器相配合，以检测馈线电压为依据进行控制和保护。

2. 远方控制

远方控制是指，基于 FTU 来实现馈线自动化，采用 FTU、通信信道、电压及电流传感器、电源设备等，通过数据采集和远方控制，实现配电线路故障的自动隔离和恢复供电的功能。

3.4.3 就地控制方式的馈线自动化技术

1. 重合器与电压—时间型分段器配合

（1）辐射状网的故障处理。图 3-18 所示为一典型的辐射状网。变电站出口采用重合器 A，整定为"一慢一快"，第一次重合时间为 15s，第二次重合时间为 5s。B、C、D、E 均为电压—时间型分段器，时限整定分别为：B、D 和 E 的 X 时限均整定为 7s，C 的 X 时限整定为 14s，B、C、D、E 的 Y 时限均整定为 5s。分段器 B、C、D 对应的供电区段分记为 b、c、d。

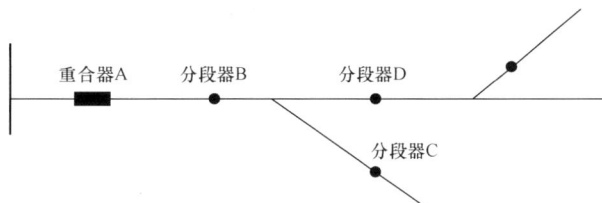

图 3-18　辐射状网

由于分段器 B、C、D、E 用于辐射状配电网，所以其功能均设置在第一套。在配电网正常运行时，所有开关电器处于闭合状态，如图 3-19（a）所示。

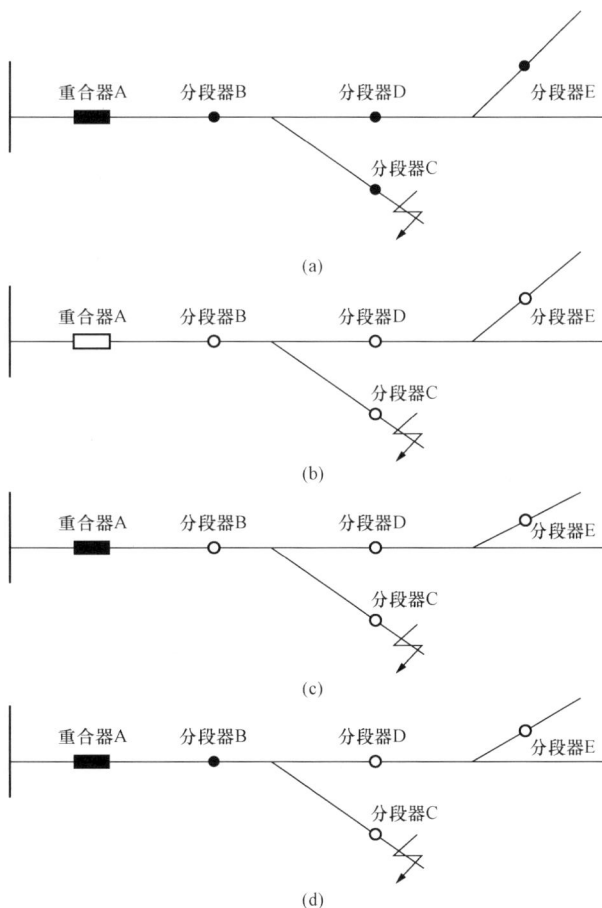

(a)

(b)

(c)

(d)

图 3-19　辐射状网重合器与电压—时间型分段器隔离故障、恢复供电过程（1）

▬ 代表重合器合闸；● 代表分段器合闸；⊗ 代表分段器闭锁；

▭ 代表重合器分闸；○ 代表分段器分闸

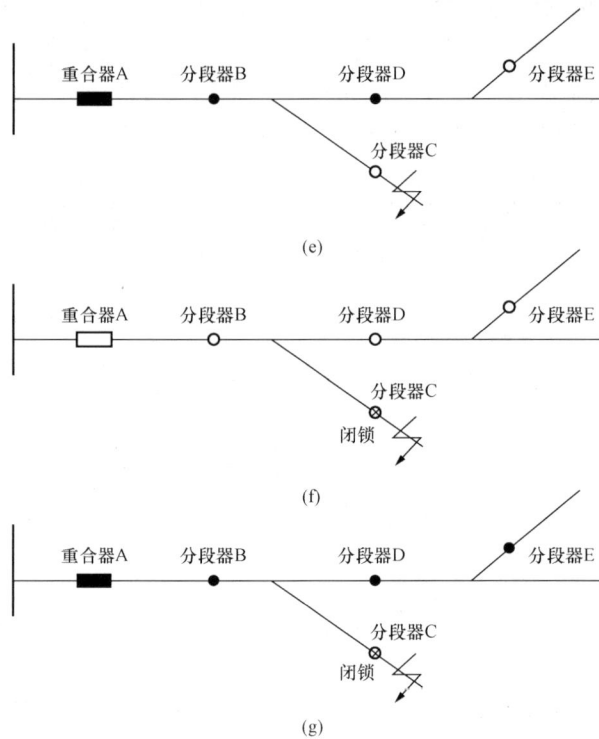

图 3-19　辐射状网重合器与电压—时间型分段器隔离故障、恢复供电过程（2）

■■代表重合器合闸；●代表分段器合闸；⊗代表分段器闭锁；

▭代表重合器分闸；○代表分段器分闸

图 3-19（b）描述在 c 区段发生永久性故障后，重合器 A 跳闸，导致线路失压，造成分段器 B、C、D 和 E 均分闸；图 3-19（c）描述事故跳闸 15s 后，重合器 A 第一次重合；图 3-19（d）描述又经过 7s 的 X 时限后，分段器 B 自动合闸，供电至 b 区段；图 3-19（e）描述又经过 7s 的 X 时限后分段器 D 自动合闸供电至 d 区段；图 3-19（f）描述分段器 B 合闸后，经过 14s 的 X 时限后，分段器 C 自动合闸，由于 C 段存在永久性故障，再次导致重合器 A 跳闸，从而线路失压，造成分段器 B、C、D 和 E 均分闸，由于分段器 C 合闸后未达到 Y 时限（5s）就又失压，该分段器将被闭锁；图 3-19（g）描述重合器 A 再次跳闸后，又经过 5s 进行第二次重合，分段器 B、D 和 E 依次自动合闸，而分段器 C 因闭锁保持分闸状态，从而隔离了故障区段，恢复了健全区段供电。

上述隔离故障、恢复供电的过程对应的开关设备动作时序如图 3-20 所示。

（2）环状网的故障处理。典型的开环运行

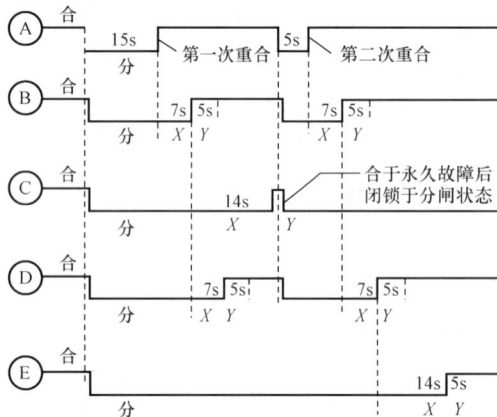

图 3-20　各开关设备的动作时序图

X—合闸时间；Y—故障检测时间

的环状网在采用重合器与电压—时间型分段器配合时，隔离故障区段的过程如图 3 - 21 所示。图 3 - 22 为各开关电器的动作时序图。

图 3 - 21 中，A 采用重合器，整定为"一慢一快"，即第一次重合时间为 15s，第二次重合时间为 5s。B、C、D、E、F、G、W 采用电压—时间型分段器，B、C、D、E、F、G 分段器设置在第一套功能，为动断开关，它们的 X 时限均整定为 7s，Y 时限均整定为 5s；W 为联络开关，设置在第二套功能，为动合开关，其 X 时限整定为 45s，Y 时限均整定为 5s。

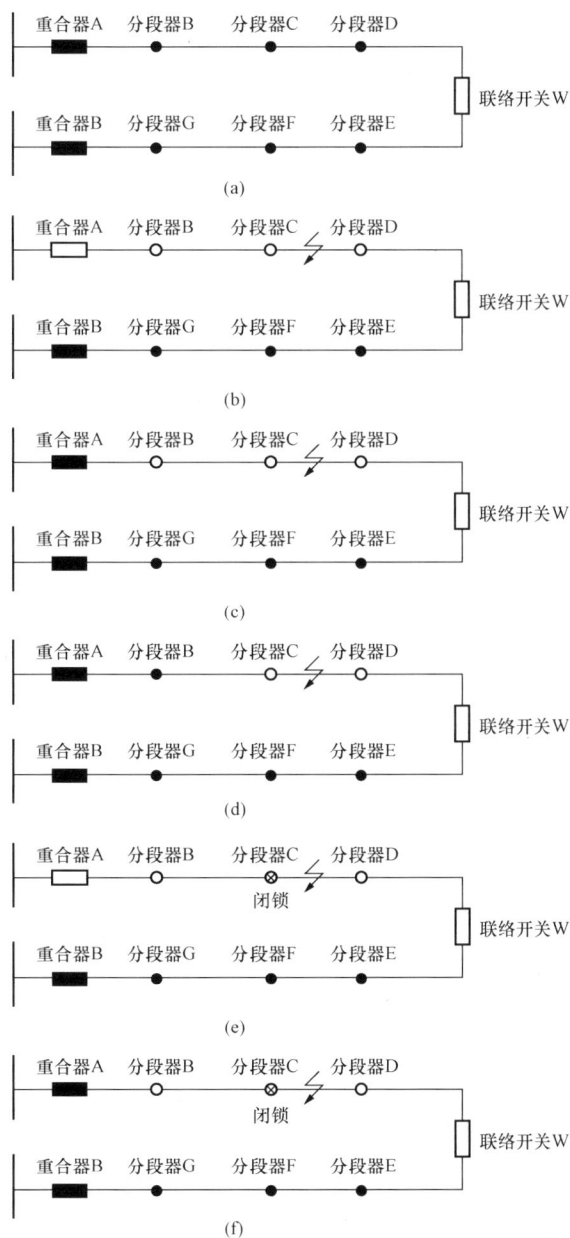

图 3 - 21　环状网重合器与电压—时间型分段器
隔离故障、恢复供电过程（1）

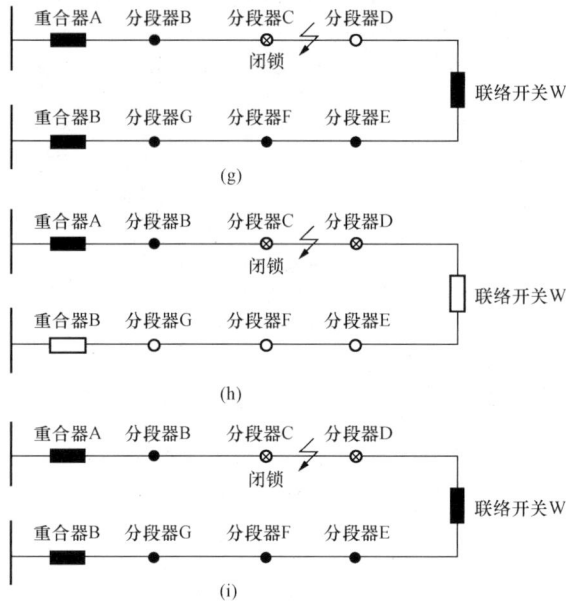

图 3-21 环状网重合器与电压—时间型分段器
隔离故障、恢复供电过程（2）

图 3-21（a）为该开环运行的环状网正常工作的情形；图 3-21（b）描述在 c 区段发生永久性故障后，重合器 A 跳闸，导致联络开关左侧线路失压，造成分段器 B、C 和 D 均分闸，并启动分段器 W 的 XL 计数器；图 3-21（c）描述事故跳闸 15s 后，重合器 A 第一次重合；图 3-21（d）描述又经过 7s 的 X 时限后，分段器 B 自动合闸，将电供至 b 区段；图 3-21（e）描述又经过 7s 的 X 时限后，分段器 C 自动合闸，此时由于 C 段存在永久性故障，再次导致重合器 A 跳闸，从而线路失压，造成分段器 B 和 C 均分闸，由于分段器 C 合闸后未达到 Y 时限（5s）就又失压，该分段器将被闭锁；图 3-21（f）描述重合器 A 再次跳闸后，又经过 5s 进行第二次重合，随后分段器 B 自动合闸，而分段器 C 因闭锁保持分闸状态；图 3-21（g）描述重合器 A 第一次跳闸后，经过 45s 的 X 时限后，联络开关 W 自动合闸，将电供至 d 区段；图 3-21（h）描述又经过 7s 的 X 时限后，分段器 D 自动合闸，此时由于 C 段存在永久性故障，导致联络开关右侧的线路的重合器跳闸，从而右侧线路失压，造成其上所有分段器均分闸，由于分段器 D 合闸后未达到 Y 时限（5s）就又失压，该分段器将被闭锁；图 3-21（i）描述联络开关以及右侧的分段器和重合器又依顺序合闸，而分段器 D 因闭锁保持分闸状态，从而隔离了故障区段，恢复了健全区段供电。

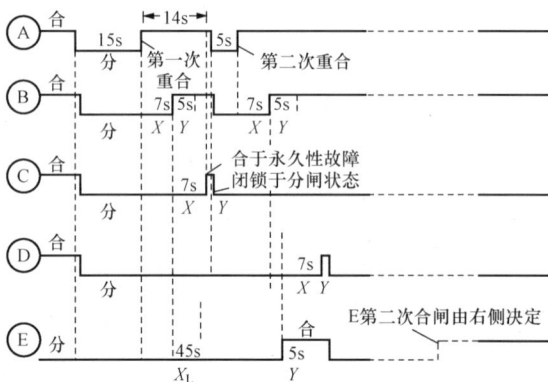

图 3-22 各开关电器的动作时序图

2. 分段器的时限整定

从重合器与分段器配合实现故障区段的隔离过程可以看出，为了避免误判故障区段，重合器与电压—时间型分段器的时限整定要确保同一时刻不能有 2 台及以上的分段器同时合闸。

分段器的 Y 时限一般可以统一取为 5s，下面讨论分段器的 X 时限整定方法。

(1) 分段器作为分段开关。重合器与电压—时间型分段器配合的 X 时限整定方法按照如下步骤进行：

1) 确定分段开关合闸时间间隔，并从联络开关处将配电网分割成若干以电源开关为根的树状配电子网络。

2) 定义沿着潮流的方向，从某个开关电器节点到电源节点所途径的开关数目加 1 为该开关节点的层数，依此原则对各个配电子网分层。

3) 对各个配电子网从第一层依次向外将各台开关电器排好顺序。

4) 确定每台分段开关的绝对合闸延时时间，计算方法是：各台开关按照所排的顺序，以确定的分段开关合闸时间间隔依次递增。

5) 某台开关电器的 X 时限等于该开关的绝对合闸延时时间减去其同一条馈线上的上一层分段开关的绝对合闸延时时间（电源点的绝对合闸延时时间认为是 0）。

关于 X 时限的整定主要是保证各开关电器时限的配合，以保证任一时刻没有超过一个的开关电器同时合闸，从而导致无法判断故障。

(2) 分段器作为联络开关。"手拉手"的环状配电网只有一台联络开关参与故障处理时，分别计算出与该联络开关紧邻的两侧区域故障时，从故障发生到与故障区域相连的分段器闭锁在分闸状态所需的延时时间 T_L（左侧）和 T_R（右侧），取其中较大的一个记作 T_{max}，则 X 时限的设置应大于 T_{max}。

【例 3 - 1】 图 3 - 23 为某配电网的一部分，由子网 A 和子网 B 构成，试对子网 A 各分段器进行定值整定。

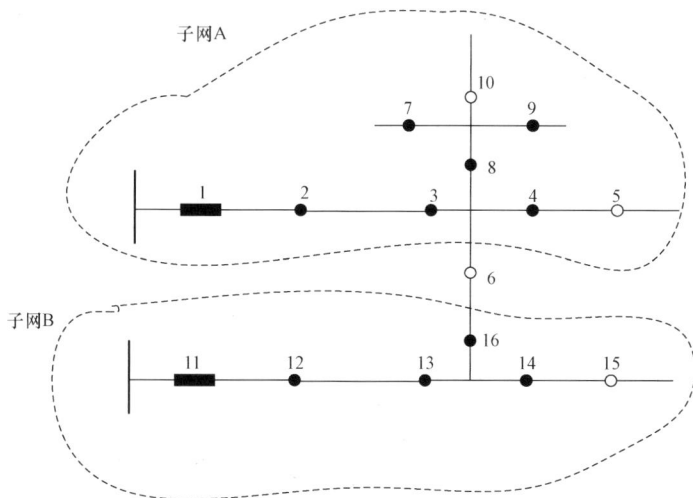

图 3 - 23 某配电网络

解 （1）子网 A 包括的分段器有 2、3、4、7、8、9，确定分段器合闸时间间隔为 7s。

（2）分层：子网 A 中潮流方向为从左至右，分段器 2 到电源节点所途径的开关电器数目为 0，加 1 即为分段器 2 所对应的层次，为第一层。依此类推，可得分段器分层结果与时限整定值，见表 3-1、表 3-2 所示。

表 3-1　　　　　　　　　　　　　　分 段 器 分 层

层次	第 1 层	第 2 层	第 3 层	第 4 层
分段器编号	2	3	4, 8	7, 9

表 3-2　　　　　　　　　　　　　　分 段 器 时 限 整 定

排序	2	3	4	8	7	9
延时时限（s）	7	14	21	28	35	42
X 时限（s）	7	7	7	14	7	14

3. 重合器与过流脉冲计数型分段器配合

图 3-24 中，采用重合器与过流脉冲计数型分段器配合处理永久性故障，B、C、D 的计数次数均整定为两次，其隔离故障、恢复健全区域供电的过程如图 3-25（a）所示，对应的开关电器动作时序如图 3-25（b）所示。

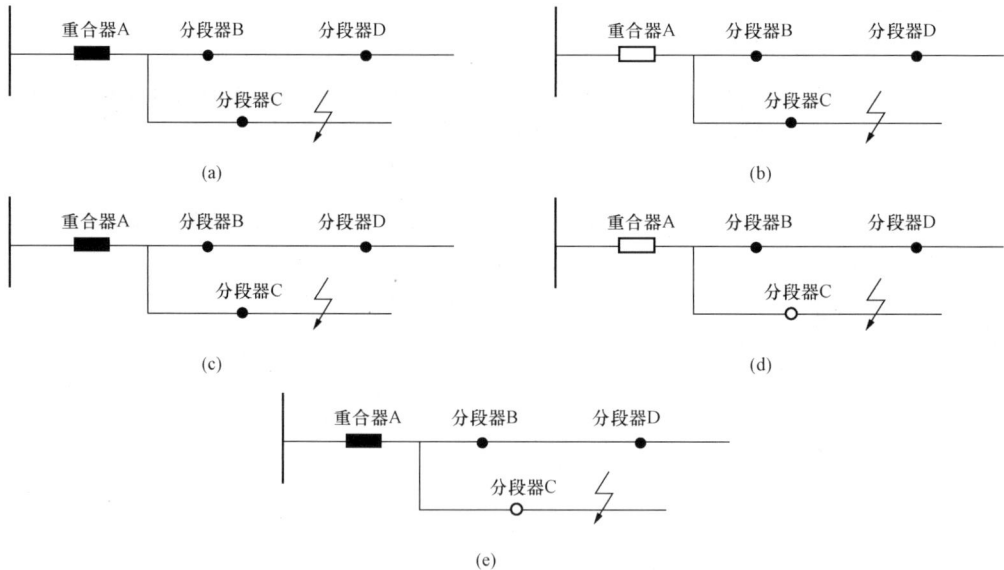

图 3-24　永久性故障处理过程

正常运行时，重合器 A、分段器 B、C、D 均保持在合闸状态。当 C 之后发生永久性故障时，重合器 A 跳闸，分段器 C 计过电流一次，由于没有达到事先整定的两次，因此不分闸而保持在合闸状态。经过一段时间后，重合器进行第一次重合，由于再次合到故障点，重合器 A 再次跳闸，分段器 C 第二次过电流，其过电流脉冲计数值达到整定的两次，于是分段器在重合器跳闸后的无电流时期分闸；又经过一段时间，重合器 A 进行第二次重合，由于此时分段器 C 处于分闸状态，从而将故障区段隔离，恢复了健全区段的供电。

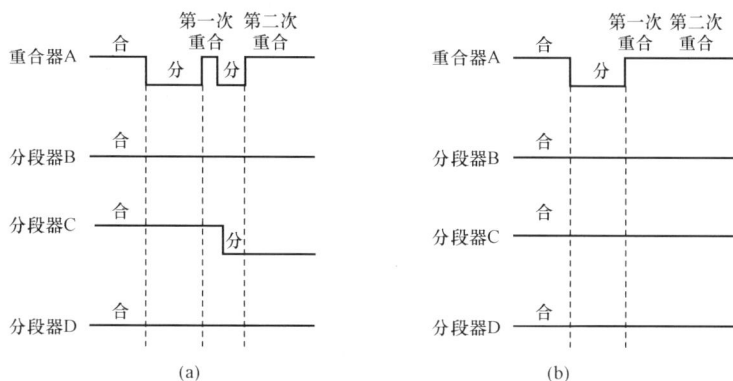

图 3-25　故障处理过程对应的开关设备时序图

当发生的是瞬时性故障时，重合器 A 跳闸，分段器 C 计过电流一次，由于没有达到整定的两次，所以不分闸而保持在合闸状态；经过一段时间，重合器进行第一次重合，由于是瞬时性故障，此时故障已经消除，故重合成功，恢复了系统的正常供电；再经过一段确定的时间（与整定有关）后，分段器 C 的过电流计数值清零，又恢复至其初始状态，为下一次做好准备。其隔离故障、恢复健全区域供电过程如图 3-26 所示。

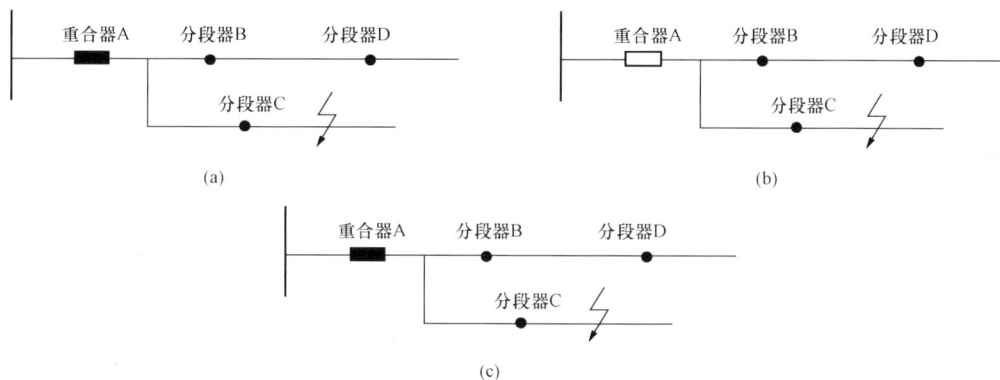

图 3-26　暂时性故障处理过程

3.4.4　远方控制方式的馈线自动化技术

基于重合器的就地控制馈线自动化系统存在着一些不足：①重合器或断路器切除故障电流时馈线全线失电，切除故障时间长；②扩大了故障影响范围，仅在故障时起作用，不能实现监视线路负荷，故障时恢复供电无法采用最优方案。

采用基于馈线终端单元（FTU）的馈线自动化是目前馈线自动化的发展方向。馈线自动化系统是通过安装配电终端监控设备，建设可靠有效的通信网络，将监控终端与配电网控制中心的 SCADA 系统相连，再配以相关的应用软件所构成的系统。该系统在正常情况下，远方实时监视馈线分段断路器与联络断路器的状态和馈线电流、电压情况，并实现线路断路器的远方合闸和分闸操作以优化配网的运行方式，从而达到充分发挥现有设备容量和降低线损的目的；在故障时获取故障信息，并自动判别和隔离馈线故障区段以及恢复对非故障区域的供电，从而达到减小停电面积和缩短停电时间的目的。

典型的基于 FTU 馈线自动化系统的构成如图 3-27 所示。图中，各 FTU 分别采集相应柱上开关的运行情况，如负荷、电压、功率和柱上开关当前位置、储能完成情况等，并将上述信息经由通信网络发向远方的配电子站；各 FTU 还可以接受配电网自动化控制中心下达的命令，进行相应的远方倒闸操作以优化配电网的运行方式；在故障发生时，各 FTU 记录故障前及故障时的重要信息，并将上述信息传至配电子站，经过计算机系统分析后确定故障区段和最佳供电恢复方案，最终以遥控方式隔离故障区段、恢复非故障区域供电。

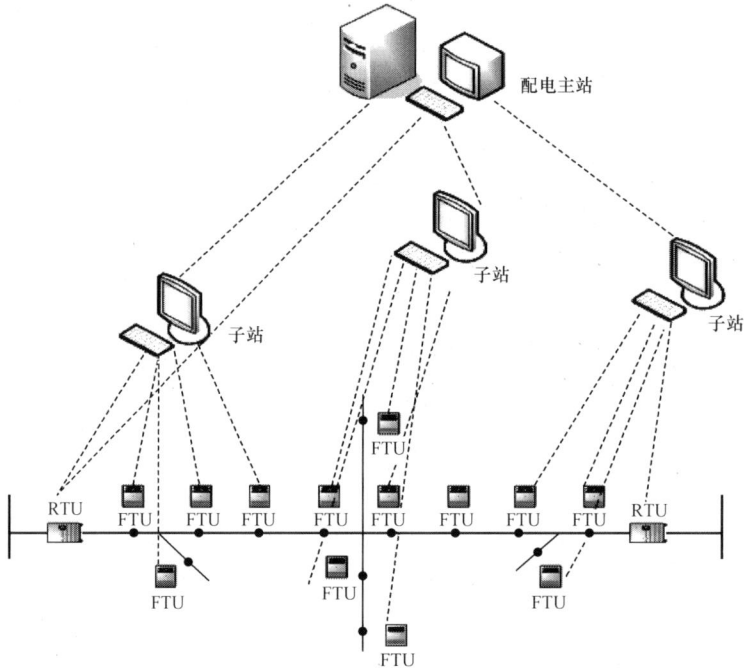

图 3-27　基于 FTU 的馈线自动化系统

3.4.5　馈线自动化的电源问题

基于 FTU 的馈线自动化系统的各个环节应在停电时，拥有可靠的备用工作电源。当故障或其他原因导致线路停电时，各测控单元应能可靠地上报信息和接受远方控制；在恢复线路供电时，往往也需要可靠的操作电源。

主站、子站一般有相对独立的机房，可以通过 UPS 获取电源。在馈线自动化控制中心，可以为 SCADA 网络系统安装大容量的 UPS，以保证其在停电后仍能够长时间安全运行。对于区域站的集中转发系统，由于它集结了大量的分散馈线测控单元，所以也应采用较大容量的 UPS，保证其在停电后能够长时间安全运行。

对于开关站和小区变电站的 RTU 可以采用双电源供电，并通过自动切换装置保证当缺少任一路供电时，其电源不间断。

如何确保各馈线终端单元 FTU 能够获得工作电源是一个技术难点，目前的解决方案有以下三种。

1. 操作电源和工作电源均取自馈线

这种方法不需要蓄电池，FTU 的工作电源和柱上开关的操作电源均取自馈线，具体有三种方式。

（1）方式一：工作电源取自柱上开关两侧的单相变压器。

（2）方式二：当有低压线路与柱上开关同杆时，工作电源取自一台单相变压器和一回低压线路。

（3）方式三：当有不同电源的两回低压线路与柱上开关较近时，工作电源取自两回低压线路。两路电源应能自动切换。

该方案因不需蓄电池，所以维护方便，但仍存在以下不足：

（1）采用方式一和方式二供电时，当馈线停电后，FTU 将失去工作电源，从而无法上报信息和接受控制命令。

（2）采用方式三供电时，有可能造成不同配电变压器台区的低压配网耦合，这会对安全运行带来影响，且不是所有分段断路器位置均能获得两路真正独立的电源。

（3）在这种供电方式下，需要解决 FTU 的工作电源和柱上开关的操作电源的切换问题。

2. 操作电源和工作电源均取自蓄电池

这种方式需在 FTU 机箱安放一个较大容量的蓄电池，通过它获得 FTU 的工作电源和柱上开关的操作电源。这种方式的优点在于即使馈线停电，FTU 仍能工作，柱上开关也仍能操作。为了解决蓄电池的充电问题，必须从 0.4kV 的低压馈线或从 10kV 高压馈线上获得充电电源。

3. 操作电源取自馈线，工作电源取自蓄电池

这种方式下，FTU 的工作电源取自蓄电池，柱上开关的操作电源和蓄电池的充电电源从 10kV 馈线或 0.4kV 低压线路上获取。

3.4.6 两种馈线自动化技术的比较

1. 就地控制方式

（1）结构。结构简单，只适用于配电网络相对比较简单的系统，要求配电网运行方式相对固定。

（2）总体价格。建设费用低，故障隔离和恢复供电由重合器和分段器配合完成，不需要主站控制，不需要建设通信网络，投资省见效快。

（3）主要设备。主要设备包括重合器、分段器。

（4）故障处理。采用重合器与电流型分段器配合方式隔离故障时，分段器要记录一定次数后才能分闸；重合器有多次跳合闸过程，不利于开关本体，对用户冲击大，可靠性低。同时，故障最终隔离的时间过长。采用重合器与电压型分段器配合时，对于永久性故障重合器固定为两次跳合闸，可靠性比电流型分段器配合时高，但故障最终隔离时间很长，尤其串联级数较多时，末级开关电器完成合闸的时间将会长达几十秒，影响供电连续性。基于重合器—分段器的就地控制方案在故障定位、隔离时，会导致相关联的非故障区域短时停电，并具有如下特征：

1）仅在故障时起作用，正常运行时候不能起监控作用，因而不能优化运行方式；

2）调整运行方式后，需要到现场修改定值；

3）恢复健全区域供电时，无法采取安全和最佳措施；

4）需要经过多次重合，对设备及系统冲击大。

（5）应用场合。适用于农网和负荷密度小的偏远地区，以及供电途径少于两条的网络。

2. 远方控制方式

（1）结构。结构复杂，适于复杂配电网络。

（2）总体价格。建设费用高，需要高质量的通信信道及计算机系统，投资较大，工程涉及面广、复杂；在线路故障时，对监控终端存在电源提取问题，要求相应的信息能及时传送到上级站，同时下发的命令也能迅速传送到终端。

（3）主要设备。主要设备包括 FTU、通信网络、区域工作站、配电自动化计算机系统。

（4）故障的处理。由于引入了配电自动主站系统，由计算机系统完成故障定位隔离，因此故障定位迅速，可以快速实现非故障区段的自动恢复供电，并具有如下特征：

1）故障时隔离故障区域，正常时监控配电网运行，可以优化配电网运行方式，实现安全经济运行；

2）适应灵活的运行方式；

3）恢复健全区域供电时，可以采取安全和最佳措施；

4）可以和 GIS、MIS 等联网，实现全局信息化。

（5）应用场合。应用于城网、负荷密度大的区域、重要工业园区、供电途径多的网格状配电网，以及其他对供电可靠性要求高的区域。

3.5　变电站自动化技术

变电站自动化是将变电站的二次设备（包括测量仪表、信号系统、继电保护、自动装置和远动装置等）经过功能的组合和优化设计，利用先进的计算机技术、现代电子技术、通信技术和信号处理技术，实现对变电站一次设备和输、配电线路的自动监视、测量、控制和保护，以及与调度中心进行信息交换等功能。

3.5.1　变电站自动化系统的功能

变电站自动化系统的主要功能包括变电站电气量的采集和电气设备的状态监视、控制和调节。系统正常运行时，其用于实现变电站的监视和操作；发生事故时，由继电保护和故障录波等完成瞬态电气量的采集、监视和控制，并迅速切除故障，完成事故后的恢复操作。

1. 微机继电保护功能

变电站微机继电保护主要包括线路保护、变压器保护、母线保护、电容器保护、故障选线保护、弧光过电压保护等。由于继电保护的特殊重要性，要求：

（1）继电保护按被保护的电气设备单元（间隔）分别独立设置，直接由相关的电流互感器和电压互感器输入电气量，然后由触点输出，直接作用于相应断路器的跳闸线圈；

（2）保护装置设有通信接口，供接入站内通信网，在保护动作后向站控层的微机设备提供报告，但继电保护功能完全不依赖通信网；

（3）为避免不必要的硬件重复，提高整个系统的可靠性和降低造价，特别是对 35kV 及以下一次设备，可以配给保护装置其他一些功能，但应以不因此而降低保护装置的可靠性为前提。

2. 测量、监视和控制功能

变电站综合自动化系统应能弥补常规监视控制装置不能与外界通信的缺陷，取代常规的测量系统,如变送器、录波器、指针式仪表等;改变常规的操动机构,如操作盘、模拟盘、手动同期及手控无功补偿等装置;取代常规的告警、报警装置,如中央信号系统、光字牌等;取代常规的电磁式和机械式防误闭锁设备;取代常规远动装置等。

变电站综合自动化系统的测量、监视和控制功能有:

(1) 实时数据采集与处理。需要采集的模拟量主要有:变电站各段母线电压、线路电压、电流、有功功率、无功功率,主变压器的电流、有功功率和无功功率,电容器的电流、无功功率,馈出线的电流、电压、功率、频率、相位、功率因数等,主变压器的油温、直流电源电压、站用变的电压等。

采集的开关量有:变电站断路器位置状态、隔离开关位置状态、继电保护动作状态、同期检测状态、有载调压变压器分接头的位置状态、变电站一次设备运行告警信号、接地信号等。这些状态信号大都采用光电隔离方式输入,或通过"电脑防误闭锁系统"的串行口通信而获得。对于断路器的位置状态采集,需采用中断输入方式或快速扫描方式。隔离开关位置状态和分接头的位置状态信号,可采用定期查询方式读入计算机进行判断。继电保护动作状态一般取自信号继电器的辅助触点,或以开关量的形式读入计算机。微机继电保护装置大都具有串行通信功能,其保护动作信号可通过串行口或局域网输入计算机,这样可节省大量的信号连接电缆,节省了数据采集系统的输入、输出接口量,从而简化了硬件电路。

(2) 运行监视功能。所谓运行监视,主要是指对变电站的运行工况和设备状态进行自动监视,即对变电站各种开关量变位情况和各种模拟量进行监视。通过开关量变位监视,可监视变电站中断路器、隔离开关、接地开关、变压器分接头的位置和动作情况,继电保护和自动装置的动作情况以及它们之间的动作顺序等。模拟量的监视分为正常的测量、超过限定值的报警、事故时模拟量变化的追忆等。

当变电站处于非正常状态或设备异常时,监控系统能及时在当地或远方发出事故音响或语音报警,并在显示器上自动推出报警画面,为运行人员提供分析处理事故的信息,同时可将事故信息进行存储和打印。

(3) 故障录波与测距功能。110kV 及以上的重要输电线路距离长、故障影响大,当发生故障时必须尽快查出故障点,以便缩短维修时间,尽快恢复供电,减少损失。设置故障录波和故障测距是解决此问题的最好途径。

变电站的故障录波和测距可采用两种方法实现:

1) 由微机保护装置兼作故障记录和测距,再将记录和测距的结果送监控机存储及打印输出或直接送调度主站。这种方法可节约投资,减少硬件设备,但故障记录的量有限。

2) 采用专用的微机故障录波器,并且录波器应具有通信功能,可以与监控系统通信。

(4) 事件顺序记录与事故追忆功能。事件顺序记录就是对变电站内的继电保护、自动装置、断路器等在事故时动作的先后顺序自动记录。记录事件发生的时间应精确到毫秒级。自动记录的报告可在显示器上显示和打印输出。顺序记录的报告对分析事故、评价继电保护和自动装置以及断路器的动作情况是非常有用的。

事故追忆是指对变电站内的一些主要模拟量(如线路、主变压器各侧的电流、有功功率、主要母线电压等),在事故前后一段时间内作连续测量记录。通过这一记录可了解系统或某一回路在事故前后所处的工作状态,对分析和处理事故起到辅助作用。

(5) 控制及安全操作闭锁功能。操作人员可通过显示器屏幕对断路器、隔离开关进行分闸、合闸操作；对变压器分接头进行调节控制；对电容器组进行投、切控制，同时要能接受遥控操作命令，进行远方操作；并且所有的操作控制均能就地和远方控制、就地和远方切换相互闭锁、自动和手动相互闭锁。

3. 数据通信及远动功能

变电站自动化的通信功能包括系统内部的现场级通信和自动化系统与上级子站或主站的远动通信两部分。

（1）现场级通信，主要解决自动化系统内部各子系统与上位机（监控主机）和各子系统间的数据和信息交换问题，通信范围是变电站内部。对于集中组屏的自动化系统来说，实际是在主控室内部；对于分散安装的自动化系统来说，其通信范围扩大至主控室与子系统的安装地，最大的可能是开关柜间，即通信距离加长了。

（2）远动通信，主要是将所采集的模拟量和开关量信息，以及事件顺序记录等远传至上级子站或主站，同时应该能够接收主站和子站下达的操作、控制、修改定值等命令。

变电站向主站或子站传送的信息，常称为"上行信息"；由主站或子站向变电站发送的信息，常称为"下行信息"。变电站自动化系统的通信功能见表 3-3。

表 3-3　　　　　　　　　　　变电站自动化系统的通信功能

综合自动化系统与主站的通信	遥测信息	主变压器有功功率、有功电能、电流、温度等；35kV 线路的有功功率、有功电能、电流，联络线的双向有功电能，各级母线电压，站用变压器低压侧电压，直流母线电压；消弧线圈电流；主变压器的分接头位置等
	遥信信息	①断路器位置信号，断路器控制回路断线信号；②各种保护信号，如主保护信号、重合闸动作信号、母线保护动作信号、主变压器保护动作信号等；③各种事故信号，如变压器冷气系统故障信号，继电保护、故障录波装置故障总信号，遥控操作电源、UPS 电源等消失信号等；④小电流接地系统接地信号
	遥控信息	断路器及隔离开关；可电控的主变压器中性点接地开关；高频自发信启动；距离保护闭锁复归
	遥调信息	有载调压主变压器分接头位置调节；消弧线圈抽头位置调节
自动化系统的内部通信	微机保护的信息	①接受监控系统的查询；②向监控系统传送事件报告，如跳闸时间、跳闸元件、相别、故障距离、录波数据；③向监控系统传送自检报告；④校对时钟；⑤修改保护定值；⑥接受投退保护命令；⑦保护信号的远方复归信号
	自动装置的信息	①小电流接地系统接地选线，母线和接地线路、接地时间、谐振信息、开口三角形电压；②BZT 的信息；③VQC 的信息
	微机监控系统的信息	故障录波、故障测距等的远方传送，保护定值远方监视、切换、修改，温度、压力、消防、站用电系统等

3.5.2　变电站自动化系统的配置

变电站自动化系统由基于微电子技术的智能电子装置（IED，Intelligent Electronic Device）和后台控制系统所组成的变电站运行控制系统（包括监控、保护、电能质量自动控制）等多个子系统构成。在各子系统中往往又由多个 IED 组成。

图 3-28 所示为变电站自动化系统的典型配置。

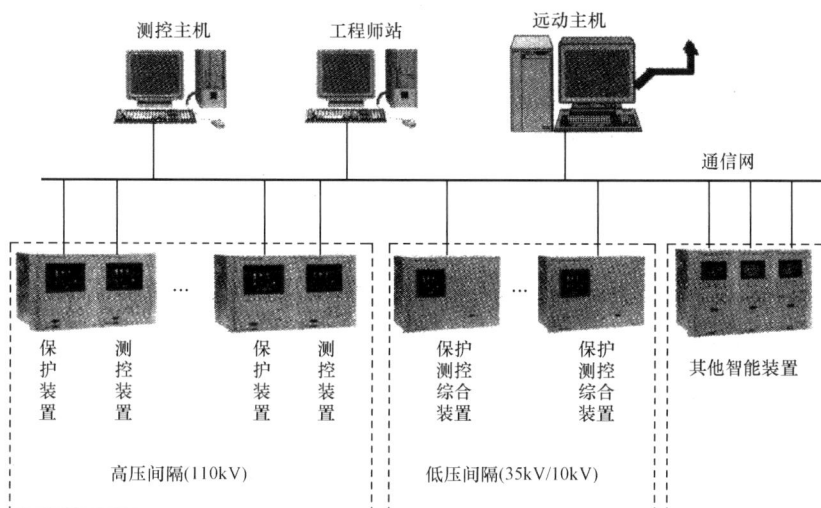

图 3 - 28 变电站自动化系统的典型配置

在图 3 - 28 中，测控主机用于变电站的就地运行监视与控制，同时具有运行管理的功能。远动主机收集本变电站信息上传至配电子站或配电主站；同时子站和或主站下发的控制、调节命令，通过远动主机分送给相应间隔层的测控装置，完成控制或调节任务。工程师站用于软件开发与管理功能，如监视全站的继电保护装置的运行状态，收集保护事件记录及报警信息，收集保护装置内的故障录波数据并进行显示和分析等。110kV 线路按间隔分别配置保护装置与测控装置。35kV（或 10kV）线路按间隔配置保护及测控综合装置。每一个保护、测控装置或保护测控综合装置都集成了 TCP/IP 协议，具备网络通信的功能。

3.5.3　变电站自动化系统分层分布式结构

1. 分层式结构

按照国际电工委员会（IEC）推荐的标准，在分层分布式结构的变电站控制系统中，整个变电站的一、二次设备被划分为三层：过程层（process level）、间隔层（bay level）和站控层（station level）。其中，过程层又称为 0 层或设备层，间隔层又称为 1 层或单元层，站控层又称为 2 层或变电站层。

图 3 - 29 所示为典型的分层分布式结构，每一层分别完成分配各自的功能，且彼此之间利用网络通信技术进行数据信息的交换。

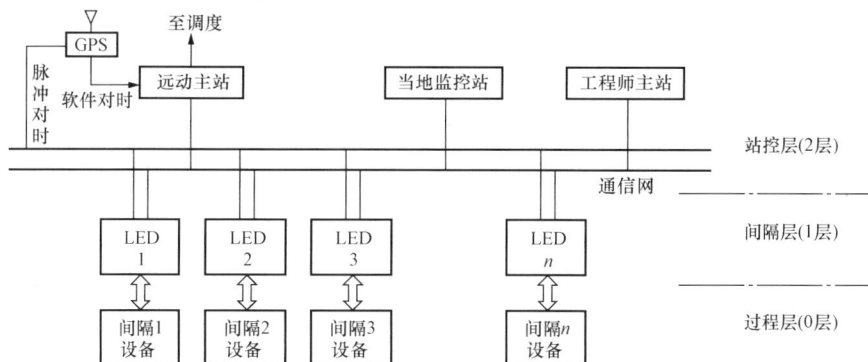

图 3 - 29　变电站综合自动化系统分层结构示意图

（1）过程层。其主要包含变电站内的一次设备，如母线、线路、变压器、电容器、断路器、隔离开关、电流互感器和电压互感器等。过程层是一次设备与二次设备的结合面。过程层的主要功能分三类：①电力运行实时的电气量检测；②运行设备的状态参数检测；③操作控制执行与驱动。

（2）间隔层。间隔层各智能电子装置（IED）利用电流互感器、电压互感器、变送器、继电器等设备获取过程层各设备的运行信息，如电流、电压、功率、压力、温度等模拟量信息以及断路器、隔离开关等的位置状态，从而实现对过程层进行监视、控制和保护，并与站控层进行信息交换，完成对过程层设备的遥测、遥信、遥控、遥调等任务。

在变电站综合自动化系统中，为了完成对过程层设备进行监控和保护等任务，设置了各种测控装置、保护装置、保护测控装置、电能计量装置以及自动装置等，它们都可被看做是 IED。

（3）站控层。站控层借助通信网络完成与间隔层之间的信息交换，从而实现对全变电站所有一次设备的当地监控功能以及间隔层设备的监控、变电站各种数据的管理及处理功能。同时，它还经过通信设备（如远动主站）完成与调度中心之间的信息交换，从而实现对变电站的远方监控。

在大型变电站内，站控层的设备要多一些，除了通信网络外，还包括由工业控制计算机构成的 1～2 个监控工作站、1～2 个远动工作站、工程师工作站等。在中小型的变电站内，站控层的设备要少一些，通常由一台或两台互为备用的计算机完成监控、远动及工程师站的全部功能。

2. 分布式结构

分布是指变电站计算机监控系统的构成在资源逻辑或拓扑结构上的分布，主要强调从系统结构的角度来研究和处理功能上的分布问题。在图 3-29 中，由于间隔层的各 IED 是以微处理器为核心的计算机装置，站控层各设备也是由计算机装置组成的，它们之间通过网络相连。因此，从计算机系统结构的角度来说，变电站自动化综合系统的间隔层和站控层构成的是一个计算机系统。该计算机系统又是一个分布式的计算机系统，各计算机既可以独立工作，分别完成分配给自己的各种任务，又可以彼此之间相互协调合作，在通信协调的基础上实现系统的全局管理。在分层分布式结构的变电站综合自动化系统中，间隔层和站控层共同构成的分布式的计算机系统，间隔层各 IED 与站控层的各计算机分别完成各自的任务，并且共同协调合作，完成对全变电站的监视、控制等任务。

分布式系统结构的最大特点是将变电站自动化系统的功能分散给多台计算机来完成。分布式模式一般按功能设计，采用主从 CPU 系统工作方式，多 CPU 系统提高了处理并行多发事件的能力，解决了 CPU 运算处理的瓶颈问题。各功能模块之间采用网络技术或串行方式实现数据通信，选用具有优先级的网络系统较好地解决了数据传输的瓶颈问题，提高了系统的实时性。分布式结构方便系统扩展和维护，局部故障不影响其他模块正常运行。

3. 面向间隔

变电站综合自动化系统"面向间隔"的结构特点，主要表现在间隔层设备的设置是面向电气间隔的，即对应于一次系统的每一个电气间隔，分别布置有一个或多个智能电子装置来实现对该间隔的测量、控制、保护及其他任务。

电气间隔是指发电厂或变电站一次接线中一个完整的电气连接，包括断路器、隔离开关、电流互感器、电压互感器等。根据不同设备的连接情况及其功能的不同，间隔有许多种，如母线设备间隔、母联间隔、出线间隔等。对主变压器来说，以变压器本体为一个电气间隔，各侧断路器各为一个电气间隔。例如，开关柜等是以柜盘形式存在的，则一般以一个柜盘为电气间隔。

图 3-30 所示为某变电站部分电气间隔划分，以及对应各间隔分别设置相应的保护测控装置。

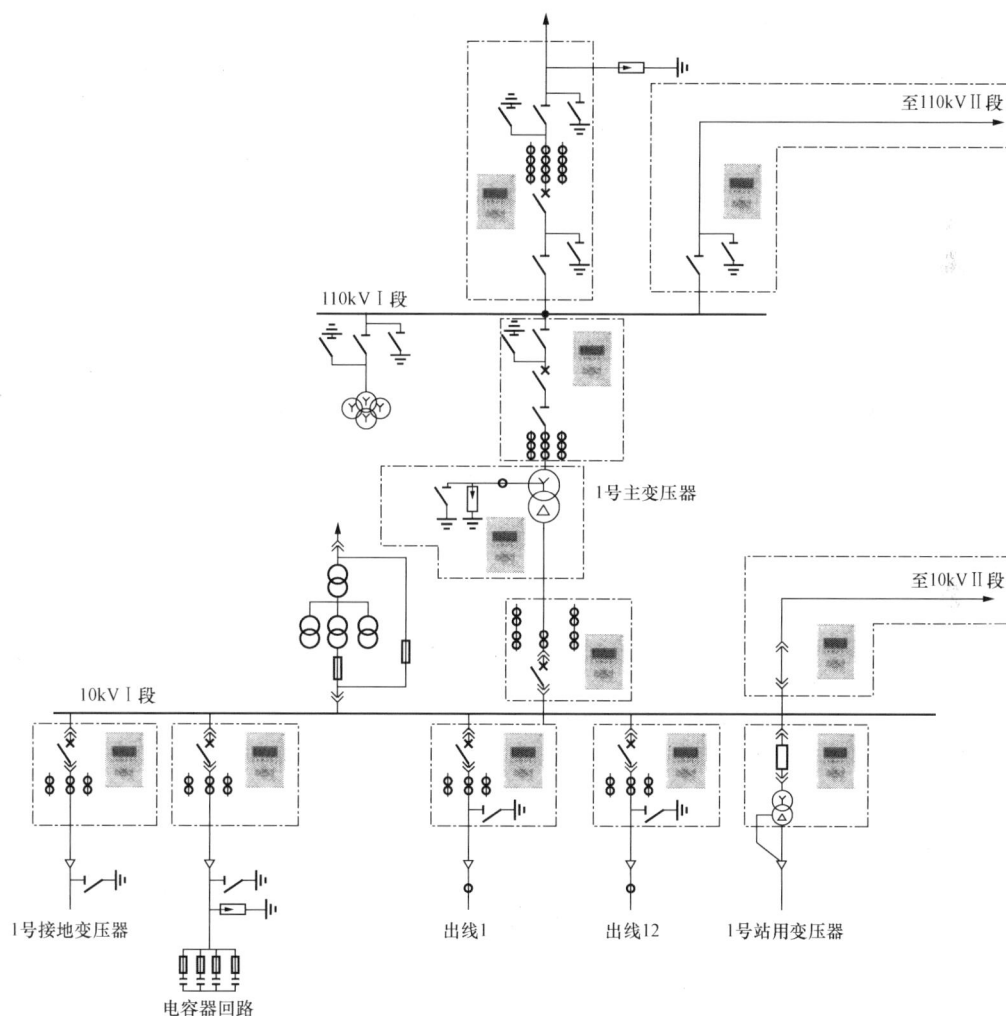

图 3-30　变电站综合自动化系统分层结构示意图

4. 组屏与安装方式

组屏及安装方式是指将间隔层各 IED、站控层各计算机以及通信设备进行组屏和安装方式。一般情况下，在分层分布式变电站自动化系统中，站控层的各主要设备都布置在主控室内。间隔层中的电能计量单元和根据变电站需要而选配的备用电源自动投入装置、故障录波装置等公共单元，均分别组合为独立的一面屏柜或与其他设备组屏，一并安装在主控室内。间隔层中的各个 IED 通常根据变电站的实际情况安装在不同的地方。按照间隔层中 IED 的安装位置，变电站分层分布式综合自动化系统有不同的结构方式。

3.5.4　变电站自动化系统分散式与分层分布相结合结构

目前，国内外最为流行、结构最为合理的、比较先进的是分散式与分层分布相结合的结构形式。这种结构是将配电线路的保护测控装置机箱分散安装在所对应的开关柜上，而将高压线路的保护测控装置机箱、变压器的保护测控装置机箱分别采用集中组屏安装在主控室内，如图 3-31 所示。

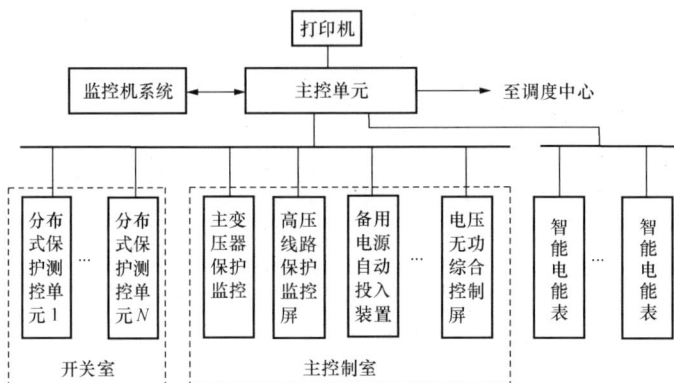

图 3-31　分散式与分层分布相结合的结构示意图

间隔层中各数据采集、监控单元和保护单元设计在同一机箱中，并将这种机箱就地分散安装在开关柜上或其他一次设备附近。这样各间隔单元的设备相互独立，仅通过光纤或电缆网络由站控机对它们进行管理和交换信息，将功能分布和物理分散两者有机结合。通常，能在间隔层内完成的功能一般不依赖通信网络，如保护功能本身不依赖于通信网络，这就是分散式结构。

（1）10～35kV 馈线保护测控装置采用分散式安装，即就地安装在 10～35kV 配电室内各对应的开关柜上，各保护测控装置与主控室内的站控层设备之间通过通信电缆交换信息，这样可节约大量的二次电缆。

（2）高压线路保护和变压器保护、测控装置以及其他自动装置（如备用电源自投入装置和电压/无功综合控制装置等）都采用集中组屏结构，即将各装置分类集中安装在控制室内，使这些重要的保护装置处于比较好的工作环境中，对提高可靠性较为有利。

3.6　电力需求侧管理技术

3.6.1　概述

电力需求侧管理（DSM）是指是在政府法规和政策的支持下，通过采取有效的激励措施，引导电力用户改变用电方式，以提高终端用电效率，优化资源配置，改善和保护环境，实现电力服务成本最小所进行的用电管理活动。

1. 电力需求侧管理的目标

（1）降低电力生产成本。其包括建设成本（如推迟装机、减少调峰机组）、运行成本（削峰填谷）。

（2）降低用户电费支出。通过 DSM 措施使用户合理用电，降低单位用电成本。

（3）增加全社会用电比例。通过 DSM 措施降低用户单位用电成本，并提供相应的用电服务，可扩大用电市场。

（4）节约资源和减少环境污染。通过上述三个目标的实现，就能够实现第四个目标。

因此，成功实施电力需求侧管理（DSM）可达到"三赢"目标，即政府（全社会）、电力公司和用户三者都受益。

2. 电力需求侧管理的内容

（1）调整负荷，优化用电方式。调整负荷是指根据电力系统的生产特点和各类用户的不同用电规律，有计划地、合理地组织和安排各类用户的用电负荷及用电时间，达到发、供、用电平衡协调。

调整负荷的主要措施有：

1）经济措施。其主要有实施峰谷分时电价、尖峰电价、丰枯电价、季节性电价、可中断负荷电价（避峰电价）。

峰谷分时电价是指为改善电力系统年内或日内负荷不均衡性，反映电网峰、平、谷时段的不同供电成本而制定的电价制度。以经济手段激励用户少用高价的高峰电，多用便宜的低谷电，达到移峰填谷、提高负荷效率的目的。

季节性电价是指为改善电力系统季节性负荷不均衡性，反映不同季节供电成本的一种电价制度。其主要目的在于抑制夏、冬用电高峰季节负荷的过快增长，以减缓电气设备投资，降低供电成本。

可中断负荷电价（避峰电价）是指电网公司对某些可实施避峰用电的用户实行的优惠电价。当系统负荷高峰时，由于电力供应不足，电网公司可以按照预先签订的避峰合同，暂时中断部分负荷，从而减少高峰时段的电力需求。

2）技术措施。技术措施指的是针对具体的管理对象以及生产工艺和生活习惯的用电特点，采用当前成熟的节电技术和管理技术以及与其相适应的设备，来提高终端用电效率或改变用电方式。其包括改变用户用电方式和提高终端用电效率、负荷管理控制技术、企业最大需量控制技术等。

3）行政措施。其是指政府和有关职能部门通过行政法规、标准、政策和制度来控制和规范电力消费和节能市场行为。以政府特有的行政力量来推动节能，约束浪费，保护环境。通过制定和贯彻能源效率标准来鼓励生产和使用节能效益明显的设备，采用强有力的法制手段通过效率标准来培育和推动节能活动。

（2）提高终端用电效率。提高终端用户用电效率是通过改变用户的消费行为，采用先进的节能技术和高效设备来实现的，其根本目的是节约用电、减少电量消耗。

照明方面，采用紧凑型荧光灯替代普通白炽灯，用细管荧光灯替代普通粗管荧光灯，以及采用声控、光控、时控、感控等智能开关等实行照明节电运行。

电动机方面，选用与生产工艺需要容量相匹配的电动机提高运行的平均负载率，应用各种调速技术实现电动机节电运行等。

变配电方面采用低铜损耗、低铁损耗的高效变压器，减少变电次数，实现变压器节电运行；配电线路合理布局和采用无功功率就地补偿，减少配电损失。

建筑物方面，采用绝热性能高的墙体材料和门窗结构，充分利用自然光和热等。

积极开发试点，推广节电、节能增效新技术，包括热冷联产技术，使用清洁能源的热电联产技术和热电冷联产技术等。

3.6.2 系统总体结构

电力需求侧管理技术支持系统是电力营销技术支持系统的重要组成部分。其由电力负荷管理系统、用电现场服务系统、用户集中抄表系统三部分构成。各子系统由主站、通信网络和现场终端设备构成，结构示意如图3-32所示。

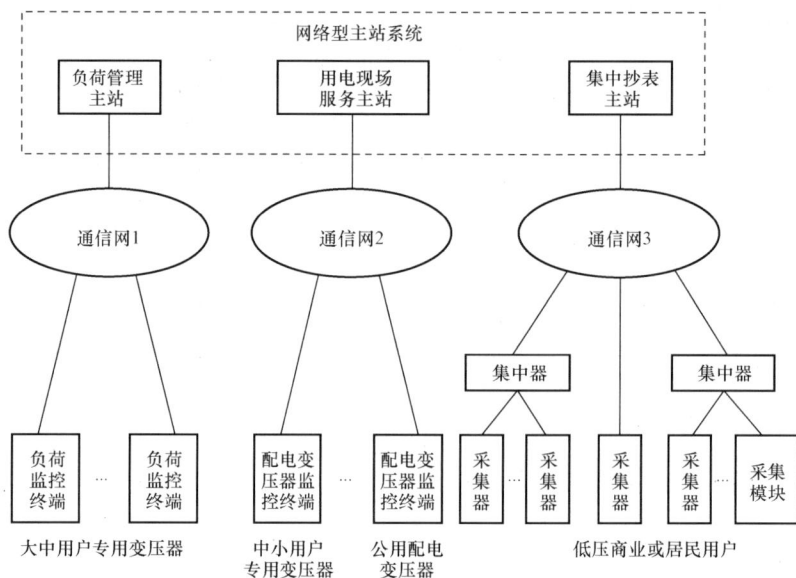

图3-32 电力需求侧管理技术支持系统结构示意图

1. 主站系统

在图3-32中，主站含三个子系统。

(1) 负荷管理子系统。负荷管理子系统运用通信、计算机、自动控制等技术，对电力负荷进行综合性监控、管理，增加了远程抄表、预付费购电、电费催收、防窃电和电力需求侧管理等功能。目前负荷管理系统已经成为电力企业营销工作的重要组成部分，其监控对象是大中型专用变压器用户。

(2) 用电现场服务子系统。用电现场服务子系统主要用于供电企业对中小电力客户的电能采集以及公用配电变压器安全运行状况的监控。与负荷管理子系统不同，用电现场服务系统的监控对象是中小型专用变压器用户以及服务于低压商业、居民用户的公用配电变压器。

(3) 低压用户集中抄表子系统。低压用户集中抄表子系统对低压商业和居民用户用电量实现自动抄收，收费实现自动划拨。这不仅能方便广大用户，提高供电企业的服务质量，而且能够实现电力企业的减员增效，降低用电成本，同时对于加强用电管理，防止国家电力资源的大量流失，杜绝贪污腐败现象都具有积极意义。

2. 通信网络

通信网络主要有专网和公网两种模式。

专网包括以下方式：

(1) 负荷管理专用230M无线电通信；

（2）配电自动化专用光纤数据网；

（3）电力微波或扩频通信网；

（4）电力线载波通信网；

（5）电力专用程控电话网；

（6）电力音频电缆通信网。

公网包括以下方式：

（1）电信公用电话网；

（2）中国移动（GSM，Global System for Mobile Communications）拨号通信；

（3）中国移动（GPRS，General Packet Radio Service）业务通信；

（4）中国联通（CDMA，Code Division Multiple Access）拨号通信。

3.6.3　电力负荷管理技术

我国的用电管理从计划经济时代的计划用电、拉路限电，到限电不拉路，再到走向市场经济，用电管理科学化手段不断发展，使用电管理现代化技术不断得到提高和系统化。电力负荷管理系统是实现计划用电、节约用电和安全用电的技术手段，也是配电自动化的一个重要组成部分。

电力负荷管理是指供电部门根据电网的运行情况、用户的特点及重要程度，在正常情况下，对用户的电力负荷按照预先确定的优先级别，通过程序进行监测和控制，进行削峰（Peak Shaving）、填谷（Valley Filling）、错峰（Load Shifting），平坦系统负荷曲线；在事故或紧急情况下，自动切除非重要负荷，保证重要负荷不间断供电以及整个电网的安全运行。

1. 负荷特性优化的主要技术措施

实现负荷管理要对负荷特性进行优化，优化的技术措施主要有：包括削峰、填谷和移峰填谷。

（1）削峰。削峰是指在电网高峰负荷期减少客户的电力需求，避免增设边际成本高于平均成本的装机容量，并且由于平稳了系统负荷，提高了电力系统运行的经济性和可靠性，可以降低发电成本。常用的削峰手段主要有以下两种。

1）直接负荷控制。直接负荷控制是在电网高峰时段，系统调度人员通过远动或自控装置随时控制客户终端用电的一种方法。由于它是随机控制，常常冲击生产秩序和生活节奏，大大降低了客户峰期用电的可靠性，大多数客户不易接受，尤其那些对可靠性要求高的客户和设备，停止供电有时会酿成重大事故，并带来很大的经济损失，即使采用降低直接负荷控制的供电电价也不受客户欢迎。因而这种控制方式的使用受到了一定的限制。因此，直接负荷控制一般多使用于城乡居民的用电控制。

2）可中断负荷控制。可中断负荷控制是根据供需双方事先的合同约定，在电网高峰时段，系统调度人员向客户发出请求中断供电的信号，经客户响应后，中断部分供电的一种方法。这种方式特别适合于对可靠性要求不高的客户。不难看出可中断负荷是一种有一定准备的停电控制，由于电价偏低，有些客户愿意用降低用电的可靠性来减少电费开支。它的削峰能力和系统效益，取决于客户负荷的可中断程度。可中断负荷控制一般适用于工业、商业、服务业等对可靠性要求较低的客户。例如有能量储存能力的客户，可以利用储存的能量调节进行躲峰，有工序产品或最终产品存储能力的客户，可通过工序调整改变作业程序来实现躲峰等。

（2）填谷。填谷是指在电网负荷的低谷区增加客户的电力需求，有利于启动系统空闲的发电容量，并使电网负荷趋于平稳，提高了系统运行的经济性。由于填谷增加了电量销售，减少了单位电量的固定成本，从而进一步降低了平均发电成本，使电力公司增加了销售利润。

比较常用的填谷手段有：

1）增加季节性客户负荷。在电网年负荷低谷时期增加季节性客户负荷在丰水期鼓励客户多用水电。

2）增加低谷用电设备。在夏季出现尖峰的电网可适当增加冬季用电设备，在冬季出现尖峰的电网可适当增加夏季的用电设备。在日负荷低谷时段，投入电气钢炉或采用蓄热装置电气保温，在冬季后半夜可投入电暖气或电气采暖空调等进行填谷。

3）增加蓄能用电。在电网日负荷低谷时段投入电气蓄能装置进行填谷。

（3）移峰填谷。移峰填谷是指将电网高峰负荷的用电需求推移到低谷负荷时段，同时起到削峰和填谷的双重作用。这既可以减少新增装机容量，充分利用闲置的容量，又可平稳系统负荷，降低发电煤耗。常用的移峰填谷技术有以下几种：①采用蓄冷蓄热技术；②能源替代运行；③调整轮休制度；④调整作业程序。

2. 负荷管理技术种类

根据负荷管理的实施者不同，负荷管理技术可分为两类：由供电部门强制进行的负荷监测与管理，包括分散型负荷管理技术、集中型负荷管理技术；由供电部门引导、用户自觉的负荷控制。

（1）分散型负荷管理技术。孤立的负荷控制装置安装在用户当地，按照事先整定的用电量、负荷大小、用电时间来控制用户的负荷，使其用电量不超限，负荷不超限，使其分时段用电。

分散型负荷控制的一个典型例子是定量器。这种装置结构简单、价格便宜，可以实行功率、电能以及用电时间的多重控制；但缺乏控制的灵活性，不能根据负荷紧缺情况自由地直接控制，当要改变整定值时，必须去现场进行调整。

分散型负荷控制的另一个例子是自动低频减载设备。这种设备安装在各个主变压器电站以及一些大型用户处，当系统的频率降低到 49.6Hz 时，进行第一次减负荷，被抑制的对象为一些事先达成协议的大型工业用户；之后如果频率继续下降到 49Hz 时，利用一个校验继电器开始计时，延迟大约 1s，当频率达到 48.8、48.5、47.75、47.25Hz 以及 47Hz 时分别有选择地切除一些馈电线的供电。

分散型负荷管理装置由于都需要去现场进行时间调整、定值改变等，工作量大，缺少灵活性，因而逐步被集中型电力负荷管理技术所取代。

（2）集中型负荷管理技术。选择大耗电、可中断用户以及非重要用户的负荷，如电加热设备、冷库、空调机、农业灌溉设备等，排定其重要程度（用电优先程度），监视其用电计划的执行。在负荷高峰时，按用户优先程度由低到高的顺序，从中央控制系统依次发送控制指令，使其切除负荷、避峰用电，既保证电网达到一定的供电技术指标，又将限电的损失减到最小。在非峰值负荷时，解除对所有被控负荷的控制，容许负荷重新投入。

根据传输信道采用通信方式的不同，集中型负荷管理技术分为：

1）音频电力负荷管理技术；

2）配电线载波电力负荷管理技术；

3）工频电力负荷管理技术；

4）无线电电力负荷管理技术；

5）有线电话电力管理技术；

6）GSM/GPRS 公用通信电力负荷控制技术；

7）混合电力负荷控制技术。

图 3-33 所示为典型 GSM/GPRS 公用通信电力负荷控制系统结构图。GSM（Global System For Mobile Communication）是全球移动通信系统的简称，GPRS（General Packet Radio Service）是通用分组无线业务的简称。利用 GSM/GPRS 组成的电力负荷控制系统和其他类似系统相比，在系统可靠性、抗干扰性、稳定性、功能扩展性等方面均具有明显优越性，可降低运营成本和劳动强度。

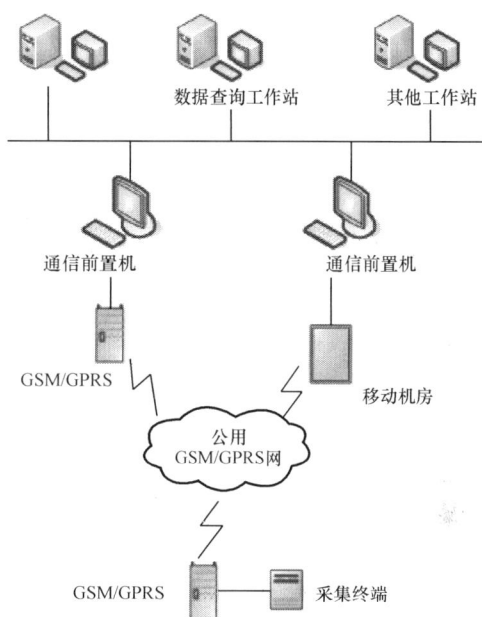

图 3-33 典型 GSM/GPRS 公用通信电力负荷控制系统的结构图

3.6.4 远程自动抄表技术

在我国，随着国家推行一户一表、抄表到户、计量表计用户可视的原则，电力部门颁布了 DL/T 698—1999《低压电力用户集中抄表系统技术条件》的行业标准，长远目标是实现"一户一表、集中抄表、银行联网"。

远程自动抄表（AMR，Automatic Meter Reading）是一种不需人员到达现场就能完成自动抄表的新型抄表方式。它利用公共电话网络、负荷控制信道或低压配电线载波等通信联系，将电能表的数据自动传输到计算机电能计费管理中心进行处理。远程自动抄表是比较先进的抄表方式，不但大大降低了劳动强度，而且还大大地提高了抄表的准确性和及时性，杜绝了抄表不到位、估抄、误抄、漏抄电表等问题。远程自动抄表系统不仅适用于工业用户，也可用于居民用户。

1. 远程自动抄表系统构成

远程自动抄表系统主要包括具有自动抄表功能的智能电能表、采集终端、抄表集中器、手持抄表器、抄表交换机和主站系统。抄表集中器是将多台电能表连接成本地网络，并将它们的用电量数据集中处理的装置，其本身具有通信功能。当多台抄表集中器需再联网时，所采用的设备就称为抄表交换机，它可与公共数据网接口。有时抄表集中器和抄表交换机可合二为一。

（1）智能电能表。智能电能表由测量单元、数据处理单元、通信单元、人机交互单元等组成，具有电能计量、信息存储及处理、实时监测、自动控制、信息交互等功能。

（2）采集终端。采集终端可同时采集、存储多块电能表的数据，可安装在低压电力用户住宅区单元内的、集中安装的电能表箱中或单独放置在一台设备箱中。

（3）手持抄表器。抄表人员在现场用手持抄表器对电能表或采集模块、采集终端、集中器进行数据抄读和参数设置，返回主站后可将现场设置的参数和抄读的用户电能表数据送入抄表主站数据库。

（4）抄表集中器和抄表交换机。抄表集中器是将远程自动抄表系统中的电能表的数据进行一次集中的装置。对数据进行集中后，抄表集中器再通过总线、电力线载波等方式将数据继续上传。抄表集中器能处理脉冲电能表的输出脉冲信号，也能通过 RS-485 方式读取智能电能表的数据，通常具有 RS-232、RS-485 方式或红外线通道用于与外部交换数据。

抄表交换机是远程抄表系统的二次集中设备，它集结的是抄表集中器的数据，然后再通过公用电话网或其他方式传输到电能计费中心的计算机网络。抄表交换机可通过 RS-485 或电力载波方式与各抄表集中器通信，同时也具有 RS-232、RS-485 方式或红外线通道，用于与外部交换数据。

（5）主站系统。主站系统是整个自动抄表系统的管理层设备，通常由单台计算机或计算机局域网再配合以相应的抄表软件组成。

（6）通信方式。在远程抄表的电能计费自动化系统中，通常采用 RS-485、低压配电线载波、红外通信、公网通信等方式，实现电能表到抄表集中器，以及抄表集中器到抄表交换机之间的通信。抄表交换机至电能计费中心计算机系统之间可采用光纤、电话网和无线电台等方式传送。

2. 远程自动抄表实例系统

低压电力用户居民集中抄表系统有三种：①安装在用户电能表侧的采集单元采集并存储电能表数据，并与采集终端或集中器进行双向通信；②在某居民楼的单元内已集中安装电能表的表箱中安装一台采集终端，该终端使用一个载波模块或无线模块，经低压电力线载波或无线通信模块将数据上送到集中器，集中器再通过 GPRS/GSM/IP 等方式将电能数据发送至主站系统；③用手持抄表器对现场电能表、采集终端、集中器的数据抄读和参数设置。

集中安装的低压电力用户居民集中抄表系统如图 3-34 所示。图示系统中抄表集中器通过低压配电线载波方式传输数据，抄表集中器可通过公用电话网传输数据。

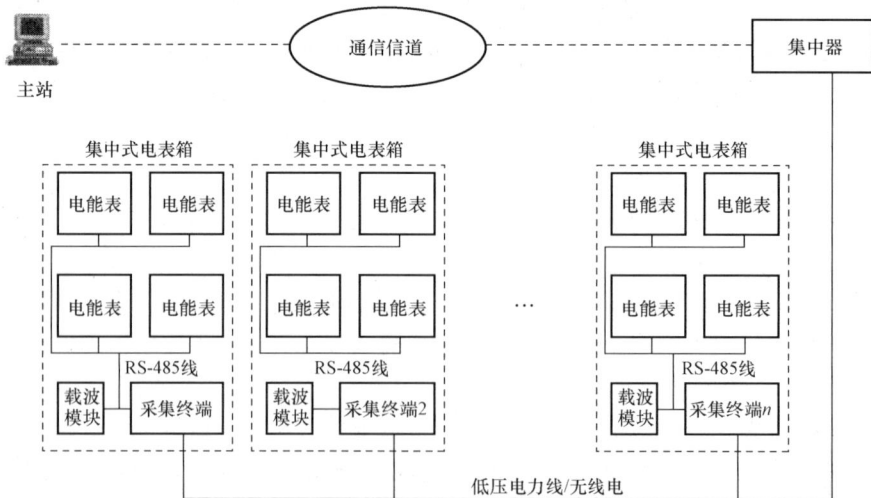

图 3-34　集中安装的抄表系统示意图

图 3-35 所示为一种典型的远程自动抄表系统，适用于各种用户。其中包括中压/低压电力线载波抄表系统、变电站 GSM 抄表系统、低压居民 GSM 抄表系统、大用户中压载波

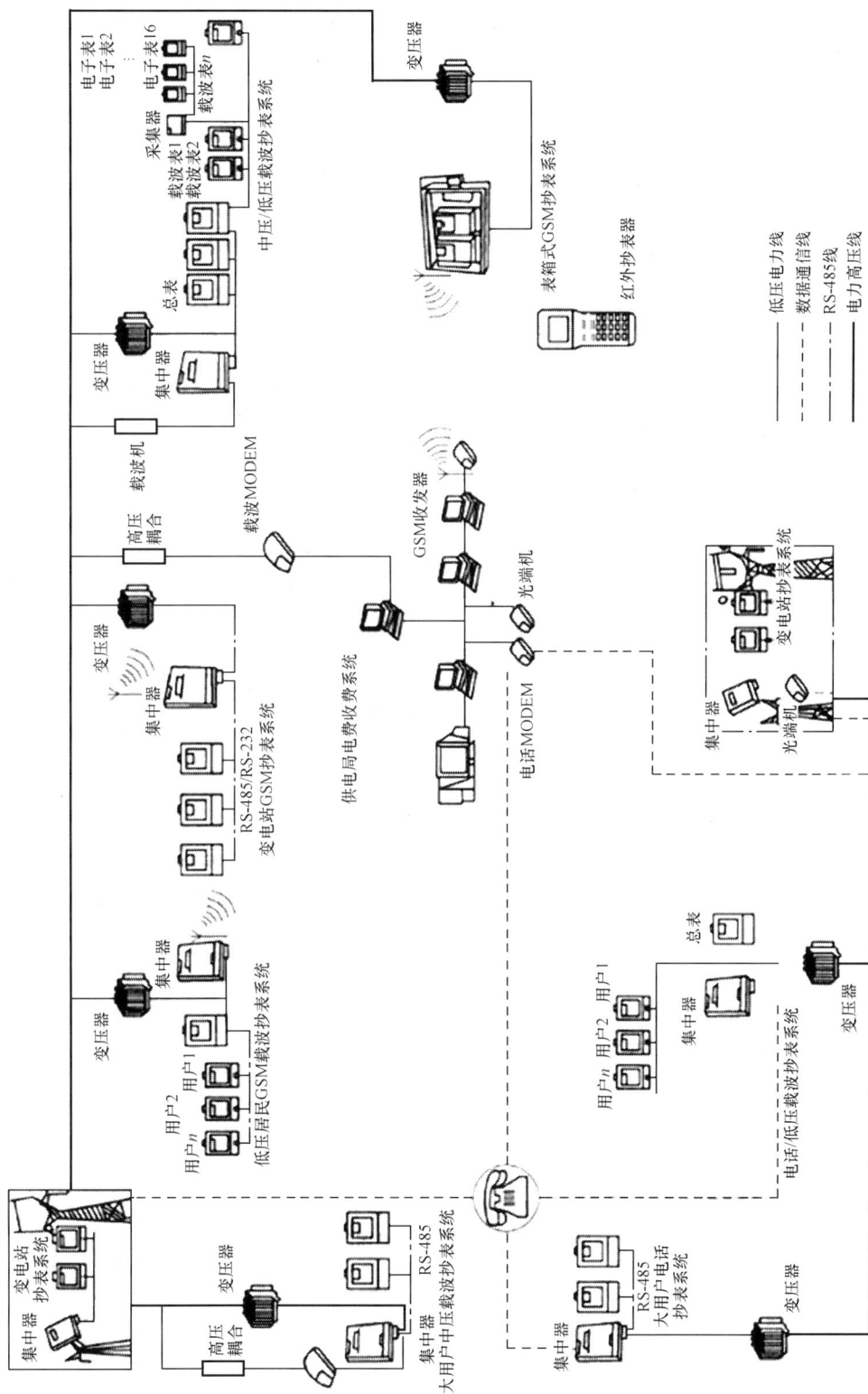

图 3 - 35　一种典型的远程自动抄表系统

抄表系统、大用户电话抄表系统。供电局收费系统通过电力线载波、电话网与上述系统连接起来。

GSM 是基于全球移动通信网络 GMS 进行短消息通信服务的一种抄表模式。

3.7　配电网自动化的通信技术

通信技术是建设配电网自动化系统的关键技术，通信系统的好坏很大程度上决定了自动化系统的优劣。配电自动化系统需要借助有效的通信手段，将控制中心的命令准确地传送到为数众多的远方终端，并将反映远方设备运行情况的数据信息收集到控制中心。配电管理系统需要先进、可靠的通信网络支撑。总体上讲，配电自动化系统对通信系统的要求体现在以下几个方面：

（1）通信的可靠性。配电网自动化的通信设备有很多是在户外安装的，通信系统要长期经受不利的气候条件和较强的电磁干扰。

（2）满足目前和将来数据传输速率的要求。在选择通信方式时，先估算配电自动化系统所需的通信速率，在设计上应留有足够的带宽，以满足今后发展的需要。

（3）双向通信的要求。

（4）通信不受停电的影响。为保证配电网的调度自动化功能和故障区段隔离以及恢复正常区域供电的功能，即使在停电的区域通信仍能正常进行。

（5）建设费用合理。在配电网自动化的通信系统进行预算时，既要恰当的选取合适的通信方式，节省设备的造价，还要估算通信系统长期使用和维护的费用。

配电网自动化的通信系统构成规模较大，通常采用多种通信方式相结合，因此在设计上应考虑尽可能地简化这一复杂通信系统的使用和维护难度。

3.7.1　配电自动化的通信层次

配电自动化系统所需的自动化终端设备数量众多、分布区域大、通信网组织困难。如果将这些数目众多的自动化终端设备直接接入配电自动化系统中心，会直接影响系统实时性，亦会造成后台计算机网络组织困难，在主干通信网建设上投资巨大。同时，由于自动化设备站点分布不均衡，也会造成数据流量的不均衡，影响系统数据传输的准确性和时效性。因此，配电自动化系统计算机网及通信网建设以"区域分层集结、分区管理及集中组织方式"为指导原则进行网络组织，将各分散测控点信息先集结至各配电子站，进行数据通信协议转换，再经通信网转发至控制中心进行数据处理。这样可减少控制中心数据处理规模，也可有效保证监测监控设备的实时性和合理投资、科学管理。因此，配电通信网基本上也对应可规划为主站级、子站级、配电终端级和用电终端级四个主要通信层面。

1. 主站级通信

主站级通信网是系统级的高端网络，它屏蔽了数据在网络中的协议、途径、过程等细节，完全是一个面向应用的元连接的交换网络。主站级通信主要是指主站内部各台服务器、工作站和其他输入输出设备通过网络交换设备互联通信，大多采用了基于 TCP/IP 技术的局域网。一个强大的主站内部通信网络较多采用主备双网结构，保证在一个独立网段发生故障时不至于造成全网瘫痪。

2. 主站与子站级通信

在主站层与子站之间信息量大，实时性要求高，要求采用高速可靠的通信通道。但由于节点相对不多，目前一般采用光纤或光纤环网以及光纤以太网。依据可靠性要求不同，投资不同，该级网络分别可采用树状结构、单环结构、双环结构。

3. 子站与配电终端级通信

配电终端到子站距离较远，一般采用光纤通信方式。配电终端级通信根据终端本身提供的通信接口常选用光纤以太网作为接入网。当然，在小城镇或边远地区，配电终端数量相对较少，光缆投资太大，可采用其他通信方式。对于负荷波动和干扰较小、对通信速率和可靠性要求不高的场合，可采用 10kV 电力线载波方式；对于配电终端数量较少、申请电力专频费用低、无高楼遮挡无线信号的地区，可采用 220～240MHz 无线频段的数传电台方式。

4. 用电终端级通信

用电终端与配电终端相比，具有更高的分布密度和数十到数千倍的数量，其主要功能是监视及测量，实时性要求不高。用电终端一般按所在区域使用音频双绞线或普通线缆进行分类、分组组网，目前较多采用 RS-485 和总线式的半双工通信方式。低压电能表还可利用 220V 交流线路进行低压载波通信，构成一个集中抄表系统。值得注意的是，近年来随着 GPRS 数据通信业务在工业民用领域的推广应用，使得用电终端和主站直接通信采用中国移动或联通的 GSM/CDMA 的 GPRS、CDMA 1X 技术进行联网成为现实。

3.7.2　通信方式

目前可以选用的通信方式很多，而又没有任何一种单一的通信方式能够全面满足各种规模配电自动化的需要，所以配电自动化系统中往往是多种通信方式综合采用。

表 3-4 列出了配电网自动化系统可能用到的各种通信方式。

表 3-4　　　　　　　　　　**配电网自动化系统的各种通信方式**

通信方式	传输介质	传输速率	传输距离	主要用途
配电线载波	高压配电线	<1200bit/s	<10km	FTU、TTU 与区域工作站间通信
低压配电线载波	低压配电线	<1200bit/s	台内区	低压用户抄表
工频控制	配电线	10～300bit/s	较短	负荷控制
脉动控制	配电线	50～60bit/s	较短	负荷控制和远方抄表
电话专线	公用电话网	300～4800bit/s	较长	FTU 与区域工作站间通信或 RTU 与控制中心通信
拨号电话	公用电话网	300～4800bit/s	较长	远方抄表与远方维护
CATV 通道	有线电视网	300～9600bit/s	有线电视网内	负荷控制
RS-485	屏蔽双绞线	9600bit/s	<1.2km	同上
多模光缆	多模光缆	<2Mbit/s	<5km	同上
单模光缆	单模光缆	<2Mbit/s	<50km	通信主干线
无限扩频	自由空间	<128kbit/s	<50km	通信主干线
VHF 电台	自由空间	<128kbit/s	<50km	通信主干线
UHF 电台	自由空间	<128kbit/s	<50km	通信主干线
多址微波	自由空间	<128kbit/s	<50km	通信主干线

通信方式	传输介质	传输速率	传输距离	主要用途
调幅广播	自由空间	<1200bit/s	<50km	负荷控制
调频广播	自由空间	<1200bit/s	<50km	负荷控制
卫星	自由空间	<1200bit/s	全球	时钟同步
GPRS/CDMA	自由空间	<45~100kbit/s	GSM/CDMA 网覆盖区	负荷控制、低压用户抄表

1. 配电线载波通信技术

电力线载波通信将信息调制在高频载波信号上，通过已建成的电力线路进行传输。在配电线上与在输电线上实现通信其基本原理相同。对于输电线载波通信，载波频率一般为10～300kHz；对于高、中压配电线载波通信（DLC，Distribution Line Communication），载波频率一般为5～40kHz；对于低压配电线载波通信（又称入户线载波），载波频率一般为50～150kHz。这种频率上的不同是由于配电网络中有大量的变压器、开关旁路电容等元件，采用较低的载波频率可使高频衰耗减小。图3-36所示为典型的配电线载波通信系统图。

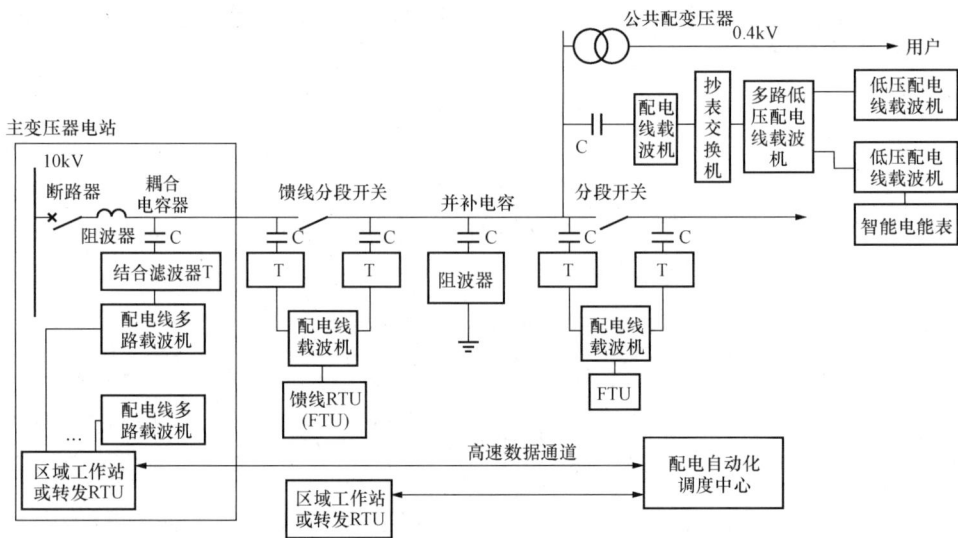

图 3-36 典型的配电线载波通信系统图

配电线载波通信设备包括安装在主变压器电站的多路载波机、在线路各监控对象处安放的配电线载波机、高频通道。高频通道由高频阻波器、耦合电容器和结合滤波器组成。高频阻波器用来防止高频信号向不需要的方向传输。耦合电容器的作用是将载波设备与馈线上的高电压、操作过电压及雷电过电压等隔开，防止高电压进入通信设备，同时使高频载波信号能顺利耦合到馈线上。结合滤波器可以抑制干扰进入载波机，并与耦合电容器配合将载波信号耦合到馈线上。

2. 光纤通信技术

与其他通信方式相比，光纤通信主要有以下优点：频带宽，通信容量大；损耗低，中继距离长；可靠性高，抗电磁干扰能力强；通信网络具有自愈功能；无串音干扰，保密性好；线径小、质量轻、柔软；节约有色金属，原材料资源丰富。光纤通信仍存在不足，如强度不如金属线，连接比较困难，分路和耦合不方便，弯曲半径不宜太小等。

光纤环网通信分为单环、双环两种形式。

（1）单环光纤通信。单环光纤通信在环网中每个配电终端处都安装一个单环光 Modem，利用一根光纤组成环网。这种组网方式造价低，一般应用于对系统的可靠性要求不高的情况下，如传送配电变压器监测终端（TTU）数据等可靠性要求较低的场合。

（2）自愈式双环光纤通信。自愈式双环光纤通信在单环光纤通信网上增加了一根备用光纤。所谓"自愈"，对于通信网络而言，就是指一旦通信线路发生故障导致通信中断后，不需人工干扰，网络自身会自动绕过故障而使通信立即恢复。这种恢复过程是迅速的，以至通信人员都感觉不到线路发生过故障。

3. 无线扩频通信技术

无线扩频通信是一种先进的信息传输方式，其信号占用的带宽远大于一般常规通信方式所需的最小带宽。在相同的信噪比条件下，带宽较宽的通信系统具有较强的抗噪声干扰能力。扩频通信用高速率的扩频码来达到扩展待传输的数字信息带宽的目的。传输频带的展宽是通过编码及调制的方法实现的，与所传送的信息无关，接收端需用相同的扩频码进行相关解调才能解扩并恢复信息。

无线扩频通信具有抗干扰性强、隐蔽性强、对外界干扰小、易于实现码分多址等特点。

无线扩频通信系统比较适合于构成 10kV 开关站、小区变电站，或用于集结分散测控对象的区域工作站与配电控制中心间的数据通信。鉴于成本方面的原因，与为数众多的分散测控点的通信，不便于采用无线扩频方式来实现。

4. 电话线通信技术

电话线通信是利用 Modem 或者数字音频转换芯片，将数字脉冲信号转换为 $0.3 \sim 3.4$kHz 的话带信号，然后通过电话线进行数据传输的一种通信方式。采用 Modem 可以达到较高的速率，但其设备造价也较高。电话线通信是一种成熟的通信方式，在对通信实时性要求不高的系统中得到了广泛应用。

采用电话线传输数据利用了电话网的现有资源，具有简单、投资少和使用方便等优点；但是也同时存在着传输速率受限、难以完全覆盖需要的区域、传输差错率较高、传输距离不宜太远等不足。

5. 无线通信技术

无线电通信系统是一种覆盖面广的通信方式，不需要传输线，可以构成双向通信，且所有的无线电通信系统都能够和停电区域通信。传统的无线通信主要包括调幅（AM）广播、调频（FM）广播、甚高频（VFH）通信、特高频通信，微波和卫星通信。

（1）调幅（AM）广播。调幅广播是对信号进行相位调制后，以幅度调制的形式调制到载波上，通过发射系统进行发送，是一种单向的广播方式。用于配电自动化的调幅广播采用不干扰现有无线调幅广播电台的频率范围工作，一般应用于对大量的用户进行负荷控制。与甚高频通信相比，调幅广播的波长更长，因而传输的距离较长，且不受视距和障碍物的影响，一般没有多路径效应。调幅广播适用于地形复杂区域的配电自动化系统的需要。

（2）调频（FM）广播。调频广播是通过对一个负载波进行频率调制，而将信号在调频波段分开传输的通信方式，是一种单向通信方式，常用于配电自动化系统的负荷控制。由于调频广播工作频率较高，因此容易受到多路径效应和障碍物的影响，并且往往受到视距的限制。

（3）甚高频通信。频率在 30～300MHz 的无线电波段被称作甚高频（VHF）。建设甚高频通信系统需要得到无线电管理委员会的许可。在 VHF 频段，可采用 200MHz 数传电台来实现配电自动化的通信，目前 224～228MHz/228～231MHz 已开辟为无线负荷控制的专用通道。甚高频通信能保持和停电区域通信，但其信号容易受到多路径效应和障碍物的影响。同时，电视信号、寻呼台及对讲机等对其有一定干扰。在国外，甚高频大量应用于配电网自动化中各分测控点与区域工作站之间的通信，甚至还用做主干通道。

（4）特高频通信。特高频（UHF）是指频率在 300～1000MHz 的无线电波段。配电自动化目前常用的是 800MHz 的频段。800MHz 频段具有较强的绕射能力，接收终端天线尺寸小，数传电台体积小质量小，可直接安于线杆上。与较低频率的通信方式相比，特高频信号的覆盖范围更小，最大传输距离为 50km（视距），同时也更容易受到多路径效应的影响。但是 UHF 通信比较可靠，不易受到其他通信服务业务的干扰，而且通信速率可高达 9600bit/s。由于通信受到视距的影响，用于多山的环境时，需采用中继器。

（5）微波通信。微波通信的频率在 1GHz 以上，目前广泛用于继电保护和输电网调度自动化系统中。微波通信方式的传输容量大、质量高、配置灵活，尤其在一点多址的小微波（TDMA）推出后，更加增强了其使用性能。微波通信可以省去建设有线传输线的费用，且具有很宽的带宽，能实现很高的数据传输速率。但微波通信是点对点的通信方式，对每个测控点都要安装一对微波通信设备，所以对于通信距离短、对数据传输速率要求不高且拥有为数众多的测控点的配电自动化系统来说，建设一套微波通信系统的技术复杂且造价高，使得微波通信在配电自动化中不具有吸引力。

（6）卫星通信技术。卫星通信是利用位于同步轨道的通信卫星作为中继站来转发或反射无线电信号进行通信的。与微波通信相比，卫星通信的优点是不受地形和距离的限制，通信容量大，不受大气骚动的影响，通信可靠；一般地面通信线路的成本随着距离的增加而提高，而卫星通信与距离无关。所以卫星通信更适合用于长距离干线或幅员广大的地区。采用卫星通信的另一个用途是利用 GPS 全球定位系统来统一系统时间，提高 SOE 的站间分辨率。

（7）GSM、GPRS、CDMA 通信。GSM 网络是一种无线数字蜂窝通信系统网络，GPRS（General Packet Radio Service）为通用分组无线业务的简称，其是一种基于 GSM 网络的无线分组交换技术，提供端到端的、广域的无线 IP 连接。CDMA（Code Division Multiple Access）为数字蜂窝移动通信网络，它与 GSM 蜂窝系统网络相类似。

GSM 网络已覆盖我国大多数的城市和乡镇，与电力负荷监控常用的 230M 甚高频通信相比，其具备以下优点：①在 GSM 基站的覆盖范围内，基本不受地形和地物的影响，即使在建筑物内也能正常传输信息；②不需另行架设天线，仅仅将 GSM 模块安装在现场终端内即可；③运行费用低，是一种较经济的集中抄表通信方式；④容易安装或拆除，特别适合城市建设中需要经常迁移或拆除台区配变的情形。

GPRS 网络突出的特点主要有：①基于 GPRS 网络的用电管理系统，数据通信可靠，质量高，网络稳定，覆盖范围广，但与专网通信相比，其安全系数降低；②传输速率高；③资源利用率高。对于分组交换模式，用户只有在发送或接收数据期间才占用资源，这意味着多个用户可高效率地共享同一无线信道。GPRS 用户的计费以通信的数据量为主要依据，按量计费，体现了"得到多少，支付多少"的原则。GPRS 技术是一种面向非连接的技术，用户只有在真正收发数据时才需要保持与网络的连接，因此大大提高了无线资源的利用率。

CDMA 网络具有抗干扰、抗衰落、抗多径时延扩展，并可提供十分巨大的系统容量和便于与模拟或数字体制共存的优点，使 CDMA 移动通信系统成为 GSM 数字蜂窝移动通信系统强有力的竞争对手，并成为第三代移动通信的主要技术手段。理论分析，CDMA 蜂窝系统通信容量是 GSM 数字蜂窝系统的 4 倍。

GSM、GPRS、CDMA 的应用比较见表 3-5。

表 3-5　　　　　　　　　　　　GSM、GPRS、CDMA 应用比较

比较内容	GSM	GPRS	CDMA
运营商	中国移动	中国移动	中国联通
网络覆盖	广，国内基本全部覆盖	广，同 GSM	较广
网络质量	稳定，建网时间长	稳定，同 GSM	稳定性能不好，建网时间短
握手时间	长，约几十秒	短，几秒	短，几秒
计费方式	按时间	按流量	按流量
实际通信速率	9.6kb/s	5～12kb/s	10～20kb/s
数据业务费用	短信 0.1 元/条	基本 0.33 元/kb（各地区有包月优惠）	基本 0.01 元/kb（有包月套餐）

配电网自动化系统可采用的通信条件是多种多样的，有的已经建好以太网，可直接利用以太网与主站进行网络数据传输；有的与主站间具备非对称数字用户环路，可利用宽带接入与主站进行网络数据传输；有的与主站间没有通信线路连接，但变电站处于移动网络覆盖范围之内，可利用通用分组无线业务 GPRS 技术，以无线方式与主站进行网络数据传输；有些老的变电站与主站之间的通信依靠无线数传电台。为了节约成本，在对速率没有特殊要求的情况下，可利用数传电台直接与主站进行数据通信；对于数据量不大、实时性要求不强的变电站，还可利用已有电话线路进行数据通信。

6. 工频控制通信技术

工频控制通信技术是一种双向通信技术，它利用电力传输线作为信号传输途径，因此可以认为是配电线载波的一种变形。其工作原理是利用电压过零的时机进行信号调制，在 50Hz 工频电压过零点附近的很窄区间内，根据需要产生轻微的电压波形畸变。位于远方控制点的检测设备能够检测出这个电压波形畸变，并还原出所代表的码元。

工频畸变波形如图 3-37 所示。图 3-37 （a）为工频信号发生器输出口的波形，它在电压波过零前 1～1.2ms 处造成一个短路，使低压侧电压波形发生畸变。此波形由一台变压器的低压侧传到 10kV 中压再经配电变压器传到另一些变压器低压侧，就成了图 3-37 （b）的波形，在原来的突变处产生一个 Δu 的突变，然后以实线部分到零点。这与原来的 50Hz 波形不同，少了一部分电能。从上述可

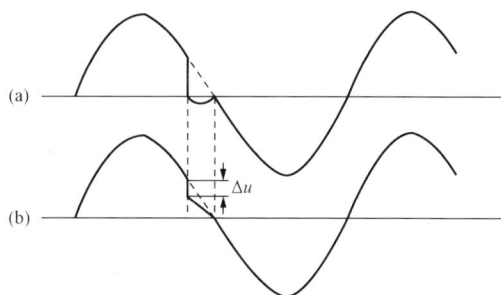

图 3-37　工频畸变波形

以看出，在这一个周期上叠加了信号，将此信号检出，经处理变成原有的控制指令，即达到了信号的发生到接收的完整过程。

工频控制技术与脉动控制技术相比，设备更简单，投资更节省；与配电线载波系统相比，不存在由于驻波而带来的盲点问题。目前这种技术在美国和加拿大已经广泛应用于远方自动抄表和零散负荷控制等领域。

7. 现场总线通信技术

现场总线（Field Bus）是连接智能现场设备和自动化系统的数字式、双向传输、多分支结构的通信网络，它的关键标志是能支持双向、多节点、总线式的全数字通信。在配电自动化系统中，现场总线适合于用来满足区域智能设备之间的通信，以及同一区域内部各个智能模块之间的通信。

目前使用的现场总线有 FF、AnyBus、CAN、Proabus、Fieldbus、WorldFIP、LonWorks、ModBus、CC-LINK。

8. RS-485 总线通信技术

RS-485 是一种改进的串行接口标准，在要求通信距离为几十米到上千米时，广泛采用 RS-485 串行总线标准。RS-485 用于多点互联时非常方便，可以省掉许多信号线。应用 RS-485 可以联网构成分布式系统，其允许最多并联 32 台驱动器和 32 台接收器。采用 RS-485 方式也是配电自动化系统的理想选择之一，在一些对实时性要求不高的场合，比如远方自动抄表可以采用 RS-485 方式代替现场总线通信。

根据配电网的特点和具体情况，采用某一单一方式的通信系统不一定很合适，很可能在不同的层次上采用不同的通信方式，从而构成一种混合通信系统。

图 3-38 所示为一种混合通信方案。

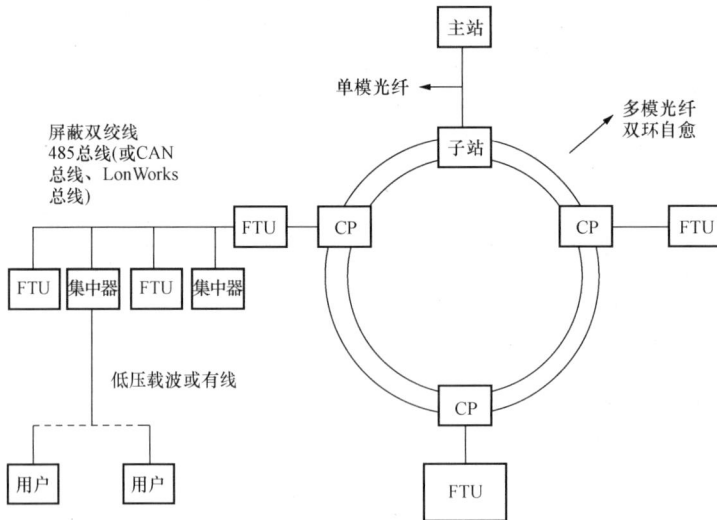

图 3-38 一种混合通信方案

第4章 配电网可靠性分析

4.1 概　　述

可靠性的经典定义是指一个元件、一台设备或一个系统在预定时间内和规定条件下完成其规定功能的能力。当将概率论用于对可靠性定量评价时，则常用可靠度或可用率作为量度可靠性的特性指标，表示元件、设备或系统可靠工作的概率。

4.1.1　配电网可靠性

配电网可靠性是指从供电点到用电客户，包括配电变电站、开关站、配电线路及接户线在内的整个配电网及设备，按可接受标准及期望数量，为满足客户对电力及电能量需求能力的一种度量。从更广泛的意义上来讲，可靠性是电能质量的一个组成部分，电能质量反过来也是客户满意度的一个组成部分，因此，可靠性含义主要包括三个方面：

（1）供电连续性。可靠性最重要的方面是确保电力连续供应，最根本的是电力企业必须为每个用户保持一条连接到电源的、不中断的供电通路。

（2）供电充足性。充足性是指保证配电网的潮流通路有能力传输足够的电力，能够保证用户任何时候的任何电力需求。

（3）满意的供电质量。电力的电压、频率以及其他方面必须满足用户的需求。

配电网可靠性主要包括四方面内容：

（1）设备本身的可靠性。要使构成配电网的各种设备经常处于健全完好的运行状态，能够充分发挥其功能，具有较高的可靠性。

（2）整个配电网的设备可靠性。必须考虑把具有相当可靠性水平的各种设备组合起来，并与其他系统相联系，构成容易实现一元化运行和维护的最佳网络。

（3）配电网运行的可靠性。必须把各种设备有机地结合起来，使之成为具有安全校核、系统保护和系统恢复能力，对任何事态都有自行处理能力的系统。

（4）配电网可靠性与用户供电可靠性的配合。由于停电对用户的影响大小因用户不同而异，所以必须对每个用户研究相应的可靠性指标。

4.1.2　配电网可靠性评价的意义

我国早期在开展电力系统可靠性研究的时候，主要侧重于发电系统可靠性、输电系统可靠性以及发输电合成系统可靠性的研究。其主要原因是发电设备、输电设备与配电设备相比，相对比较集中，设备一次投资较大，建设周期长，我国又长期电力紧缺。因此在用电高峰期间，电力系统经常处于满发，缺少甚至没有备用发电容量的情况下运行，一旦发电、输电系统故障，往往都会造成比较严重的停电、拉限电的后果。

然而，随着我国国民经济的快速发展，人民群众物质和文化生活的不断提高，广大工业企业、商业、服务性等第三产业和人民群众生活对电力的需求，不仅体现在电力电量、电能质量上，在供电连续性等供电可靠性方面的要求已明显提高。且近年来，我国电力工业电源的基本建设取得了非常大的发展，发电的电力和电量已总体上能满足用电负荷的需要。因此，在现阶段由于配电网直接面对广大用户，配电网的故障往往会造成对用户供电的直接影响，提高配电网可靠性越来越受到电力部门和广大人民群众的关注，有着十分重要的意义。

1. 配电网在电力系统中有着重要的地位

配电网处于电力系统的末端，直接与用户连接，整个电力系统对电力用户的供电能力和质量都必须通过配电网来体现。配电网的可靠性指标实际上是整个电力系统结构、供电能力及运行特性的集中反映。一旦配电网的设备发生故障或计划检修，往往会造成系统对用户的供电中断。

2. 配电网结构方式要求不断提高可靠性

配电网大多采用放射式的网状结构，对故障比较敏感。用户停电故障约有 80% 是由配电网的故障引起，这对用户供电可靠性影响最大。对一个城市来讲，整个配电网要深入到每家每户，保证每户人家都有可靠的电力供应，这是一个庞大的系统工程。虽然从 1998 年开始全国范围进行了城市电网和农村电网的建设与改造，城市和农村配电网有了长足的发展，向用户的供电能力、改善电能质量和提高供电可靠性等方面有了很大进步，但是要彻底改造配电网的结构状况，实施手拉手的环网结构和配电网自动化等投入的资金和力度还远远不够，还远没有改变全国大多数配电网的基本电网结构方式。所以，提高配电网的可靠性对提高整个供电系统用户供电可靠性的影响极大。

3. 电力体制改革要求必须提高配电网的可靠性

随着我国电力体制的改革，要求打破垄断，逐步建立社会主义市场经济体制，缓和电力供需矛盾，电力的发展必然要转向以市场需求为主导的战略目标。目前各个电力公司都将电力市场营销作为自己最主要的任务，努力树立起优质服务、市场竞争和效益的观念，提高营销质量，进一步开拓和扩大用电消费市场，尽最大可能地实现企业经济效益和社会效益的统一。而这些需求的实现都是以配电网向广大用户进行可靠的供电为基础的，只有建立以消费市场和消费者为导向的观念，做好电力市场分析、负荷预测，了解用户的需求，才能根据电力市场的需求来发展、扩大和建设配电系统，不断提高供电可靠性，来满足广大用户不断提高对电力的需求。

4.2　配电网可靠性准则及规定

4.2.1　配电网可靠性准则

配电网可靠性准则就是在配电网规划、设计或运行中，为使配电网达到要求的可靠度所必须满足的指标、条件或规定，也是配电网可靠性评估所依据的行为原则和标准。

配电网可靠性准则必须与用户的需要及系统对供电充裕度的需求相一致，其基本内容包括供电质量和供电连续性两个方面。供电质量主要体现在需要满足 GB 50013—2010《城市配电网规划设计规范》和 DL/T 836—2012《供电系统用户供电可靠性的评价规程》中规定的的电压和频率水平；而供电连续性则以连续地满足用户供电质量所要求的项目来表示，通常以停电及停运的频率、停电及停运的平均持续时间以及年停电、停运时间的期望值等作为评价供电连续性的参数。所选择的方案，应与经济性联系起来并加以优化，求出最佳的可靠度，并视各国的具体情况而定。而经济性则主要反映在供电成本和停电造成的损失两个方面，可靠度越高，供电成本费用越多，停电损失费用越小，反之亦然。

研究表明，供电成本费用与可靠度呈递增关系，可近似地用指数函数来表示。其特征系数与全系统的状况、设备费用及性能指标有关。而停电损失费用则与可靠度呈递减函数关系。停电损失费用系指因停电影响用户生产给国民经济造成的损失，供电部门因停电而造成的电费收入的减少，以及其他经济损失；此外，还包括了由于大规模停电而给社会生活带来的恶劣影响等。最佳可靠度可以由供电成本费用和停电损失费用与可靠度关系曲线叠加后的总费用的最低值来决定。因此，不同国家、不同电力系统中有关配电网可靠性准则的具体规定各不相同。

4.2.2　我国城市电网可靠性的规定

在我国，有关城市电力网的可靠性规定主要体现在 GB 50613—2010 和《全国供用电规则》中。

1. 城市电网可靠性标准

（1）电网供电安全准则。城市配电网的供电安全采取"$N-1$"准则，其内容如下：

1）高压变电站中失去任何一回进线或一组降压变压器时，必须保证向下一级配电网供电。

2）高压配电网中一条架空线或一条电缆线或变电站中，一组降压变压器发生故障停运时，在正常情况下，除故障段外其他区段不得停电，并不得发生电压过低和设备不允许的过负荷；在计划停运情况下又发生故障停运时，允许部分停电，但应在规定时间内恢复供电。

3）低压电网中当一台变压器或某局部电网发生故障时，允许部分停电，并尽快将完好的区段在规定时间内切换至邻近电网，恢复供电。

此准则可通过选取电网和变电站的接线以及设备运行率 T 来达到。设备运行率 T 的定义为

$$T = \frac{\text{设备的实际最大负荷(kW)}}{\cos\varphi \times \text{设备的额定容量(kV·A)}} \times 100\% \qquad (4\text{-}1)$$

式中　T——设备运行率；

　　$\cos\varphi$——变压器功率因数。

线路和设备具体的计算方法如下：

1）220～35kV 的变电站，应配置两台或以上变压器，当一台故障停运时，其负荷可自动转移至正常运行变压器，此时变压器的负荷不应超过其短时容许的过载容量，之后再通过电网操作将变压器的过载部分转移至中压电网。符合此要求的变压器运行率为

$$T = \frac{KP(N-1)}{NP} \times 100\% \qquad (4\text{-}2)$$

式中　K——变压器短时容许过载率；

　　N——变压器台数；

　　P——单台变压器额定容量。

当 $N=2$ 时，$T=50\%\sim65\%$；当 $N=3$ 时，$T=67\%\sim87\%$；当 $N=4$ 时，$T=75\%\sim100\%$。

变电站中负荷侧可并列运行的变压器数越多，其利用率越高，但对负荷侧断路器遮断容量的要求也越高；对负荷侧不可并列运行的变压器，其负载率与母线接线方式有关。

需在短时内将变压器过载部分转移至电网的容量 L 为

$$L = (K-1)P(N-1) \qquad (4-3)$$

2）高压（包括 220kV）线路，应由两回及以上回路组成。当一回线路停运时，应在一次侧或二次侧进行自动切换，并供给全部负荷容量（但不能超过设备的短时容许过载容量），并通过下一级电网操作转移负荷，解除设备的过载运行。线路的运行率 T 为

$$T = \frac{(N-1)K}{N} \times 100\% \qquad (4-4)$$

式中　N——线路回数；

　　　K——短时容许过载率，可根据各地的现场运行规程规定。

3）中压配电网，当配电网为架空线路沿道路架设的多分段多连接的开式网络，且每段有一个电源馈入点时，若某一区段线路发生故障停运，就将造成全线路的停电，应尽快隔离故障，将非故障部分通过联络开关向邻近段线路转移，达到恢复供电的目的。线路正常运行时的最大负载率应控制为

$$T = \frac{P-M}{P} \times 100\% \qquad (4-5)$$

式中　M——线路预留备用容量，即邻近线段线路故障停运时可能转移过来的最大负荷，kW；

　　　P——对应线路安全电流限值的线路容量，kW。

4）中压配电室，户内配电室宜采用两台及以上变压器，并应满足"$N-1$"准则的要求；柱上变压器故障时，允许停电。

5）低压配电网，原则上不分段，不与其他台区低压配电网联络。

（2）满足用户用电的程度。GB 50613—2010 规定了配电网故障造成用户停电时允许停电的容量和恢复供电的目标时间，其原则如下：

1）两回路供电的用户，失去一回路后应不停电；

2）三回路供电的用户，失去一回路后应不停电，再失去一回路后应满足 50%～70%用电量；

3）一回路和多回路供电的用户电源全停时，恢复供电的目标时间为一回路故障清除的时间；

4）开环网络中的用户，环网故障时需通过电网操作恢复供电的，其目标时间为操作所需的时间。

对于具体目标时间的考虑，负荷越大的用户，目标时间应越短。目标时间可分阶段规定，应逐步缩短。若配备自动化装置时，故障后负荷应能自动切换。

（3）特殊用户的供电可靠性要求。对于特殊用户，除正常供电的电源外，应有保安或备用电源。原则上保安或备用电源与正常供电电源应来自两个独立的电源，如来自不同变电站（发电厂）的电源，或虽来自同一变电站但属于互不影响的不同母线分段供电的电源。当重要用户由两回及以上线路供电时，用户侧各级电压网络一般不应并列，以简化保护。当其中任一回路故障重合闸不成功时，采用备用电源切换互为备用，以提高供电可靠性。

中断供电将造成重要公共场所秩序混乱的用户亦应列为重要用户考虑。对于一些城市的党、政、军要害部门或经常有重大政治、经济、外事活动的场所等特殊重要用户，应考虑采用"$N-2$"准则，力争做到"万无一失"的连续不间断供电。

2. 容载比

容载比是反映城网供电能力和充裕度的重要技术经济指标之一。容载比是某一供电区域的变电设备总容量（kV·A）与对应的总负荷（kW）的比值。合理的容载比与恰当的网架结构相结合，对于故障时负荷的有序转移，保障供电可靠性，以及适应负荷的增长需求都是至关重要的。

容载比与变电站的布点位置、数量、相互转供能力有关，即与电网结构有关。容载比的确定要考虑负荷分散系数、平均功率因数、变压器运行率、储备系数等复杂因素的影响，在工程中可采用实用的方法估算容载比，即

$$R_s = \frac{\sum S_{Ni}}{P_{max}} \tag{4-6}$$

式中　R_s——容载比，（kV·A）/kW；

　　　P_{max}——该电压等级的全网最大预测负荷；

　　　S_{Ni}——该电压等级变电站 i 的主变压器容量。

城市电网作为城市的重要基础设施，应适度超前发展，以满足城市经济增长和社会发展的需要。保障城市电网安全可靠和满足负荷有序增长，是确定城市电网容载比时所要考虑的重要因素。根据经济增长和城市社会发展的不同阶段，对应的城网负荷增长速度可分为较慢、中等、较快三种情况，相应容载比见表4-1。

表 4-1　　　　　　　　　　　　　城市电网容载比选择范围

负荷增长情况	增长较慢	增长中等	增长较快
年负荷平均增长率（建议值）	＜7%	7%～12%	＞12%
35～110kV	1.8～2.0	1.9～2.1	2.0～2.2

4.2.3　配电网可靠性统计分析的范围

如前所述，配电网可靠性是研究直接向用户供给电能和分配电能的配电网本身及其对用户供电的可靠性。配电网可靠性反映的是配电网及其设备的结构、特性、运行状态以及对系统和设备运行管理的能力。就当前我国的管理水平来说，主要应包括10(6)、35、110、220kV 等各种电压等级的供电局直属城区及市郊配电网络。而 380/220V 的低压配电网络虽然已列为开展试点统计，但是因条件不成熟，至今尚未进行。

因此，关于配电网可靠性的具体统计范围一般规定为：城市市区周围各中心变电站、地区变电站或发电厂升压变电站直接向用户供电或者通过市区内的中间配电变电站、开关站、配电室向用户供电的配电系统。具体为，从市区周围的变电站出线母线侧隔离开关开始，至：

(1) 10(6)kV 公用配电变压器二次侧出线套管为止；

(2) 10(6)、35、110kV 及更高电压的企业专用配电变压器二次侧出线套管为止；

(3) 10(6)、35、110kV 及更高电压的高压用户的高压设备与供电部门的产权分界点为止；

(4) 包含市区内各种电压等级的中间配电变电站（或变压器）、配电室、开关站以及它们之间的联络线路构成的网络。

这就是说，市区周围各中心变电站、地区变电站及发电厂升压变电站出线母线侧隔离开

关以上（包括母线）的所有电源侧的线路、设备及系统，以及配电变压器二次侧出线套管以下的用电设备，或高压用户的高压设备与供电部门的产权分界点以外的系统均为外部系统，不在配电网可靠性统计范围之内。

4.2.4　配电网可靠性分析的有关规定

从对用户的影响来看，配电网的状态有供电状态和停电状态两种。所谓供电状态，就是配电网处于对用户供给预定供应电能的状态。所谓停电状态，就是配电网不能对用户供应电能的状态。任何时候配电网都必须处于这两种状态中的一种。根据配电网停电性质的不同，可将停电类型进行如图 4-1 的划分。

```
                  ┌── 内部故障停电
          故障停电 ─┤
          │       └── 外部故障停电
          │
          │                ┌── 检修停电
          │       计划停电 ─┼── 施工停电
          │       │        └── 用户申请停电
停电 ──────┤       │
          │                ┌── 临时检修停电
          预安排停电 ─┼ 临时停电 ┼── 临时施工停电
                  │        └── 用户临时申请停电
                  │
                  │        ┌── 系统电源不足限电
                  限电 ────┤
                           └── 供电网限电
```

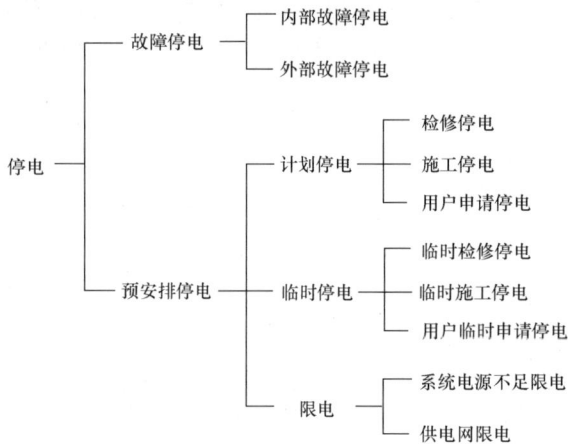

图 4-1　停电性质分类

1. 故障停电

故障停电是指，供电系统无论何种原因未能按规定程序向调度提出申请，或未在停电 6h（或按供电合同要求的时间）前得到批准且通知主要用户的停电。故障停电可分为内部故障停电和外部故障停电。

（1）内部故障停电。凡属本企业内部管辖范围以内的电网或设施等故障引起的停电。

（2）外部故障停电。凡属本企业管辖范围以外的电网或设施等故障引起的停电。

2. 预安排停电

预安排停电是指，凡预先已做出安排，或在停电 6h 前得到调度批准（或按供用电合同要求的时间）并通知主要用户的停电。预安排停电分为以下几种。

（1）计划停电。计划停电是指，有正式计划安排的停电成为计划停电，主要有下列情况：

1）检修停电：按检修计划要求安排的检修停电。

2）施工停电：系统扩建、改造及迁移等施工引起的有计划安排的停电。

3）用户申请停电：由用户本身的要求得到批准，且影响其他用户的停电。

（2）临时停电。临时停电是指，事先无正式计划安排，但在停电 6h（或按供电合同要求的时间）前按规定程序经过批准并通知主要用户的停电。临时停电分为以下几种：

1）临时检修停电：系统在运行中发现危及安全运行、必须处理的缺陷而临时安排的停电。

2）临时施工停电：事先未安排计划而又必须尽早安排的施工停电。

3）用户临时申请停电：由用户本身的特殊要求而得到批准，且影响其他用户的停电。

（3）限电。在电力系统计划的运行方式下，根据电力的供求关系，对于求大于供的部分进行限量供应，称为限电。

1）系统电源不足限电：由于电力系统电源容量不足，由调度命令对用户以拉闸或不拉闸的方式限电。

2）供电网限电：由于供电系统本身设备容量不足，或供电系统异常，不能完成预定的计划供电而对用户的拉闸限电，或不拉闸限电。

供电系统的不拉闸限电，应列入可靠性的统计范围，每限电一次应计停电一次，停电用户数应为限电的实际户数。停电容量为减少的供电容量，停电时间按等效停电时间计算。

3. 停电持续时间

供电系统由停止对用户供电到恢复供电的时间段，以 h 表示。

4. 停电容量

供电系统停电时，停止供电的各用户的装见容量之和，单位为 kV·A。

5. 停电缺供电量

供电系统停电期间，对用户少供的电量，单位为 kW·h。停电缺供电量的计算方法，按下列公式计算，即

$$W = KS_1 T \tag{4-7}$$

$$K = \frac{P}{S} \tag{4-8}$$

式中　W——停电缺供电量，kW·h；

　　　S_1——停电容量，即停止供电的各用户的装机容量之和，kV·A；

　　　T——停电持续时间，或等效停电时间，h；

　　　K——容载比系数；

　　　P——供电系统（或某条线路）上年度的年平均负荷，kW；

　　　S——供电系统（或某条线路）上年度的用户装见容量总和，kV·A。

6. 供电系统的状态

供电系统的状态分为以下几种：

（1）供电状态：用户随时可从供电系统获得所需电能的状态。

（2）停电状态：用户不能从供电系统获得所需电能的状态，包括与供电系统失去电的联系和未失去电的联系。

（3）对用户的不拉闸限电，视为等效停电状态。

（4）自动重合闸重合成功或备用电源自动投入成功，不应视为对用户停电。

7. 供电系统设施的状态

供电系统设施的状态分为以下几种：

（1）运行：供电设施与电网相连接，并处于带电的状态。

（2）停运：供电设施由于故障、缺陷或检修、维修、试验等原因，与电网断开而不带电的状态。停运状态又可分为：

1）强迫停运（故障停运）：由于设施丧失了预定的功能而要求立即或必须在 6h 以内退出运行的停运，以及由于人为的误操作和其他原因未能按规定程序提前向调度提出申请，并在 6h 前得到批准的停运。

2）预安排停运：事先有计划安排，使设施退出运行的计划停运（如计划检修、施工、试验等），或按规定程序提前向调度提出申请，并在 6h 前得到批准的临时性检修、施工、试验等的临时停运。

8. 停运时间

停运时间分为以下几种：

（1）直接停运时间：正常停电的时间。

（2）停运持续时间：供电设施从停运开始到重新投入电网运行的时间段。停运持续时间分强迫停运时间和预安排停运时间。对计划检修的设备，超过预安排停电时间的部分，计作强迫停运时间。

停电持续时间的统计和计算方法随停电事件的处理过程、操作过程及恢复供电的方式不同而异：

1）单回线路停电，一次处理完成，全线同时恢复送电时，或者多回路停电，其中各回路的停电操作和恢复送电的操作均系同时完成时，停电持续时间即为线路由停电开始至终结所经历的全部时间。

2）当单回路停电，分阶段处理，逐步恢复供电时，或者多回路停电，各回路的停电操作和恢复送电的操作不能同时完成时，或者以非拉闸限电的方式对用户部分停电时，其停电持续时间均不再等于终止时间与起始时间之差，必须进行等效折算，等效持续时间 T_1 按下式计算

$$T_1 = \frac{\sum 各阶段或各回路线路停电持续时间 \times 停电用户数}{受停电影响的总用户数}$$

$$= \frac{\sum 各阶段或各回路线路停电的户时数}{受停电影响的总用户数} \qquad (4-9)$$

其中，受停电影响的总用户数系指停电全过程中受停电影响的用户总数，每一受影响的用户只能统计一次。

对非拉闸限电的等效停电持续时间 T_2，按下式计算

$$T_2 = 限电时间 \times \frac{少供容量或电流}{限电前实际供电的容量或电流}$$

$$= 限电时间 \times \frac{限电前实际供电的容量或电流 - 限电后允许供电容量或电流}{限电前实际供电的容量或电流} \qquad (4-10)$$

9. 用户

低压用户：以 380/220V 电压受电的用户。

中压用户：以 10(20、6)kV 电压受电的用户。

高压用户：以 35kV 及以上电压受电的用户。

10. 统计期间规定

根据部颁统计办法规定：以一年为统计期间，全年为 8760h，闰年为 8784h。由于配电网可靠性的统计分析是建立在数理统计的基础上，通过对配电网及其设备在运行过程中所发生的各种随机、偶然性事件的统计数据来寻找可靠性统计的规律，所统计的统计期间时间越长，统计的数据越多，就越能够反映配电网及其设备的特性。

4.3 配电网可靠性的分析指标体系

配电网可靠性分析指标是衡量配电系统可靠性的标准和依据。配电网可靠性指标可从其运行的历史数据中计算出来，也可以从其设备数据中计算出来。配电网的可靠性分析指标可分为电气设备可靠性指标、负荷点可靠性指标和配电网可靠性指标三类。

4.3.1　电气设备可靠性指标

供电系统中的绝大部分设备都是可修复设备。可修复设备是指设备投入使用后如果损坏，能够通过修复恢复到原有功能，得以再投入使用的设备。其整个寿命流程是工作、修复、再工作、再修复的交替过程，实际工作时间和修复时间都是随机变量。

1. 设备故障率 $\lambda(t)$

设备故障率（Failure Rate）指的是年故障率。如果是预测未来的话，故障率指故障发生的可能性；如果是分析过去的话，故障率则指实际记录的设备故障占设备总量的比例。它常表述为一个百分数或概率。

假设设备已工作到 t 时刻，则把设备在 t 以后的 Δt 微小时间发生故障的条件概率定义为该设备的故障率，可表示为

$$\lambda(t) = \lim_{\Delta t \to 0} \frac{1}{\Delta t} p[t < T < t + \Delta t \mid T > t] \qquad (4-11)$$

故障率 $\lambda(t)$ 越小，表示设备在时间间隔 $[t, t+\Delta t]$ 内发生故障的概率就越小；反之，越大。在设备的正常运行期间，通常可近似认为设备的故障率为常数，用 λ 表示，其可以从设备故障的统计数据中得到，如架空线路故障停电率，变压器故障停电率等。

无论设备持续运行多长时间，它的预期寿命和故障率总是密切相关的。例如，一台预期持续供电时间较短的设备必定有较高的故障率；反之，如果它发生故障的频率不高，它必定会持续运行很长时间，即会有很长的预期寿命。统计数据表明，在可修复设备整个使用寿命期间，故障率与时间的典型关系曲线如图 4-2 所示，该曲线又称为浴盆曲线。

在可靠性评估研究中，一般最为关注的是设备偶发期的故障率，通常认为是常数，用 λ 表示。当设备的故障率为常数时，可以按照下式进行统计

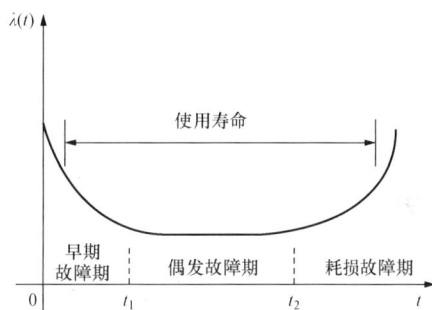

图 4-2　设备故障率与设备寿命的变化曲线

$$\lambda = \frac{设备的故障次数}{设备运行的总时间} \qquad (4-12)$$

2. 设备修复率 $\mu(t)$

设备修复率（Repair Rate）表示可修复设备故障后修复的难易程度及效果，其定义是设备在 t 时刻以前未被修复，而在 t 以后的 Δt 微小时间内被修复的条件概率，可表示为

$$\mu(t) = \lim_{\Delta t \to 0} \frac{1}{\Delta t} p[t < T < t + \Delta t \mid T > t] \qquad (4-13)$$

在配电网可靠性的实际应用中，将所有可修复设备的修复时间 T 均看成呈指数分布，根据数理统计理论，此时设备的修复率 $\mu(t)$ 为常数，可用 μ 表示。当设备的修复率为常数时，可以按照下式进行统计

$$\mu = \frac{设备的修复次数}{设备进行维修的总时间} \qquad (4-14)$$

3. 设备可靠度 $R(t)$

设备可靠度（Reliability）的定义为实际工作时间大于预定工作时间的概率。当设备故

障率 λ 为常数时，设备可靠度可定义为

$$R(t) = \mathrm{e}^{-\lambda t} \tag{4-15}$$

4. 平均无故障运行时间（MTBF）

平均无故障运行时间（Mean Time Between Failure），也称为故障平均间隔时间，它是指设备相邻两次故障之间的平均工作时间。其表达式为

$$MTBF = \int_0^\infty R(t)\,\mathrm{d}t \tag{4-16}$$

当故障率 $\lambda(t)$ 为常数时，有

$$MTBF = \int_0^\infty \mathrm{e}^{-\lambda t}\,\mathrm{d}t = \frac{1}{\lambda} \tag{4-17}$$

MTBF 值越大，说明设备的可靠性越高。

5. 平均修复时间（MTTR）

平均修复时间（Mean Time to Repair）是指修复故障设备平均需要的时间，计算中用设备修复次数除以修复时间之代数和来估计。

设 $N_0(t)$ 为可修复的设备在既定的条件和时间内完成修复的概率，如果把故障的修复以随机时间来判定，则设备的修复时间就与可靠度近似。

$$N_0(t) = \mathrm{e}^{-\mu(t)t} \tag{4-18}$$

当修复率 $\mu(t) = \mu$ 为常数时，平均修复时间的数学期望可表示为

$$MTTR = \int_0^\infty N_0(t)\,\mathrm{d}t = \int_0^\infty \mathrm{e}^{-\mu t}\,\mathrm{d}t = \frac{1}{\mu} \tag{4-19}$$

对确定的设备来说，期望不随时间变化，因此 μ 和 $MTTR$ 值均为常数。

6. 可用度 A

可用度（Availability）是指设备处于正常工作状态的概率。在现实运行的系统中，设备在"运行"和"停运"两种状态中交替，因此

$$A = \frac{MTBF}{MTBF + MTTR} = \frac{\dfrac{1}{\lambda}}{\dfrac{1}{\lambda} + \dfrac{1}{\mu}} = \frac{\mu}{\mu + \lambda} \tag{4-20}$$

4.3.2　负荷点可靠性指标

配电网中负荷点可靠性指标能定量反映在规定时间内系统中每个负荷点的可靠性水平。

1. 年故障停运率

年故障停运率指配电网中负荷点在年统计周期内，由于系统中设备故障而造成停电的次数。其表达式为

$$\lambda_i = \sum_{j \in J} \lambda_j \tag{4-21}$$

式中　λ_i——第 i 个负荷点的年故障停运率，次/年；

　　　J——导致负荷点 i 停运的所有设备的集合；

　　　λ_j——第 j 个设备的年故障率。

2. 平均停运持续时间

平均停运持续时间是指从负荷点失电到恢复供电持续时间的平均值。平均停运持续时间的值大小在一定程度上说明了负荷在停电事故发生后恢复供电的类型，在负荷点有备用电

源、备用元件可供切换的情况下，其停电后恢复时间较短，平均停运持续时间也较小。其表达式为

$$r_i = \frac{\sum\limits_{j \in J} \lambda_j r_j}{\sum\limits_{j \in J} \lambda_j} \tag{4-22}$$

式中　r_i——第 i 个负荷点的平均停电持续时间，h/次；

　　　r_j——第 j 个设备的平均停电持续时间。

3. 年平均停运持续时间

年平均停运持续时间是指负荷点在一年中停电的时间总和。年平均停运持续时间的值越大，说明系统对负荷点的供电可靠率越低。其表达式为

$$U_i = \sum\limits_{j \in J} \lambda_j r_j \tag{4-23}$$

式中　U_i——第 i 个负荷点的平均停运持续时间，h/年；

　　　r_j——第 j 个设备的平均停电持续时间。

4.4.3　配电网可靠性指标

1. 系统平均停电频率指标（SAIFI）

配电网的平均停电频率指标（SAIFI，System Average Interruption Frequency Index）是指每个由系统供电的用户在单位时间内所遭受到的平均停电次数。它可以用一年中用户停电的累积次数除以系统供电的总用户数来预测，即

$$SAIFI = \frac{用户断电的户 \times 次数}{用户总数} = \frac{\sum \lambda_i N_i}{\sum N_i} \quad [次/(户 \cdot 年)] \tag{4-24}$$

式中　N_i——负荷点 i 的用户数；

　　　λ_i——负荷点 i 的故障率。

2. 用户平均停电频率指标（CAIFI）

用户平均停电频率指标（CAIFI，Customer Average Interruption Frequency Index）是指一年中每个受停电影响的用户所遭受的平均停电次数，其计算式为

$$CAIFI = \frac{用户断电的户 \times 次数}{受断电影响用户数} = \frac{\sum \lambda_i N_i}{\sum\limits_{j \in EFF} N_j} \quad [次/(户 \cdot 年)] \tag{4-25}$$

式中　EFF——受停电影响的负荷点的集合。

3. 系统平均停电持续时间指标（SAIDI）

系统平均停电持续时间指标（SAIDI，System Average Interruption Duration Index）是指每个由系统供电的用户在一年中所遭受的平均停电持续时间。其可以用一年中用户遭受的停电持续时间总和除以该年中由系统供电的用户总数来预测，即

$$SAIDI = \frac{用户断电的总户时数}{用户总数} = \frac{\sum N_i U_i}{\sum N_i} \quad [h/(户 \cdot 年)] \tag{4-26}$$

4. 用户平均停电持续时间指标（CAIDI）

用户平均停电持续时间指标（CAIDI，Customer Average Interruption Duration Index）是指一年中被停电的用户所遭受的平均停电持续时间。其可以用一年中用户遭受的停电持续时间总和除以该年停电用户总数来估计，即

$$CAIDI = \frac{用户断电的总户时数}{用户断电的总户次数} = \frac{\sum N_i U_i}{\sum \lambda_i N_i} \quad [h/(户 \cdot 年)] \tag{4-27}$$

5. 系统平均供电可用率指标（ASAI）

系统平均供电可用率指标（ASAI，Average Service Availability Index）是指一年中用户获得的不停电时间总数与用户要求的总供电时间之比。如果一年中用户要求的供电时间按全年 8760h 计，则系统平均供电可用率指标 ASAI 为

$$ASAI = \frac{用户用电小时数}{用户需要供电小时数} = \frac{8760\sum N_i - \sum U_i N_i}{8760\sum N_i} \tag{4-28}$$

6. 系统电量不足指标（ENSI）

系统电量不足指标（ENSI，Energy Not Service Index）是指系统中停电负荷的总停电量。其计算式为

$$ENSI = \sum L_{a(i)} U_i \quad (kW \cdot h/年) \tag{4-29}$$

式中 $L_{a(i)}$——连接在停电负荷点 i 的平均负荷，它等于负荷点 i 的年峰荷与负荷系数的乘积，kW。

4.4 配电网可靠性分析模型

串联和并联是配电网中设备之间最基本、最简单的连接关系。在配电网可靠性分析中，常利用网络图形的形式模拟设备或子系统的可靠性性能及其相互间的影响，这样可使可靠性的逻辑分析更为直观和简化。

4.4.1 串联系统的可靠性分析模型

系统中任何一个设备或元件失效均构成系统失效，只有当系统内全部元件都正常工作时系统才能工作，这样的系统称为串联系统。

设图 4-3 所示串联系统中第 j 个设备的停运率为 λ_j，配电网的平均停运率与等值停运时间分别为 λ_s、u_s，系统的故障修复时间为 γ_s，第 j 个设备的可靠度为 R_j，系统的可靠度为 R_s。

图 4-3 串联系统

每个设备的停运主要由故障或检修引起，因此单个设备的停运率为

$$\lambda_j = \lambda'_j + \lambda''_j \tag{4-30}$$

式中 λ'_j——配电网中第 j 个设备的故障率；

λ''_j——配电网中第 j 个设备的检修停运率。

配电网的平均停运率为

$$\lambda_s = \sum_j \lambda_j \tag{4-31}$$

配电网的平均停运时间为

$$u_s = \sum_j (\lambda'_j \gamma'_j + \lambda''_j \gamma''_j) \tag{4-32}$$

式中 γ'_j——配电网中第 j 个设备的平均故障修复时间；

γ''_j——配电网中第 j 个设备的检修持续时间。

配电网的故障修复时间为

$$\gamma_{\mathrm{s}} = \frac{\sum\limits_{j}\lambda_j\gamma_j}{\lambda_{\mathrm{s}}} \tag{4-33}$$

配电网的可靠度为

$$R_{\mathrm{s}} = \prod_J R_j \tag{4-34}$$

由以上公式可知，串联系统的可靠度比最低可靠度的设备的可靠度还要低。因此，在组成配电网时，应尽量简化线路，减少串联设备的个数，以提高系统供电的可靠性。

可修复设备的可用率 $A_j(t)$ 等于设备的修复率与修复率、故障率之和的比，即

$$A_j(t) = \frac{\mu_j}{\mu_j + \lambda_j} \tag{4-35}$$

串联系统的可用率 $A_{\mathrm{s}}(t)$ 为

$$A_{\mathrm{s}}(t) = \prod_J A_j(t) \tag{4-36}$$

4.4.2　并联系统的可靠性分析模型

由两个或两个以上设备或元件组成的系统，必须所有元件同时故障，系统才视为故障，只要其中任何一个设备或元件正常运行，系统仍能保持运行，这样的系统称为并联系统。对于并联配电结构，根据马尔可夫过程理论，可推导配电网的可靠性指标计算公式。

两个并联元件的计算公式为

$$\lambda_{\mathrm{p}} = \lambda_1\lambda_2(r_1 + r_2) \tag{4-37}$$

$$r_{\mathrm{p}} = \frac{r_1 r_2}{r_1 + r_2} \tag{4-38}$$

$$U_{\mathrm{p}} = \lambda_{\mathrm{p}}r_{\mathrm{p}} = \lambda_1\lambda_2 r_1 r_2 \tag{4-39}$$

式中　λ_{p}——系统负荷点的等效故障率，次/年；

　　　r_{p}——系统负荷点每次故障的等效故障修复时间，h/次；

　λ_1，λ_2——分别为元件 1、元件 2 的故障率，次/年；

　r_1，r_2——元件 1、元件 2 的故障修复时间，h/次；

　　　U_{p}——系统负荷点的不可用率，h/年。

图 4-4 所示并联系统的可靠度或故障率计算公式为

$$\lambda_{\mathrm{s}} = \prod_{j=1}^{J}\lambda_j\,\frac{\sum\limits_{j=1}^{J}u_j}{\prod\limits_{j=1}^{J}u_j} = \prod_{j=1}^{J}\lambda_j\,\frac{\sum\limits_{j=1}^{J}\dfrac{1}{\gamma_j}}{\prod\limits_{j=1}^{J}\dfrac{1}{\gamma_{jj}}} \tag{4-40}$$

$$u_{\mathrm{s}} = \lambda_{\mathrm{s}}\gamma_{\mathrm{s}} = \prod_{j=1}^{J}u_j \tag{4-41}$$

$$R_{\mathrm{s}} = 1 - \lambda_{\mathrm{s}} = 1 - \prod_J\lambda_j \tag{4-42}$$

式中　λ_{s}——并联系统的故障率；

　　　u_j——并联系统中第 j 个设备平均停运时间；

　　　λ_j——并联系统中 j 个设备的故障率；

　　　γ_j——并联系统中 j 个设备的故障修复时间。

相互独立的设备组成的并联系统可靠度，比系统中可

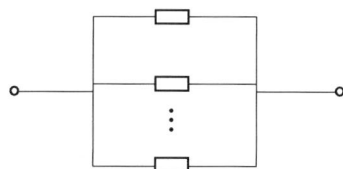

图 4-4　并联系统

靠度最高设备的可靠度还要高。并联系统中可修复设备的不可用度 $Q_j(t)$ 为

$$Q_j(t) = \frac{\lambda_j}{\lambda_j + \mu_j} \tag{4-43}$$

则并联系统的不可用度 $Q_s(t)$

$$Q_s(t) = \prod_j Q_j(t) \tag{4-44}$$

对于串—并联系统，可将其进行化简，逐步等效为串联或并联系统。对于非串—并联系统，可通过图论中最小割集法将非串—并联系统转化为串—并联系统。

4.5　配电网可靠性分析方法

配电网可靠性分析方法主要有两大类：解析分析方法与模拟分析方法。两者的根本区别在于获取系统随机状态及其概率值的方法不同。解析分析方法通过故障枚举来获得系统随机状态，通过解析计算获得系统随机状态发生的概率；而模拟分析方法通过随机抽样的方法获得系统随机状态，采用统计的方法以随机状态的频率来估算概率。

4.5.1　解析分析方法

解析分析方法是将设备或系统的寿命过程在假定条件下进行合理的理想化，然后通过建立可靠性数学模型，经过数值计算获得系统各项可靠性指标，其计算结果可信度高。其主要有故障模式后果分析法、网络建模法、状态空间法等。但是当系统规模大、结构复杂，并且一些假定条件不成立时，采用解析分析方法会比较困难，这时采用模拟分析方法可能更为方便和灵活。

1. 故障模式后果分析方法

故障模式后果分析方法（FMEA，Failure Mode and Effect Analysis）是配电网基本的可靠性分析方法，它是列出全部可能的故障模式，利用元件、设备的可靠性参数，将配电网的状态分为正常运行和故障状态两种；若系统发生故障，根据系统的结构和运行方式对系统所有的故障状态进行分析判别，得到系统的故障模式集合，进而进行可靠性指标计算。其步骤如下：

（1）列写出配电网络可能的故障事件。

（2）对每一个故障事件，进行配电网络的行为分析，形成配电网络的失效事件集。

（3）根据所形成的配电网络的失效事件集，结合元件的可靠性数据，累积形成配电网可靠性指标。

故障模式后果分析法原理简单、清晰、模型准确，已广泛用于辐射型配电网络的可靠性评估。具体评估流程框图如图 4-5 所示。

对带有复杂分支和复杂负荷分布的馈线系统，因为存在故障模式多，直接应用故障模式后果分析方法，会使计算量呈指数增加；与此同时，故障模式后果分析方法没有考虑到线路传输容量等

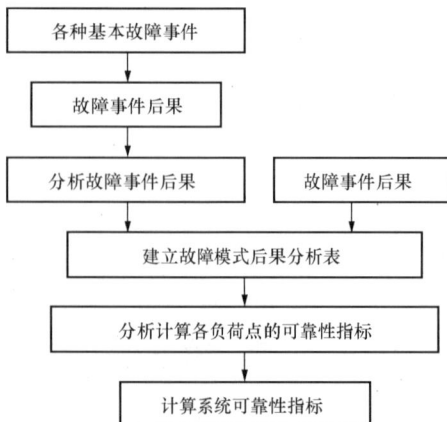

图 4-5　故障模式后果分析流程框图

因素的影响，直接使用该方法会使计算结果与实际有误差。

2. 状态空间分析方法

状态空间分析方法是根据系统的状态以及它们之间可能发生的转移，建立系统的状态空间模型，并进行求解得到系统的状态参数；然后根据系统故障判据，对各状态进行分类，计算某一类状态参数；最后得到系统可靠性指标。系统状态参数包含状态概率、状态频率和状态持续时间。

在分析配电网的可靠性问题时，许多电气设备的运行过程可用参数连续、状态空间离散的齐次马尔科夫过程来描述。在齐次马尔科夫随机过程中，设 $p_{ij}(\Delta t)$ 表示在时间间隔内过程由 i 状态转移到 j 的概率，$p_{ii}(\Delta t)$ 表示在 Δt 时间间隔内状态 i 不发生转移的概率，λ_{ij}、λ_i 为转移概率，由于齐次马尔科夫过程的随机变量呈指数分布，则有

$$\lambda_i = \lim_{\Delta t \to 0} \frac{1}{\Delta t} \sum_{j \neq i} p_{ij}(\Delta t) = \sum_{j \neq i} \lambda_{ij} \tag{4-45}$$

上式的物理意义表示，状态 i 的转移概率等于由它转向其他所有状态的转移率之和。

状态空间分析方法的应用是基于分析配电网的状态如何，如"一切运行正常"、"1 号设备发生故障"或"2 号设备发生故障"等。这种方法的应用重点是分析这些状态间的转换，如从"一切运行正常"状态转换为"1 号设备发生故障"状态的可能性，以及在什么条件下和需要多长时间这样的转换才能回复。因而该方法关注的是状态间的转换机制，而不只是状态本身，使用时需对系统可能所处的各种状态进行辨识和枚举。

在利用状态空间分析方法得到各参数后，一般可利用故障模式后果分析法求配电网的可靠性指标。

3. 网络等值分析方法

网络等值分析方法是一种较早应用到配电网可靠性计算的方法。它是将结构复杂的配电网，利用简化等值的方法，将配电网通过等值计算，简化为简单的辐射型配电网结构，从而达到简化计算复杂度的目的，然后利用故障模式后果分析法对简化后的配电网进行分析评估。

运行中的配电网一般都是由主馈线和连接于主馈线的众多分支构成，针对这种复杂的配电网，利用网络等值的方法将整体馈线简化等值为一般的辐射型配电结构。其基本思路是利用一个等效元件来替代一部分配电网络，将含有主馈线和副馈线的复杂结构的配电网络，逐步简化为简单辐射式主馈线系统。

4.5.2　模拟分析方法

模拟分析方法的主要代表是蒙特卡罗（Monte Carlo）模拟法，这是一种随机模拟（Random Simulation）方法。其基本思想是将系统中每台设备的概率参数在计算机上用随机数表示，建立一个概率模型或随机过程，使其参数为问题所要求的解；然后通过对模型或过程的观察或抽样试验来计算所求参数的统计特征；最后给出所求的可靠性指标近似值。与解析分析方法相比，模拟分析方法更加灵活和简单，它不受系统规模和复杂程度的限制。其不足之处在于计算时间与计算准确度的紧密相关性，为了获取准确度较高的可靠性指标，往往需要很长的计算时间。

按照是否考虑系统状态的时序性，采用蒙特卡罗模拟法预测评估配电网可靠性时，又分为蒙特卡罗非序贯模拟法和蒙特卡罗序贯模拟法，前者不考虑系统的时序性。

蒙特卡罗模拟法根据发生概率模拟随机事故，而不是预期事故，因此，这种方法允许用概率分布函数而不是预期值来模拟设备参数。蒙特卡罗模拟法可模拟复杂的系统特性和非互斥事件，并输出可能结果的分布而不是预期值。它的缺点是计算量大，准确度不够高，对同一系统的多次分析会产生彼此稍有不同的结果。

应用于蒙特卡罗模拟法时，随机模拟次数与系统规模无关，因此该方法很适合于对大型复杂配电网的可靠性进行预测评估，包括处理各种复杂因素，如相关负荷、共同模式故障以及各种运行控制策略。一般当网络规模比较大且电网结构比较薄弱时，应用蒙特卡罗模拟法比较有效。

4.6　配电网可靠性计算

针对不同的配电网结构，配电网可靠性计算的思路类似，简单辐射状配电网可直接采用解析分析方法进行计算，复杂配电网可通过网络等值法将其等效成简单辐射状配电网。

4.6.1　配电网基本结构

配电网中一种典型的辐射状馈线结构如图 4-6 所示。

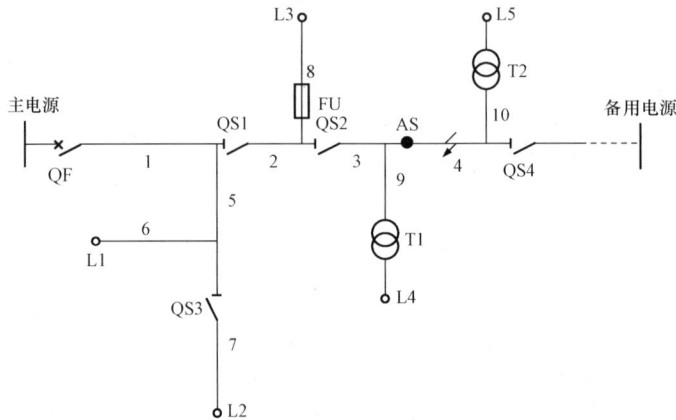

图 4-6　配电网辐射状馈线结构示意图

图 4-6 中，辐射状馈线主要由以下几部分构成：

（1）主干线馈线线段 1、2、3、4；

（2）分支线馈线段 5、6、7、8、9、10，变压器 T1、T2，其中分支线馈线段 6、7、8以及变压器 T1、T2 的末端分别与用户负荷 L1、L2、L3、L4、L5 相连。

（3）馈线首段装有断路器 QF，配有自动重合闸装置；主干线上装有具备过流脉冲计数功能的分段器 AS，具有自动计数功能，整定次数为两次。

（4）一级分支线 8 的首端装有分支线保护熔断器 FU。

（5）主干线和分支线上装有手动隔离开关 QS1、QS2、QS3。

（6）动合联络开关 QS4 与备用电源相连。

根据图 4-6 所示的典型结构可知，配电网中的主要元件有非开关元件和开关元件。非开关元件是指配电线路、变压器等不可开断元件；开关元件是指断路器、重合器、熔断器、隔离开关等可开断元件。

4.6.2　元件故障模式

故障（Failure）是指元件、设备、系统等不能或将不能完成规定功能的事件或状态，有时也可以称之为失效。

故障模式（Failure Mode）是故障的表现形式。在配电网可靠性分析中，故障模式是指配电网络中不同元件或元件组合发生的故障，分为非破坏性故障和破坏性故障两种。当元件发生非破坏性故障时，由于元件没有损坏，可以通过自动重合闸或人工操作予以解除，一般只造成瞬时或者暂时的停电，停电时间与元件的类型和人为工作方式有关。

故障影响（Failure Effect）是指元件的每一种故障模式对元件自身、其他元件以及系统功能、状态的影响。在配电网可靠性分析中，所关心的故障影响是元件的故障模式对负荷点及系统可靠性指标的影响。

4.6.3　配电网故障过程

当系统中发生非破坏性故障时，这类故障对元件没有危险，如雷击事件可能导致断路器断开或熔断器熔断，通过自动或手动合上断路器或者更换熔断器就可以恢复元件的运行。这类事件造成的停运与需要进行修复的元件故障对用户的影响有很大的不同。非破坏性故障进一步可分为靠自动操作而恢复供电的瞬时故障、靠手动操作或者更换熔断器而恢复供电的临时故障两类。瞬时故障的停运时间一般很短，而临时故障的停运时间比较长。由此可见，元件的非破坏性故障可能引起用户的瞬时停电或持续停电。但如果线上的自动重合闸装置能正确清除故障，非破坏性故障不会引起持续停电。

以图 4 - 6 中系统为例，对非破坏性故障过程描述如下：

（1）发生非破坏性故障；

（2）断路器 QF 快速动作，开断故障电流；

（3）经过一段延时后，QF 第一次重合，假设此时该故障已消失，则恢复正常运行。

这次故障使得全部负荷点都经历一次瞬时停电。

破坏性故障又称永久性故障，它是指故障将造成元件破坏，必须对元件进行修复后系统才能恢复运行。

下面以图 4 - 6 中系统为例，对破坏性故障描述如下：

（1）线路 4 发生破坏性故障；

（2）断路器 QF 快速开断，分段器 AS 记数一次；

（3）经一段延时后，QF 第一次重合后，由于故障电流仍然存在，QF 再次开断，分段器 AS 记数两次；

（4）AS 达到整定次数开断，隔离故障段；

（5）在经过一段延时，QF 第二次重合成功。

这次故障使得负荷 L1～L4 经历两次瞬时停电，L5 经历一次持续性停电，停电时间为线路 4 的修复时间。由此可见，元件的破坏性故障可能引起用户的瞬时停电或持续停电。

4.6.4　配电网可靠性计算实例

【例 4 - 1】　某一配电网从六段母线引出 6 条主馈电线，共有 55 000 户用户，每条馈线供电的用户数及某年的用户停电数据见表 4 - 2、表 4 - 3。试计算系统的各项可靠性指标。

表 4 - 2　　　　　　　　　　　　　　　　[例 4 - 1] 配电网数据

母　　线	从母线引出的馈电线供电用户数（户）
A	5000
B	15 000
C	10 000
D	10 000
E	7000
F	8000
总计	55 000

表 4 - 3　　　　　　　　　　　　　　　　[例 4 - 1] 用户停电数据

停电情况	用户停电次数		停电持续时间（h）
1	A	5000	1.0
	D	1000	0.2
2	C	5000	2.0
3	B	4000	0.5
4	D	2000	1.75
总的用户停电次数	17 000		
受停电影响的用户数	16 000		

解　根据表 4 - 2、表 4 - 3 的数据可计算出该配电网的各项可靠性指标，即

$$SAIFI = \frac{17\ 000}{55\ 000} = 0.31[次/(用户·年)]$$

$$CAIFI = \frac{17\ 000}{16\ 000} = 1.06[次/(用户·年)]$$

$$SAIDI = \frac{1\ 242\ 000}{55\ 000} = 22.58[min/(用户·年)]$$

$$CAIDI = \frac{1\ 242\ 000}{16\ 000} = 77.63[min/(用户·年)]$$

$$ASAI = \frac{55\ 000 \times 8769 - 1\ 242\ 000}{55\ 000 \times 8760} \times 100\% = 99.9957\%$$

【**例 4 - 2**】　如图 4 - 7 所示配电网，元件可靠性指标和负荷点参数见表 4 - 4 和表 4 - 5。同时有如下条件：①配电变电站母线及断路器 QF 完全可靠；②隔离开关 QS1～QS4 全部为

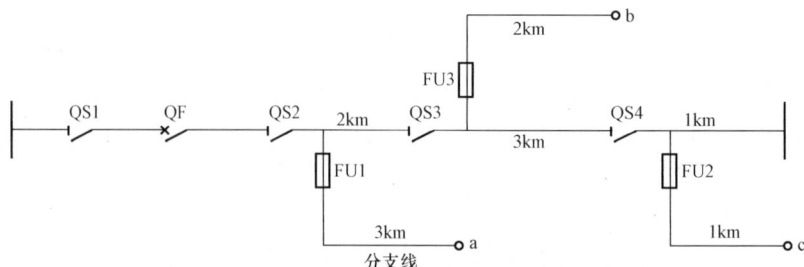

图 4 - 7　某简单辐射状主馈线配电网

闭合状态；③某一部分发生故障时，可以手动操作隔离开关，断开故障部分（进行检修），使系统（正常部分）恢复供电，隔离开关操作时间为 0.5h。试计算系统的各项可靠性指标。

表 4 - 4　　　　　　　　　　　　　　　　元 件 可 靠 性 指 标

元　　　件	故障率 $\lambda_i/[$次 $/$（km·年）$]$	平均修复时间 r_i(h)
供电干线	0.1	3
分支线	0.25	1

表 4 - 5　　　　　　　　　　　　　　　　负 荷 点 参 数

负荷点位置	负荷点的户数（户）	负荷大小（kW）
a	250	1000
b	100	400
c	50	100

解　（1）先对负荷点 a 进行可靠性指标计算。因为系统中的隔离开关都是闭合的，可以认为干线与负荷 a 串联，则有

$$\lambda_a = 0.1 \times 2 + 0.1 \times 3 + 0.1 \times 1 + 0.25 \times 3 = 0.2 + 0.3 + 0.1 + 0.75$$
$$= 1.35（次 / 年）$$

a 点的平均停电时间为

$$U_a = 0.1 \times 2 \times 3 + 0.1 \times 3 \times 0.5 + 0.1 \times 1 \times 0.5 + 0.25 \times 3 \times 1.0$$
$$= 1.55（小时 / 年）$$

a 点的故障修复时间（故障平均停电时间）为

$$r_a = \frac{U_a}{\lambda_a} = \frac{1.55}{1.35} = 1.15（小时 / 次）$$

综合可得 a 点可靠性指标为

$$\begin{cases} \lambda_a = 1.35（次 / 年） \\ U_a = 1.55（h/ 年） \\ r_a = 1.15（h/ 次） \end{cases}$$

（2）同理，b 点、c 点的可靠性指标为

$$\begin{cases} \lambda_b = 1.1（次 / 年） \\ U_b = 2.05（h/ 年），\\ r_b = 1.86（h/ 次） \end{cases} \quad \begin{cases} \lambda_c = 0.85（次 / 年） \\ U_c = 2.05（h/ 年） \\ r_c = 2.41（h/ 次） \end{cases}$$

（3）系统可靠性指标计算。

用户全年总停电次数为

$$250 \times 1.35 + 100 \times 1.1 + 50 \times 0.85 = 490（次 / 年）$$

用户总停电持续时间为

$$250 \times 1.55 + 100 \times 2.05 + 50 \times 2.05 = 695（h·户）$$

总用户为

$$250 + 100 + 50 = 400（户）$$

1）系统平均停电频率指标为

$$SAEFI = \frac{用户总停电次数}{总用户数} = \frac{490}{400} = 1.23[次/(用户 \cdot 年)]$$

2）用户平均停电频率指标为

$$CAIFI = \frac{用户总停电次数}{受停电影响的总用户数} = \frac{490}{400} = 1.23[次/(停电用户 \cdot 年)]$$

3）系统平均停电持续时间为

$$SAIDI = \frac{用户停电持续时间的总和}{总用户数} = \frac{695}{400} = 1.74[h/(用户 \cdot 年)]$$

4）用户平均停电持续时间指标为

$$CAIDI = \frac{用户停电持续时间的总和}{用户总停电次数} = \frac{695}{495} = 1.42[h/(停电用户 \cdot 年)]$$

5）平均供电可用率指标为

$$ASAI = \frac{用户总供电小时数}{用户需要供电小时数} = \frac{400 \times 8760 - 695}{400 \times 8760} = 0.999\,802$$

6）平均供电不可用率指标为

$$ASUI = 1 - 0.999\,802 = 0.000\,198$$

7）电量不足指标为

$$ENS = 1000 \times 1.55 + 400 \times 2.05 + 100 \times 2.05 = 2575(kW \cdot h)$$

8）平均系统缺电指标为

$$AENS = \frac{总的电量不足}{总用户数} = \frac{2575}{400} = 6.4375(kW \cdot h/用户)$$

【例 4 - 3】　某配电网结构如图 4 - 8 所示。图中，W1、W2 分别为 10kV 母线，QF1 和 QF2 分别为两条供电干线的断路器，FU1～FU5 均为供电分支线上的熔断器，QS1～QS8 均为隔离开关，a～e 为负荷点。除了两条供电干线之间的联络开关 QS8 为断开状态外，全部隔离开关为闭合状态。元件可靠性指标和负荷点参数见表 4 - 6。试计算系统的各项可靠性指标。

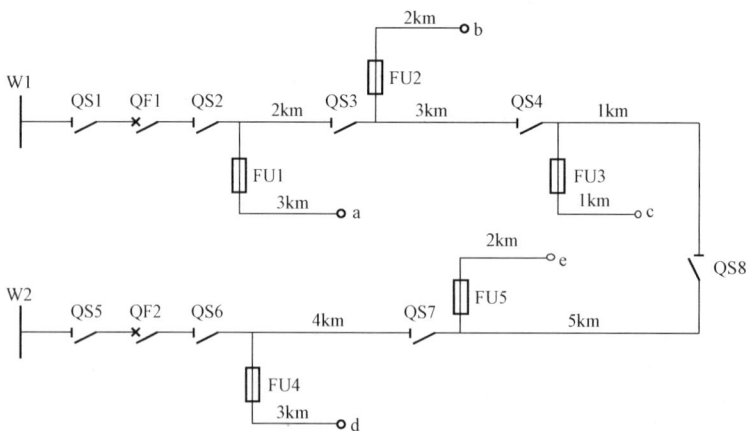

图 4 - 8　［例 4 - 3］配电网结构图

表 4 - 6　　　　　　　　　配电网的数据及设备可靠性指标

设备名称	故障率 [次/(km·年)]	平均修复时间 (h)	隔离开关手动 操作时间 (h)	负荷点供电的 用户数 (户)	负荷点年负荷 峰值 (kW)
供电干线 1	0.1	3.0			
分支线	0.25	1.0			
QS3、QS4			0.5		
负荷点 a				250	1000
负荷点 b				100	400
负荷点 c				50	100
QS8			1.0		
供电干线 2	0.1	3.0			
分支线	0.25	1.0			
QS6、QS7			0.5		
负荷点 d				200	800
负荷点 e				100	500

解　（1）系统没有备用电源，即当供电干线 1 或供电干线 2 发生故障停电时，隔离开关 QS8 没有合上时各负荷点的计算结果见表 4 - 7、表 4 - 8。

表 4 - 7　　　　　　　没有备用电源作用时的负荷点 a、b、c 可靠性指标

设备名称		负荷点 a			负荷点 b			负荷点 c		
		λ(次/年)	r(h)	U(h/年)	λ(次/年)	r(h)	U(h/年)	λ(次/年)	r(h)	U(h/年)
供电干线 1	2km 段	0.2	3.0	0.6	0.2	3.0	0.6	0.2	3.0	0.6
	3km 段	0.3	0.5	0.15	0.3	3.0	0.9	0.3	3.0	0.9
	1km 段	0.1	0.5	0.05	0.1	0.5	0.05	0.1	3.0	0.3
分支线	3km 段	0.75	1.0	0.75						
	2km 段				0.5	1.0	0.5			
	1km 段							0.25	1.0	0.25
总　计		1.35	1.15	1.55	1.1	1.86	2.05	0.85	2.41	2.05

表 4 - 8　　　　　　　没有备用电源作用时的负荷点 d、e 可靠性指标

设备名称		负荷点 d			负荷点 e		
		λ(次/年)	r(h)	U(h/年)	λ(次/年)	r(h)	U(h/年)
供电干线 2	4km 段	0.4	3.0	1.2	0.4	3.0	1.2
	5km 段	0.5	0.5	0.25	0.5	3.0	1.5
分支线	3km 段	0.75	1.0	0.75			
	2km 段				0.5	1.0	0.5
总　计		1.65	1.33	2.2	1.4	2.29	3.2

负荷点 a 的故障率为

$$\lambda = 0.2 + 0.3 + 0.1 + 0.75 = 1.35(次／年)$$

负荷点 a 的每次故障平均停电时间为

$$r = \frac{1}{1.35} \times (0.2 \times 0.3 + 0.3 \times 0.5 + 0.1 \times 0.5 + 0.75 \times 1.0) = 1.15(\text{h}/次)$$

负荷点 a 的平均年停运时间为

$$U = \lambda r = 1.35 \times 1.15 = 1.55(\text{h}/年)$$

其他负荷点的可靠性指标可按类似方法计算。

$$\sum \lambda_i N_i = 250 \times 1.35 + 100 \times 1.1 + 200 \times 1.65 + 50 \times 0.85 + 100 \times 1.4$$
$$= 960(次／年)$$

$$\sum N_i U_i = 250 \times 1.55 + 100 \times 2.05 + 50 \times 2.05 + 200 \times 2.2 + 100 \times 3.2$$
$$= 1455(户 \cdot \text{h})$$

因此，配电网的可靠性指标为

$$SAIFI = 960/700 = 1.37[次／(户 \cdot 年)]$$
$$SAIDI = 1455/700 = 2.08[\text{h}/(户 \cdot 年)]$$
$$CAIDI = 1455/960 = 1.52[\text{h}/(户 \cdot 年)]$$
$$ASAI = \frac{700 \times 8760 - 1455}{700 \times 8760} \times 100\% = 99.9763\%$$

$$ENSI = (1000 \times 1.55 + 400 \times 2.05 + 100 \times 2.05 + 800 \times 2.2 + 500 \times 3.2) \times 0.75$$
$$= 4451.3[(\text{kW} \cdot \text{h})／年]$$

（2）系统有手动备用电源，即当供电干线 1 或供电干线 2 发生故障停电，隔离开关 QS8 采用手动方式投入备用电源以恢复对供电干线 2 或 1 上部分负荷的供电时。如当干线 2km 段故障时，负荷点 b、c 均可以由备用电源供电，停电时间是拉 QS3 与合 QS8 的时间为 1h，负荷点 a 需待该段修复后才能恢复供电，时间为 3h；干线 4km 段故障时，负荷点 e 可以由备用电源供电，停电时间是拉 QS7 与合 QS8 的时间，为 1h。各负荷点的计算结果见表 4-9、表 4-10。

表 4-9　　　　　　　　手动投入备用电源时的负荷点 a、b、c 可靠性指标

设备名称		负荷点 a			负荷点 b			负荷点 c		
		λ(次/年)	r(h)	U(h/年)	λ(次/年)	r(h)	U(h/年)	λ(次/年)	r(h)	U(h/年)
供电干线 1	2km 段	0.2	3.0	0.6	0.2	1.0	0.2	0.2	1.0	0.2
	3km 段	0.3	0.5	0.15	0.3	3.0	0.9	0.3	1.0	0.3
	1km 段	0.1	0.5	0.05	0.1	0.5	0.05	0.1	3.0	0.3
分支线	3km 段	0.75	1.0	0.75						
	2km 段				0.5	1.0	0.5			
	1km 段							0.25	1.0	0.25
总　计		1.35	1.15	1.55	1.1	1.5	1.65	0.85	1.24	1.05

表 4 - 10 手动投入备用电源时的负荷点 d、e 可靠性指标

设备名称		负荷点 d			负荷点 e		
		λ(次/年)	r(h)	U(h/年)	λ(次/年)	r(h)	U(h/年)
供电干线 2	4km 段	0.4	3.0	1.2	0.4	1.0	0.4
	5km 段	0.5	0.5	0.25	0.5	3.0	1.5
分支线	3km 段	0.75	1.0	0.75			
	2km 段				0.5	1.0	0.5
总　计		1.65	1.33	2.2	1.4	1.71	2.4

根据表 4 - 9、表 4 - 10 可计算出，当有备用电源且是手工方式时，配电网的可靠性指标为

$$\sum \lambda_i N_i = 250 \times 1.35 + 100 \times 1.1 + 200 \times 1.65 + 50 \times 0.85 + 100 \times 1.4$$
$$= 960(\text{次}/\text{年})$$

$$\sum N_i U_i = 250 \times 1.55 + 100 \times 1.65 + 50 \times 1.05 + 200 \times 2.2 + 100 \times 2.4$$
$$= 1285(\text{户} \cdot \text{h})$$

$$SAIFI = 960/700 = 1.37[\text{次}/(\text{户} \cdot \text{年})]$$
$$SAIDI = 1285/700 = 1.84[\text{h}/(\text{户} \cdot \text{年})]$$
$$CAIDI = 1285/960 = 1.34[\text{h}/(\text{户} \cdot \text{年})]$$
$$ASAI = \frac{700 \times 8760 - 1285}{700 \times 8760} \times 100\% = 99.9790\%$$

$$ENSI = (1000 \times 1.55 + 400 \times 1.65 + 100 \times 1.05 + 800 \times 2.2 + 500 \times 2.4) \times 0.75$$
$$= 3956.3[(\text{kW} \cdot \text{h})/\text{年}]$$

依次类推，可计算出当备用电源采用半自动化方式和全自动化投入方式时，该配电网的各项可靠性指标。将四种情况下 5 个负荷点指标和系统指标进行对比，见表 4 - 11。

表 4 - 11 不同方式的可靠性指标对比

指　标		配 电 方 式			
		无备用电源	手动备用电源	半自动投入备用电源	全自动投入备用电源
负荷点 a	λ(次/年)	1.35	1.35	1.35	1.35
	r(h)	1.15	1.15	1.15	1.15
	U(h/年)	1.55	1.55	1.55	1.55
负荷点 b	λ(次/年)	1.1	1.1	1.1	1.1
	r(h)	1.86	1.5	1.41	1.33
	U(h/年)	2.05	1.65	1.55	1.46
负荷点 c	λ(次/年)	0.85	0.85	0.85	0.85
	r(h)	2.41	1.24	0.94	0.68
	U(h/年)	2.05	1.05	0.8	0.575
负荷点 d	λ(次/年)	1.65	1.65	1.65	1.65
	r(h)	1.33	1.33	1.33	1.33
	U(h/年)	2.2	2.2	2.2	2.2

续表

指　　标		配　电　方　式			
		无备用电源	手动备用电源	半自动投入备用电源	全自动投入备用电源
负荷点 e	λ(次/年)	1.4	1.4	1.4	1.4
	r(h)	2.29	1.71	1.57	1.44
	U(h/年)	3.2	2.4	2.2	2.02
配电系统	SAIFI	1.37	1.37	1.37	1.37
	SAIDI	2.08	1.84	1.78	1.72
	ASAI	99.9763	99.9790	99.9797	99.9804
	ENSI	4451.3	3956.3	3832.5	3721.1
	CAIDI	1.52	1.34	1.29	1.25

从表 4-11 可看出，当供电系统有备用电源时，对因供电干线故障而造成停电的部分负荷，由于可以通过投入备用电源恢复供电，则一些负荷点的可靠性指标得到了改善，并且可以看出，备用电源采取何种投入方式对配电网的可靠性也有较大影响。

以上示例采用了手工计算，而对于规模较大、结构比较复杂的配电网是难以靠手工计算来完成可靠性指标预测工作的，其中需要涉及对多种运行方式的考虑，预想故障的仿真、搜索可以转移的负荷路径、潮流是否会过载的分析等，因而必须借助于计算机技术来进行。

4.7　提高配电网可靠性的措施

要改善和提高配电网可靠性，所采取的措施主要：防止故障的措施，改善网架结构，提高系统裕度，加速故障探测及故障修复，缩短停电时间，尽早恢复送电等。

4.7.1　反外力损坏，防止故障发生

由于配电网使用的设备面广而分散，容易受到自然现象和周围环境的影响，故障所涉及的原因是多种多样的。因此，根据其故障的现象，分析产生故障的根本原因，实施必要的对策措施，防止故障于未然，是提高配电网可靠性最基本的方法。

在配电网中由雷击线路跳闸、树枝碰线、吊车碰线、线路覆冰、误挖掘等外力损坏（简称外损）因素所造成的配电网故障停电，占事故总停电的比例相当大。

因此，为提高配电网可靠性，供电企业应积极做好反外损工作，使外损事故降到最低限度。

1. 防止他物接触故障的措施

（1）防止支持物因外力冲击而损坏或折断，一般可使用加强型的杆塔。

（2）在低压架空线路树枝碰线预防方面，全面推广使用架空绝缘导线，以减少中、低压系统树枝碰线、异物短路等外损事件。

（3）为了防止导线振荡而造成接触事故，可使用实心棒式绝缘子代替悬式绝缘子串。

（4）为了防止他物接触电气设备，可以安装密封型设备，或采用户内式设备。

（5）对于连接点等带电的裸露部分，可根据具体设备的情况，采用鸟兽防护罩、孔洞密封、加装 H 型混凝土盖板等措施。

2. 防止雷击故障的措施

（1）为了防止雷电损坏，对于支持物可采用预应力混凝土架构，避免使用木结构。对于导线可安装保护环，使用大片长间隙的绝缘子，提高绝缘水平。

（2）对 35kV 全线架设架空避雷线，以提高线路雷击跳闸重合成功率。

（3）为了减轻雷击故障的影响，可安装必要的雷电观测装置。

3. 防止化学污染及盐尘的措施

这主要是针对化工厂、重工业区及沿海的化学尘埃及盐尘而采取的措施。其目的在于减少或消除化学污染和盐尘，防止泄漏电流的损害。比如，使用预应力混凝土杆，防止泄漏电流的烧伤，使用耐漏泄电流痕迹的绝缘导线，安装耐酸碱盐的线路护套，采用封闭式元件或户内式设备，安装耐酸碱盐的避雷器，注意防止线路绝缘子因污染在大雾情况下出现大面积污闪放电事故等。

4. 防止风雨、水灾、冰雪害的措施

为了减少或防止因风雨、水灾、冰雪等引起的损害，可根据各地区风速、积雪、水情等气象环境条件的不同，采取以下措施：使用加强型杆塔、大截面的导线，使用难以积雪的导线或导线防雪装置，使用实心棒式绝缘子，缩短档距，加大导线横担间距和导线间距，对构架进行监测等。

5. 防止自然劣化故障的措施

虽然由于自然劣化而引起的配电设备器材的故障事件并不多见，但是由腐蚀、锈蚀、老化而导致强度和绝缘损伤的情况依然存在。为了预防此类自然劣化，一般对于架构多采用预应力混凝土杆塔，导线采用交联聚乙烯护套的电线和电缆，油浸设备采用密封型或者无油型，金具采用油漆或电镀等措施。此外，目前还广泛采用设备劣化诊断技术，如利用红外线敏感元件进行导线主接部分的过热诊断，通过局部放电测量对电缆进行劣化诊断，利用电晕、噪声进行无线电探伤等。

6. 防止因人为过失而造成故障的措施

随着城市建设的不断发展，建筑工程和土木工程日益增多。据统计，配电线路的接触损坏事故大多与施工机械设备的操作及地面开挖作业有关。对于这些所谓因人为过失而造成事故或故障，必须采取以下的措施：

（1）参与制定有关防建筑灾害事故的规定和条例，并根据供电安全的有关规定，对施工单位的用电安全及有关规定、条例的执行情况进行监督检查。

（2）安装电缆保护管，并对地下及水下电缆管路建立"埋设位置标示牌"，对可能被车辆碰撞的杆塔支柱或电缆上架构的部位采取防护措施。

（3）加强线路的巡视和检查。

（4）加强与有埋设作业的企业（如煤气公司、自来水公司等）之间的相互协商与配合。

（5）要求施工单位在施工前通过图纸和实地调查，确认施工作业区是否接近或通过电缆地下埋设路线，施工机具是否会碰及架空线路，并做好施工前的处理。

4.7.2 加强"坚强电网"建设，改善系统可靠度

"坚强电网"是提高配电网可靠性的基础，也是根本保证。

1. 改善配电网的网架结构

过去我国 10kV 配电网络，主要以放射性网络为主，这样当变电站内的断路器、继电保

护等设备停电检修时，对用户的供电必然造成很大影响。因此，要改善 10kV 配电网络结构，建立双回路供电、环形回路供电及多分割多联络的网格供电；采取合理布置电源、确保双电源配置、缩短供电半径等措施，增加 10kV 配电网操作灵活性、负荷转移快速性。

2. 提高配电设施供电的充裕度

加强 10kV 配电线路之间的联络，增强切换能力，提高可以实施解、合环和解并操作的可用度，以达到提高地区间或网络间转移负荷的实际能力，从而进一步减小变电站内设备和 10kV 线路实施计划停役、进行电气试验、继保校验和维护检修时对用户停电的影响。

3. 确保配电网设备的装备水平

选用质量好、寿命长、免维修或少维修的设备。例如，广泛采用真空断路器，推广开关柜、封闭式电器、环网柜以及各种预装式变电站等；10kV 架空线路导线绝缘化，10kV 电缆采用交联聚乙烯代替油纸电缆等。

4.7.3 提高运行操作及技术服务水平，减少停电时间

1. 带电作业

带电作业是提高供电可靠性的重要途径。近几年配电网带电作业得到了大力推广，通过建立带电作业教育基地，组织带电作业技术培训，配置先进带电作业工器具，开发带电作业新项目，带电作业技术正在不断发展和完善。

在带电作业的方式中，采用高架绝缘臂斗车是最常用的方式。可采用绝缘手套和绝缘杆等绝缘工具进行操作，在高压和超高压输电线路上采用绝缘绳梯等电位作业法。还有采用直升机实施带电作业，现在国外配电线路上已开始采用机器人实施带电作业。国内首台高压（10kV）带电作业机器人于 2002 年 11 月由山东省电力试验研究院等有关单位研制成功，较好地解决了带电作业安全问题。

2. 用户不停电作业

用户不停电作业是指当变电站、电气设备进行维护、检修、技改等工作时，采取各种有效的措施不影响用户用电的施工作业方法。用户不停电作业的主要方法有：

（1）带电作业。采用上述带电作业的各种方法直接在带电的设备上进行工作，处理缺陷，不中断供电进行更换故障设备，带电拆、搭接头。

（2）中、低压施工设备旁路作业法。利用临时安装的开关设备和线路（一般为轻型可卷绕式电缆）将需要施工停役的部分旁路，仅施工的设备停电外，并不影响用户供电。而且如有因施工而停电的部分用户，通常可用其他临时供电或采用发电车供电等方法解决用户用电。

配电网线路需要停役检修时，如配电网的网络联络较强能够通过不影响用户用电的调整操作，可实施配电网络重构，仅使需要停役的线路停电。

3. 设备状态维修

设备状态维修是根据先进的状态监测和诊断技术提供的设备状态信息，判断设备的异常，预知设备的故障，在故障发生前进行检修的方式，即根据设备的健康状态来安排检修计划，实施设备检修。这是以提高用户供电可靠性为中心的一种检修方式，按照"应修必修，修必修好"的原则，达到提高用户供电可靠性、降低供电成本，取得整体经济效益和社会效益的目标。

设备状态维修中，设备状态监测尤其是带电在线监测和运行工况测试，以及科学的分析

诊断技术是设备状态维修的关键部分。同时加强设备运行工况（含缺陷、故障等）的数理统计工作，也是合理选择和延长检修周期，搞好设备状态维修的重要依据。

我国供电企业长期以来一直执行比较单一的、以时间周期为基础的"定期维修"制度，比较多的考虑了共性而又较少地考虑个性，很难适应数量众多的设备各自的个性化要求，是一种粗放型的管理方式。这容易造成"维修过剩"或"维修不足"，且主要表现在"维修过剩"方面，把大量运行状态良好还不需要维修的设备也停电维修，不仅造成了人力、物力和财力的浪费，而且也影响到用户供电可靠性。

状态维修要求在普遍掌握所有设备健康状况的基础上，确定某些应该尽快进行维修的设备，进而及时地对其进行适度地维修。

4.7.4　实施配电自动化技术，缩短停电时间

配电自动化是利用现代计算机技术、自动控制技术、数据通信以及信息管理技术，将配电网的实时运行、电网结构、设备、用户以及地理图形等信息进行集成，通过配电网运行监控及管理的自动化和信息化，实施配电网正常运行及事故情况下远方监测、保护、控制、故障隔离、网络重构以及需求侧管理等功能。其目的是为了提高供电可靠性，改善供电质量和服务质量，优化电网操作，提高供电企业经济效益和管理水平。

配电自动化功能可分为两部分：把配电网实时监控、自动故障隔离及恢复供电、负荷管理等功能，称为配电网运行自动化功能；把离线的或非实时的设备管理、停电管理、用电管理等功能，称为配电网管理自动化功能。

配电网自动化系统对于提高电网供电可靠率的作用，主要体现在故障停电的快速恢复供电。当配电网发生事故停电后，能够及时判断故障，缩小故障范围，加快系统故障处理过程，尽快恢复正常供电，因此主要对供电可靠率中"故障停电"部分起作用，而对"预安排停电"部分起作用不大。一般来说，当配电网供电可靠率高于99.99％以后，此时如果再想将其进一步提高，如果没有配电自动化系统的支持是很难达到的。

4.7.5　采用备用电源自动投入装置

备用电源自动投入装置是配电系统故障或其他原因使工作电源被断开后，能迅速将备用电源或备用设备或其他正常工作的电源自动投入工作，使原来工作电源被断开的用户能迅速恢复供电的一种自动控制装置。采用备用电源自动投入装置可使得用户尽量避免停电，并缩短了停电时间，是保证配电网供电可靠性的重要措施。

备用电源自动投入装置主要用于110kV 以下配电变电站中，该类变电站主要采用单母线分段的主接线方式，如图 4-9 所示。图中，1 号主变压器、2 号主变压器同时运行，1QF、2QF 闭合，3QF 断开，1 号主变压器和 2 号主变压器互为备用电源，此方案是"暗备用"接线方案。

（1）1 号主变压器故障，保护跳

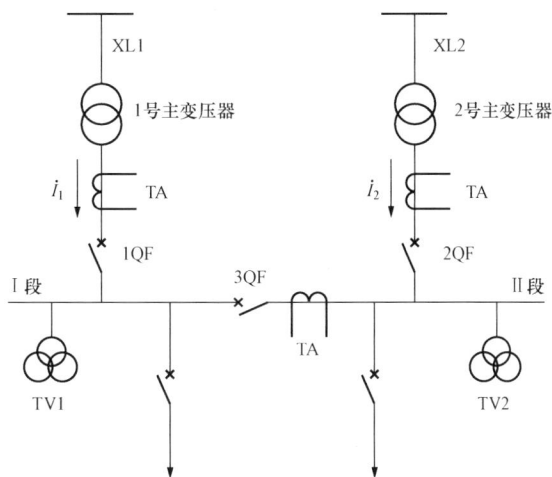

图 4-9　低压母线分段断路器自动投入方案主接线

开 1QF；或者 1 号主变压器高压侧失压，均引起Ⅰ段母线失压，I_1 为零，Ⅱ段母线有电压。

    备用电源自动投入的条件是：Ⅰ段母线失压，Ⅰ段母线进线无电流 I_1，Ⅱ段母线有电压，1QF 已跳开，备用电源自动投入装置动作，合上 3QF。

    （2）当发生与上述自动投入方式 1 相类似的原因，2 号主变压器故障，保护跳开 2QF；或者 2 号主变压器高压侧失压，Ⅱ段母线失压。

    备用电源自动投入条件是：Ⅱ段母线失压、Ⅱ段母线进线无电流 I_2、Ⅰ段母线有电压，2QF 确实已跳开，备用电源自动装置动作，合上 3QF。

第5章 配电网的电能损耗

电能被传送到用户的用电设备做功的同时，在发、输、变、配电设备内部均产生电能损耗。尽管这些电能损耗是不可避免的，但却可以通过有关的管理措施和技术措施，使之保持在一个合理的水平上。配电网生产部门有责任努力使实际电能损耗达到合理水平，并在损耗高于合理水平时，采取措施降低损耗。为此，国家电网公司制定了《电力网电能损耗管理规定》，用于指导和规范基层电网生产企业对电能损耗的管理。

5.1 概　　述

5.1.1 电能损耗与线损率

电网的电能损耗率是国家考核电力部门的一项重要经济指标，也是象征电力系统规划设计水平、生产技术水平和经营管理水平的一项综合性技术经济指标。

一个供电地区或电网在给定时段（日、月、季、年）内，输电、变电、配电各环节中所损耗的全部电量称为线路损耗电量，简称线损电量或线损。线损电量中的一部分，虽然可以通过理论计算来确定，或用特制的测量线损的表计来计量，但它的全量却无法准确得知。因此，线损电量通常是根据电能表所计量的总"供电量"和总"售电量"相减得出。也就是说，线损是个余量，它的准确度取决于计量供电量和售电量的电能计量系统的准确度，以及对用户售电量科学合理的抄录和统计制度。

线损电量占供电量的百分比称为线路损耗率，简称线损率。其计算式为

$$线损率 = \frac{总供电量 - 总售电量}{总供电量} \times 100\% \qquad (5-1)$$

所谓总供电量，是指发电厂、供电地区或电网向用户供出的电量，其中包括输送和分配电能过程中的线损电量。其计算式为

$$A_g = A_f + A_r - A_y - A_{ch} \qquad (5-2)$$

式中　A_g——供电地区或电网的总供电量，$kW \cdot h$；

A_f——本地区或本网内发电厂的发电量，一般规定为发电厂出线侧的上网电量，$kW \cdot h$；

A_r——从其他电网输入的电量（包括购入电量），主要指高于本供电区域管理的电压等级的电网输入电量，$kW \cdot h$；

A_y——发电厂厂用电量，$kW \cdot h$；

A_{ch}——向其他电力网输出的电量，$kW \cdot h$。

总售电量是指电力企业卖给用户的电量和电力企业供给本企业非电力生产（如基本建设部门等）用的电量。对本企业的非电力生产单位，都应作为用户看待；凡不属于站用电的其他用电，均由当地供电部门装表收费。所以，供电地区或电网的总售电量等于用户电能表计量的总和。

5.1.2 电能损耗的分类

1. 按能否进行理论计算的分类

(1) 难以计算的不明损耗。这类损耗可分为不明管理损耗和不明技术损耗。它主要包括：计量装置误差、表计接线错误、计量装置故障、电压互感器二次回路压降造成的计量误差，线路绝缘不良引起的泄漏损耗、设备接地或短路故障的电能损耗，用电营业工作中漏抄、漏计、错算及倍率算错以及用户窃电等。

(2) 可以计算的技术损耗。这类损耗可以通过理论计算求得其数值，也称为理论线损。它可分为电阻发热损耗、介质磁化损耗、介质极化损耗及电晕损耗等。

2. 可计算技术损耗分类

(1) 空载损耗，又称固定损耗。这种损耗与电网元件通过的电流无关但与电网元件所承受的电压有关。

(2) 负载损耗，又称为可变损耗。它与电网元件中通过的负荷功率或电流的平方成正比。

3. 按不同的电网元件分类

按不同的电网元件分类，电能损耗可分为线路损耗、变压器损耗和其他电网元件损耗三大类。

线路损耗可分为架空线路损耗和电缆线路损耗两大类。架空线路损耗又可分为输电线路、配电线路和低压线路的损耗。电缆线路损耗又可分为三相电缆损耗和单相电缆损耗两种。

变压器损耗可分为主变压器损耗和配电变压器损耗两类。主变压器损耗又可分为双绕组变压器的损耗和三绕组变压器的损耗。

其他电网元件损耗包括无功补偿设备、电抗器、互感器、开关设备及测量仪表的损耗。

5.1.3 统计线损和理论线损

实际在线损管理中，通常使用频度最高的量是统计线损率，而统计线损率电量是由余量法得到的。因此，在统计线损电量中除技术线损外还包括其他不明损耗等。统计线损来源于从电能计量装置上读取的电量数值和读取数值的时间，全部供电关口电能计量装置读数之和为总供电量，全部用户电能计量装置之和为售电量。影响统计线损准确度的主要因素有：供电关口电能计量装置和用户计费电能计量装置的完整性、正确性和准确度，抄表的同时性，漏抄、错抄及窃电等。

根据输、变、配电设备参数和负荷电流计算出的线损是理论线损。按电网电能损耗管理规定，35kV 及以上系统每年进行一次理论线损计算，10kV 及以下至少每两年进行一次理论线损计算。当电网结构发生大的改变时，要增加理论线损计算。影响理论线损计算值准确度的主要因素有电网运行方式、负荷变化、运行电压的变化等。

线损统计值和理论计算值都是线损管理所必须获得的数值，因为线损统计值是电能计量装置的实测结果，所以它是考核年、季、月度线损指标完成情况的依据。而理论计算值则是确定线损指标的依据之一，并且是衡量线损技术水平和管理水平的重要参考数据。前面已经说明了影响统计线损和理论线损的主要因素，可以看到这些因素是很复杂的。如果能够掌握和控制这些主要因素，使线损统计值和理论计算值都比较准确，那么这两个值将很接近。掌握和控制这些主要因素的关键在于线损管理的水平，当管理水平不高时两种线损值都不会准确，且往往有较大差别。相对而言，线损理论计算值的影响因素涉及的技术成分高于线损统计值，故一般情况下前者的可信度应高于后者。

目前，多数电网企业 35kV 及以上输配电网的线损统计值和理论计算值的准确度较高，两者能较好地吻合；而 10kV 及以下配电网的情况相对较差。通过对线损统计值和理论计算值各自按年度纵向变化的分析比较，以及对两者之间的分析对比，可以分别对两种线损值的准确度作出评估，判断该两值各自受到哪些因素的影响，从而可以有针对性地对线损管理进行改进和采取有效的降损技术措施。同时，可根据两种线损值的变化规律，确定当前和近期、中期的线损考核指标。从长远利益看，应该充分重视线损理论计算值对线损管理工作的指导作用，认真提高其计算准确度，再进一步努力使线损统计值向理论计算值靠近，这是最终接近和保持合理的统计线损水平的正确方法。

5.1.4　理论线损产生的原因

1. 电阻损耗

电流流过线路导线和设备的线圈，在导线电阻上产生的损耗，其表达式为

$$\Delta P_1 = I^2 R \times 10^{-3} \tag{5-3}$$

式中　ΔP_1——电阻损耗，kW；

　　　　I——流过每个设备导线的电流，该值是随负载变化的，A；

　　　　R——每个设备导线的电阻值，该值是随其自身温度变化的，Ω。

2. 铁心损耗

带有铁心的线圈在电流作用下，导磁回路和铁磁附件中会产生损耗。变压器铁心、电抗器、互感器、调相机等设备均有铁心损耗，其损耗大致与电压的平方成比例，即

$$\Delta P_2 = P_0 (U/U_f)^2 \tag{5-4}$$

式中　ΔP_2——铁心损耗，kW；

　　　　P_0——变压器的额定空载损耗，kW；

　　　　U——变压器实际运行电压，kV；

　　　　U_f——变压器的工作分接头电压，kV。

只有少数带铁心设备，如串联电抗器和电流互感器与负荷串联，其铁心损耗可视为与负荷电流的平方成正比。

3. 电晕损耗

电晕指集中在曲率较大电极附近的不完全自激放电现象。较高电压设备裸露在大气中的导电部分，在电压作用下产生电晕损耗。对电晕损耗的计算，目前尚无精确公式，只有经验公式可用。该损耗与相电压的平方成正比，并与导线的等效直径、表面光洁度等几何物理特征和空气压力、密度、湿度等气象条件有关，一般表达为

$$\Delta P_3 = K_Y L (U/U_N) \tag{5-5}$$

式中　ΔP_3——电晕损耗，kW；

　　　　K_Y——在额定电压和标准气象条件下单位长度线路的电能损耗，由设计手册查得；

　　　　L——导线长度，km；

　　　　U——实际运行电压，kV；

　　　　U_N——额定电压，kV。

4. 介质损耗

各种电气设备的非气体绝缘材料，电压作用下都产生介质损耗；同时各种气体绝缘的表

面均有泄漏电流流过，也产生电能损耗。通常将这种损耗归入介质损耗中，其表达式为

$$\Delta P_4 = \omega C U^2 \tan\delta \qquad\qquad (5 - 6)$$

式中　　ΔP_4——介质损耗，kW；

　　　　ω——系统角频率；

　　　　C——设备对地电容；

　　　　U——实际运行电压，kW；

　　　　$\tan\delta$——设备相对地介质损耗角正切值。

5. 变电站自用电

变电站中的测量仪表、继电保护及安全自动装置、通信装置、信号装置、直流蓄电池充电、站用照明、电锅炉、电热板以及主设备的辅机（风机、水泵）等设备耗用的电量，均为站用电，按相关规定归入线损中。

上述几种损耗中，载流回路的电阻损耗所占比例最大，为全部损耗的 $70\%\sim75\%$；其次是铁心损耗，占总损耗的 $20\%\sim25\%$；后三项损耗仅占总损耗的 $1\%\sim3\%$。特别是在电压较低电网中，电晕损耗和介质损耗可以忽略不计。

由以上五种原因产生的损耗都是纯技术性的，故又称为技术损耗。

5.2　线损理论计算的准备工作

5.2.1　代表日选定原则

（1）电网的运行方式、潮流分布正常，没有大的停电检修工作，能代表计算期的正常情况。

（2）代表日的供电量接近计算期（月、日、年）的平均日供电量。

（3）绝大部分用户的用电情况比较正常。

（4）气候情况正常，气温接近计算期的平均温度。

（5）计算全年损耗时，应以月代表日为基础，其中 35kV 以上电网代表日至少取四天，使其能代表全年各季负荷情况。

5.2.2　代表日负荷实测

负荷实测要选定一个或两个有典型特性的代表日，连续测录 24 个整点数据，由各有关单位负责对时、记录或采用自动记录设施在整点记录。

5.2.3　负荷记录

负荷记录范围包括所有直管的 10kV 及以上电网，记录包括以下内容：

（1）各发电厂代表日各整点上网有功功率、无功功率、电压、电流的抄表记录以及 24h 累计有功、无功电量。

（2）各电网企业间关口表计代表日整点从相邻电网输入和向其他相邻电网输出的有功功率、无功功率、电压、电流以及连续 24h 累计有功、无功电量。

（3）35kV 及以上变电站变压器各侧、各级电压输电线路和中、高压配电线路始端代表日各整点电流、有功功率、无功功率以及连续 24h 累计有功、无功电量。

（4）35kV 及以上电网代表日停运的变压器和线路，并绘制电网整点潮流图。

（5）35kV 及以上用户代表日各整点的电压、电流、有功功率、无功功率（或有功功率

和功率因数）和连续 24h 累计有功、无功电量。

（6）10kV 各公用和专用配电变压器代表日各整点的电压、电流和连续 24h 累计出口电量；有 10kV 支路计量设施的单位，应读取连续 24h 累计电量。

5.2.4　数据收集、整理与核实

（1）本地区电网、发电厂、变电站的运行接线图。

（2）各台主变压器、调相机、电容器组、电抗器的参数资料（铭牌或试验数据，如没有上述资料，可参照同类型设备的参数资料）。

（3）高压输电线路的阻抗图和 10kV 及以上高压配电线路的单线图，包括导线型号、线路长度、线路电阻的实际有名值；一条线路有几种不同型号线段的情况下，应分别标注各线段的长度参数（如无实测参数也可参考相关资料）。

（4）低压配电线、接户线总长度的统计资料，各配电变压器的低压配电线路数，相线和中线的型号等资料。

（5）变电站母线电量平衡合格率。

（6）用户三相和单相电能表的统计资料。

（7）代表日的平均气温等气象资料（可向气象部门搜集）。

5.2.5　各种典型情况的处理原则

（1）35kV 及以上系统变电站站用电按代表日当天实际抄录数据参加计算，无计量表计的 110kV 站用电按 1.5（万 kW·h）/月、35kV 站用电按 0.3（万 kW·h）/月参加计算。

（2）35kV 及以上变电站电容器、电抗器按代表日当天实际投入情况参加计算。

（3）35kV 及以上系统的功率因数按代表日当天实际抄录数据参加计算。

（4）10kV 及以下的低压配网线损率可按统计平均值分类计算：城区取 6%，郊县取 7.5%。特殊情况可以根据电网实际给定的有关数值，同时对不同类型的典型台区（变）进行实测。

（5）各级降压变压器的损耗按其高压侧电压水平记入相应电压等级的损耗。

5.3　线损理论计算的实用方法

5.3.1　线损理论计算的目的

通过理论线损计算，可以鉴定配电网结构及其运行方式的经济性，查明电网中损耗过大的元件及其原因，考核实际线损是否真实、准确、合理以及实际线损率和技术线损率的差值，确定不明损失的程度，减少不明损失。可通过对技术线损的构成，即线路损耗和变压器损耗所占的比重、可变损耗和不变损耗所占比重，分析发现配电网的薄弱环节，确定技术降损的主攻方向，以便采取相应措施，降低线损。

配电网的线损理论计算是规划设计以及制定年、季、月线损计划指标和降损措施的理论依据。开展线损理论计算是做好降损节电的一项基础工作，有利于提高供电企业的线损管理水平，有利于加快电网建设和技术改造，有利于加强电网经济运行，有利于制定落实降损节电经济责任制，增强节能意识。

各电网经营企业应定期组织负荷实测，进行线损理论计算。35kV 及以上电网一年一次，10kV 电网两年一次；在电网结构发生重大变化时也应及时进行计算，以便为电网建设

和技术改造提供依据。

5.3.2　均方根电流法

DL/T 686—1999《电力网电能损耗计算导则》推荐使用均方根电流法为线路、变压器绕组、串联电抗器等元件线损理论计算的基本方法。

代表日三相元件的电能损耗 $\Delta A_r(\mathrm{kW \cdot h})$ 为

$$\Delta A_r = 3I_{rms}^2 RT \times 10^{-3} \tag{5-7}$$

式中　I_{rms}——均方根电流，A；

　　　　R——电网元件的电阻，Ω；

　　　　T——运行时间，对于代表日 $T=24\mathrm{h}$。

均方根电流可表示为

$$I_{rms} = \sqrt{\frac{1}{T}\int_0^T I^2(t)\,\mathrm{d}t} \tag{5-8}$$

一般电流值是通过代表日 24h 整点的负荷实测的，设每小时内电流值不变，则有

$$I_{rms} = \left(\frac{1}{T}\sum_{t=1}^T I_t^2\right)^{1/2} \tag{5-9}$$

式中　I_t——各整点时通过元件的负荷电流，A。

当负荷曲线以三相有功功率、无功功率表示时，有

$$I_{rms} = \left\{\frac{1}{3T}\sum_{t=1}^T \left[(P_t^2 + Q_t^2)/U_t^2\right]\right\}^{1/2} \tag{5-10}$$

式中　P_t——整点时通过元件的三相有功功率，kW；

　　　　Q_t——整点时通过元件的三相无功功率，kvar；

　　　　U_t——与 P_t、Q_t 同一测量端同一时间的线电压值，kV。

当实测值是每小时有功电能 $A_{pt}(\mathrm{kW \cdot h})$、无功电能 $A_{qt}(\mathrm{kvar \cdot h})$，以及测量点平均电压 $U_{av}(\mathrm{kV})$ 时，有

$$I_{rms} = \left[\frac{1}{3TU_{av}^2}\sum_{t=1}^T (A_{pt}^2 + A_{qt}^2)\right]^{1/2} \tag{5-11}$$

如采用代表日均方根电流计算全月的电能损耗，则需按全月的日平均供电量与代表日供电量的比值进行修正，即

$$\Delta A_y = \Delta A_r \left(\frac{A_y/D}{A_r}\right)^2 D \tag{5-12}$$

式中　ΔA_y——月电能损耗，kW·h；

　　　　D——全月的日历天数；

　　　　A_y——全月的供电量，kW·h；

　　　　A_r——代表日的供电量，kW·h。

均方根电流法是最通用的线损计算方法，它可应用于运行中电网的线损近似计算，但需要大量实测数据，实际工作中操作繁琐，同时测量误差也影响计算的准确性。

5.3.3　损失因数法

损失因数法也称最大电流法，是利用均方根电流与最大电流的等效关系进行电能损耗计算的方法。

损失因数 F 等于计算时段内（日、月、季、年）的均方根电流平方 I_{rms}^2 与最大电流平方 I_{max}^2 的比值，即

$$F = \frac{I_{rms}^2}{I_{max}^2} \qquad\qquad (5 - 13)$$

通过损失因数，可以用最大负荷时的电流值计算时段 T 内的电能损耗值

$$\Delta A = 3I_{max}^2 FRT \times 10^{-3} \qquad\qquad (5 - 14)$$

损失因数的大小与电力系统的结构、损失种类、负荷分布及负荷曲线形状等多种因素有关，特别是与负荷率 f 及最小负荷率 α 关系密切。关于各种负荷曲线的损失因数 F 的确定可以参考 DL/T 686—1999，也可以采用以下近似公式计算。

（1）当 $f \geqslant 0.5$ 时，按直线变化的持续负荷曲线计算 F 值，即

$$F = \alpha + \frac{(1-\alpha)^2}{3} \qquad\qquad (5 - 15)$$

（2）当 $f < 0.5$ 时，按二阶梯持续负荷曲线计算 F 值，即

$$F = f(1 + \alpha) - \alpha \qquad\qquad (5 - 16)$$

（3）对于负荷点很多的配电网，若负荷的错峰效应使负荷曲线的最大负荷持续时间很短时，可以采用更简化的公式，即

$$F = 0.2f + 0.8f^2 \qquad\qquad (5 - 17)$$

5.3.4　平均电流法

根据测计期内有功电能表和无功电能表的记录，可算出测计期内的平均电流 I_{av}，再用负荷曲线的形状系数 K 和平均电流可计算出均方根电流，最后再进行线损计算。计算所用的公式为

$$I_{av} = \frac{\sqrt{A_P^2 + A_q^2}}{\sqrt{3}U_{av}T} \qquad\qquad (5 - 18)$$

$$I_{rms} = KI_{av} \qquad\qquad (5 - 19)$$

$$\Delta A = 3I_{av}^2 K^2 RT \times 10^{-3} \qquad\qquad (5 - 20)$$

式中　A_P——由电能表读数求得的有功电量，kW·h；

　　　A_q——由电能表读数求得的无功电量，kvar·h。

负荷曲线的形状系数 K 是均方根电流（功率）与平均电流（功率）的比值，即

$$K = \frac{I_{rms}}{I_{av}} \qquad\qquad (5 - 21)$$

不同的负荷曲线，形状系数 K 也不同，对各种典型的持续负荷曲线的分析表明，形状系数 K 与负荷率 f 及损失因数 F 的关系为

$$K = \frac{\sqrt{F}}{f} \qquad\qquad (5 - 22)$$

（1）当 $f \geqslant 0.5$ 时，按直线变化的持续负荷曲线计算 K^2，即

$$K^2 = \left[\alpha + \frac{(1-\alpha)^2}{3}\right] \Big/ \left[\frac{(1+\alpha)}{2}\right]^2 \qquad\qquad (5 - 23)$$

（2）当 $f < 0.5$ 时，按二阶梯持续负荷曲线计算 F 值，即

$$K^2 = \frac{f(1+\alpha) - \alpha}{f^2} \qquad\qquad (5 - 24)$$

　　平均电流法也称等效功率法，适应于任意网络进行电能损失计算，运行周期 T 可以是日、月、季或年。平均电流法计算电能损耗的优点是，所依据的主要运行数据是从电能表收集的，准确度较高，所以原始数据比较准确。

5.4　配电线路的线损理论计算

　　城乡配电网一般包括接有众多高压用户专用或公用配电变压器的 $6\sim10\mathrm{kV}$ 配电线路，以及接有许多低压动力和照明用户的 $380/220\mathrm{V}$ 的低压配电线路。这些线路大多为多分支线路，其分支线路、线段数、配电变压器的台数和节点数较多，并且各分支线路的负荷曲线形状差异也很大。目前多数地区配网元件都不具备测录运行数据的条件，要精确对配电线路电能损耗进行计算十分困难。在满足实际工程计算准确度的前提下，一般采用加权平均法、分散损失系数法、等值电阻法等简化方法，有条件时也可采用潮流计算的方法进行。

5.4.1　加权平均法

　　35kV 输电线路往往接有多个集中负荷，如图 5-1 所示。此时全线路的电能损耗可按如下方法计算

$$\Delta A = \Delta A_3 + \Delta A_2 + \Delta A_1 = \left[\left(\frac{S_{3\max}}{U_{\mathrm{d}}}\right)^2 r_3 F_3 + \left(\frac{S_{2\max}}{U_{\mathrm{c}}}\right)^2 r_2 F_2 + \left(\frac{S_{1\max}}{U_{\mathrm{b}}}\right)^2 r_1 F_1\right] T \times 10^{-3}$$

$$(5 - 25)$$

$$\begin{cases} S_{3\max} = S_{\mathrm{d.\,max}} \\ S_{2\max} = S_{3.\,\max} + \Delta S_3 + S_{\mathrm{c.\,max}} \\ S_{1\max} = S_{2.\,\max} + \Delta S_2 + S_{\mathrm{b.\,max}} \end{cases} \qquad (5 - 26)$$

$$\begin{cases} U_{\mathrm{c}} = U_{\mathrm{d}} + \Delta U_3 \\ U_{\mathrm{b}} = U_{\mathrm{c}} + \Delta U_2 \\ U_{\mathrm{a}} = U_{\mathrm{b}} + \Delta U_1 \end{cases} \qquad (5 - 27)$$

式中　　$S_{3\max}$，$S_{2\max}$，$S_{1\max}$——节点 d、c、b 的输入功率最大值；

ΔS_2，ΔS_3——线段 2 和线段 3 中的功率损耗；

U_{d}，U_{c}，U_{b}——节点 d、c、b 的电压，可根据线路始、末端的电压计算获得；

ΔU_3，ΔU_2，ΔU_1——线段 3、线段 2、线段 1 的电压损耗值，在不考虑各线段中电压损耗的横向分量时，可根据通过各线段的最大负荷功率和线段的阻抗值进行计算；

r_3，r_2，r_1——线路各段的电阻；

x_3，x_2，x_1——线路各段的电抗；

F_3，F_2，F_1——各段线路的损失因数；

f_{d}，f_{c}，f_{b}——节点 d、c、b 的负荷率；

$\cos\varphi_{\mathrm{d}}$，$\cos\varphi_{\mathrm{c}}$，$\cos\varphi_{\mathrm{b}}$——节点 d、c、b 的功率因数；

T——计算时段。

　　为了求取几个集中负荷叠加后的负荷曲线与运行参数，可以引用加权平均负荷率和加权平均功率因数的概念，即

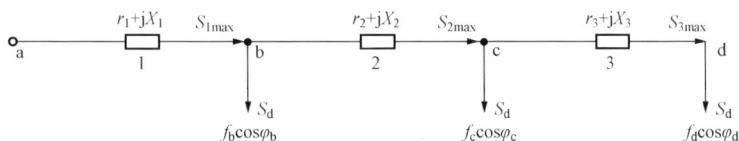

图 5-1　接有 3 个负荷的配电线路

$$f_{av} = \frac{\displaystyle\sum_{i=1}^{n}(P_{max.i}f_i)}{\displaystyle\sum_{i=1}^{n}P_{max.i}} \tag{5-28}$$

$$\cos\varphi_{av} = \frac{\displaystyle\sum_{i=1}^{n}(S_{max.i}\cos\varphi_i)}{\displaystyle\sum_{i=1}^{n}S_{max.i}} \tag{5-29}$$

式中　　f_{av}——加权平均负荷率；

$\cos\varphi_{av}$——加权平均功率因数；

n——分支线路数；

$P_{max.i}$，f_i——各分支线路的输入有功功率最大值及负荷率；

$S_{max.i}$，$\cos\varphi_i$——各分支线路的输入功率最大值及功率因数。

对图 5-1 所示的多分支配电线路，有

$$f_{av2} = \frac{p_{max.d}f_d + p_{max.c}f_c}{p_{max.d} + p_{max.c}}$$

$$f_{av1} = \frac{p_{max.d}f_d + p_{max.c}f_c + p_{max.b}f_b}{p_{max.d} + p_{max.c} + p_{max.b}}$$

$$\cos\varphi_{av2} = \frac{S_{max.d}\cos\varphi_d + S_{max.c}\cos\varphi_c}{S_{max.d} + S_{max.c}}$$

$$\cos\varphi_{av1} = \frac{S_{max.d}\cos\varphi_d + S_{max.c}\cos\varphi_c + S_{max.b}\cos\varphi_b}{S_{max.d} + S_{max.c} + S_{max.b}}$$

利用（f_d、$\cos\varphi_d$）、（f_{av2}、$\cos\varphi_{av2}$）、（f_{av1}、$\cos\varphi_{av1}$）3 组数，查相应的电能损耗计算曲线，可获得各自的损失因数 F_3、F_2、F_1。

由式（5-28）和式（5-29）可见，加权平均法是以各个分支负荷的负荷曲线形状相同为前提的。实际上形状不同的负荷曲线叠加有错峰效果，所以按式（5-28）算得的 f_{av} 比实际运行值要小。

5.4.2　逐点分段简化法

对 6～10kV 高压配电线路的电能损耗计算，一般需收集下列各项原始资料：

（1）配电线路的单线接线图，图上标明每一线段的导线型号和长度，所接各配电变压器的容量；

（2）配电线路始端和高压用户处全月的有功电量和无功电量的记录值；

（3）线路始端和高压用户处的代表日 24h 的电流或有功电量和无功电量的记录；

（4）公用配电变压器的分类情况，每一类别配电变压器代表日的电流实测记录；

（5）配电线路始端代表日的电压曲线。

为简化计算，逐点分段简化法需要两点基本假设：

（1）各负荷点的功率因数均与始端的功率因数近似相等；

（2）忽略多分支线路沿线的电压变化对电能损耗的影响。

令始端代表日的平均电压为 U_{av}，月平均功率因数为 $\cos\varphi_{av}$，则有

$$U_{av} = \frac{\sum\limits_{i=1}^{24} U_i}{24} \tag{5-30}$$

$$\cos\varphi_{av} = \frac{A_P}{\sqrt{A_p^2 + A_q^2}} \tag{5-31}$$

式中 U_i——始端代表日 24h 正点电压，kV；

A_P，A_q——线路始端的全月有功电量和无功电量，kW·h。

根据假设（1），对每一个负荷点可得

$$I_{av.i} = \frac{A_{P.i}}{T}/(\sqrt{3}\cos\varphi_{av}U_{av}) \tag{5-32}$$

根据假设（2），可得

$$\sum I_{av.i} = \sum\left[\frac{A_{P.i}}{T}/(\sqrt{3}\cos\varphi_{av}U_{av})\right] = \sum(A_{P.i})\frac{1}{T}/(\sqrt{3}\cos\varphi_{av}U_{av})$$

$$= \frac{A_{P.0}}{T}/(\sqrt{3}\cos\varphi_{av}U_{av}) = I_{av.0} \tag{5-33}$$

式中 $A_{P.0}$，$I_{av.0}$——线路始端的全月有功电量（kW·h）和月平均电流（A）。

因此，在基于两点基本假设的基础上，线路始端的平均电流等于各负荷点的平均电流之和。

由于 6～10kV 配电线路上所接用户的负荷曲线形状各不相同，各类公用配电变压器的负荷曲线形状也不同，因此线路各分段的损失因数也应不同。

若用线路各分段的均方根电流来计算线损，在求得平均电流的分布以后，还需求得每一分段的形状系数。由于配电线路的负荷点很多，负荷的错峰效应使各分段的负荷曲线的最大负荷持续时间很短，故可选用式（5-22）来计算线路各分段的形状系数，即

$$K = \sqrt{F/f} = \sqrt{0.2f + 0.8f^2}/f = \sqrt{0.2/f + 0.8} \tag{5-34}$$

由式（5-34）可见，对于多分支的 6～10kV 配电线路，可以认为各分段的形状系数仅与负荷率有关。所以可以把某一负荷点及其后一个分段的平均电流、负荷率按式（5-28）求出该负荷点前一分段的加权平均负荷率 $f_{av.i}$，再将求得的 $f_{av.i}$ 值代入式（5-34），即可求得形状系数 K_i。

逐点分段简化法可按下列步骤计算配电线路的电能损耗：

（1）确定线路的分段数和每一个分段的电阻值，并画出计算线损用的单线图。

（2）根据配电线路始端的代表日电压记录，计算测计期内的平均电压 U_{av}。

（3）根据线路始端和高压用户的全月有功电量和无功电量，计算各自的月平均电流，即

$$I_{av.0} = \frac{\sqrt{A_P^2 + A_q^2}}{(\sqrt{3}U_{av}T)}, \quad I_{av.m} = \frac{\sqrt{A_{P.m}^2 + A_{q.m}^2}}{(\sqrt{3}U_{av}T)}$$

其中，下标 0、m 分别表示线路始端和各高压用户的编号。

（4）各公用配电变压器的月平均电流可按容量分配的办法来进行计算，即

$$I_{av} = \frac{(I_{av.0} - \sum I_{av.m})}{\sum W_{N \cdot n}}, \quad I_{av.n} = W_{N \cdot n} I_{av}$$

式中　I_{av}——公用配电变压器每千伏安额定容量所分配到的月平均电流，A/(kV·A)；

　　　$W_{N \cdot n}$——各公用配电变压器的额定容量，kV·A；

　　　$I_{av.n}$——分配到各公用配电变压器的月平均电流，A。

从干线和支线的末端开始，向始端方向逐段代数相加，求出每一分段的平均电流，并标在单线图上。

（5）根据各类公用配电变压器的典型调查或代表日记录，求得各类公用配电变压器的负荷率 f_n。

根据高压用户代表日的负荷记录，求得各用户的负荷率 f_m；根据平均电流的分布和各负荷点的负荷率，按式（5-28）求出线路各分段的加权平均负荷率 $f_{av.i}$；由式（5-34）求得各分段的形状系数 K_i，最后可得到线路各分段的均方根电流 $I_{rms.i} = K_i I_{av.i}$，并将这些数据填入计算表内。

（6）按逐点分段计算再累加的方法，求得全线路的月电能损耗为

$$\Delta A = 3(\sum I_{rms.i}^2 R_i) T$$

式中　ΔA——全线路的月电能损耗；

　　　$I_{rms.i}$——线路各分段的均方根电流值；

　　　R_i——线路各分段的电阻值。

【例 5-1】　有一条 10kV 的高压配电线路，其接线如图 5-2 所示。图中Ⅰ、Ⅱ为高压用户，配电变压器旁的数字意义为：分母表示负荷率值，分子表示额定容量（kV·A）。这条高压配电线路的已知数据有：①线路各分段的导线型号和长度；②线路上各公用配电变压器的容量；③测计期内线路始端和两个高压用户的有功电量和无功电量；④高压用户和公用配电变压器根据代表日负荷数据计算所得的负荷率；⑤测计期内线路始端的平均电压。试计算这条高压配电线路全月的理论线损电量和线损率。

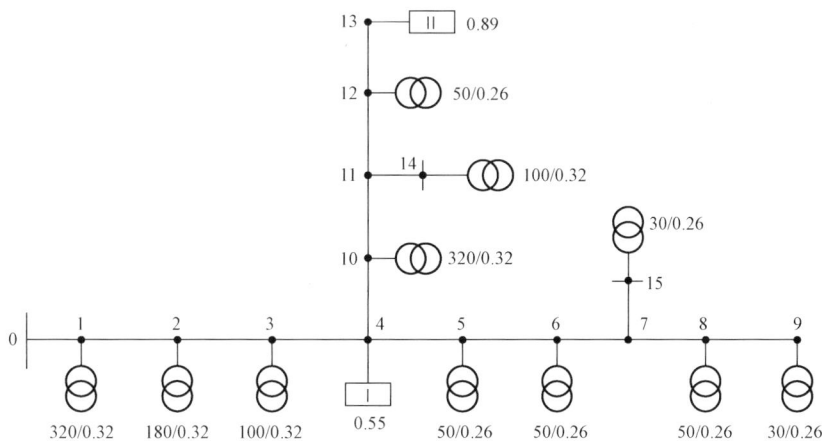

图 5-2　高压配电线路接线图

解　（1）确定线路的分段数和每个分段的电阻值。根据负荷点的分布情况，全线路分为 15 个分段，由各分段的导线型号和长度，可算出各分段的电阻值，并标在图 5-3 中。

（2）确定平均电流的分布。线路始端的月平均电压 $U_{av}=10kV$，月有功电量和无功电量分别为 $94.6\times10^4kW\cdot h$ 和 $60.46\times10^4kvar\cdot h$。高压用户 I 的月供电量为 $28.54\times10^4kW\cdot h$，$\cos\varphi_{av}=0.92$；高压用户 II 的月供电量为 $34.52\times10^4kW\cdot h$，$\cos\varphi_{av}=0.86$。可求得线路始端和两个高压用户的月平均电流为

$$I_{av.0}=\frac{\sqrt{94.6^2+60.46^2}\times10^4}{\sqrt{3}\times10\times720}=90.02(A)$$

$$I_{av.I}=\frac{28.5\times10^4}{\sqrt{3}\times10\times0.92\times720}=25(A)$$

$$I_{av.II}=\frac{34.52\times10^4}{\sqrt{3}\times10\times0.86\times720}=32(A)$$

公用配电变压器的平均电流可按容量分配，即

$$I_{av}=\frac{90.03-(25+32)}{1280}=0.0258[A/(kV\cdot A)]$$

每一公用配电变压器的平均电流按 $I_{av.n}=W_{N.n}I_{av}$ 计算。从干线和支线末端的负荷点向线路始端方向逐点计算，可得到各分段的平均电流，其结果标在图 5-3 上。

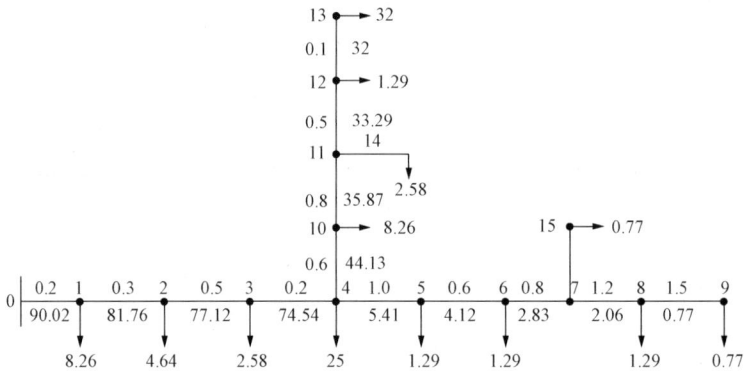

图 5-3　计算线损电量用单线图

图 5-3 中，箭头下数字为负荷点平均电流（单位：A）；线段上方数字为分段电阻值（单位：Ω）；线段下方数字为该分段平均电流（单位：A）。

（3）各线路加权平均负荷率的计算。已知容量为 30kV·A、50kV·A 的公用配电变压器都供给纯照明负荷，其负荷率 $f_1=0.26$；其余容量的配电变压器供给城市公用负荷，负荷率 $f_2=0.32$。高压用户 I 为两班制企业，负荷率 $f_I=0.55$；高压用户 II 为三班制企业，负荷率 $f_{II}=0.89$。各负荷点的负荷率均标在单线图上。

利用图 5-3 所示的平均电流分布，可求得各分段的加权平均负荷率 $f_{av.i}$ 和形状系数 K_i，计算结果见表 5-1。

表 5-1　　　　　　　　　　　　　配电线路逐点分段简化计算结果

线段编号	分段电阻（Ω）	平均电流（A）	加权平均负荷率（$f_{av.i}$）	形状系数（K_i）	均方根电流（A）	功率损耗（W）
0-1	0.2	90.02	0.582	1.069	96.23	1852.04

续表

线段编号	分段电阻 （Ω）	平均电流 （A）	加权平均负荷率 （$f_{av.i}$）	形状系数 （K_i）	均方根电流 （A）	功率损耗 （W）
1-2	0.3	81.76	0.609	1.062	86.83	2261.83
2-3	0.5	77.12	0.626	1.058	81.59	3328.46
3-4	0.2	74.54	0.637	1.055	78.64	1236.85
4-5	1.0	5.41	0.26	1.253	6.78	45.79
5-6	0.6	4.12	0.26	1.253	5.16	15.98
6-7	0.8	2.83	0.26	1.253	3.55	10.08
7-8	1.2	2.06	0.26	1.253	2.58	7.99
8-9	1.5	0.77	0.26	1.253	0.96	1.38
7-15	0.1	0.77	0.26	1.253	0.96	0.09
4-10	0.6	44.13	0.732	1.036	45.72	1254.19
10-11	0.8	35.87	0.827	1.021	36.62	1072.82
11-12	0.5	33.29	0.866	1.015	33.79	570.88
12-13	0.1	32.0	0.89	1.012	32.38	104.85
11-14	0.1	2.58	0.32	1.194	3.08	0.95
$\sum I_{rms.i}^2 R_i = 11\,764.36$（W）						

（4）电能损耗计算。15 个线路逐段计算 $I_{rms.i}$、R_i 值，得

$$\sum I_{rms.i}^2 R_i = 11\,764.36(\mathrm{W})$$

故全月电能损耗为

$$\Delta A = 3 \times 11\,764.36 \times 720 \times 10^{-3} = 25\,411(\mathrm{kW \cdot h})$$

该线路月线损率为

$$\Delta A\% = \frac{25\,411}{94.6 \times 10^4} = 2.69$$

由［例 5-1］可见，由于高压用户和各类公用配电变压器的负荷曲线形状和负荷率不同，在求得平均电流分布之后，可用加权平均法求得各分段的负荷率和形状系数，从而得到均方根电流的分布，最终求得全线的电能损耗。这样的逐点分段简化法，可称为双电流（平均电流和均方根电流）分布简化法。

5.4.3　分散损失系数法

分散损失系数法是应用于配电线路负荷沿线分布有一定规律时，计算电能损耗的一种简化方法。它是根据配电线路出口总的均方根电流、负荷沿线分布形式和主干线参数直接求出总损耗，不必逐点进行计算。

设配电线路是按一个末端集中负荷形式供电，则三相总的电能损耗为

$$\Delta A = 3I_{rms}^2 RT \tag{5-35}$$

式中　ΔA——线路总电能损耗；

I_{rms}——线路出口总均方根电流；

R——线路电阻；

T——计算时段。

分散损失系数 G，是指多分支线路的功率损耗与线路末端有集中负荷时的功率损耗之比。表 5-2 为常见类型的负荷沿线分布形式及相应的分散损失系数。

表 5-2 典型负荷沿线分布形式及分散损失系数

序号	负荷分布类型	负荷分布示意图	分散损失系数 G
1	末端集中负荷		1.0
2	均匀分布负荷		0.333
3	直线型逐渐减少分布负荷		0.20
4	直线型逐渐增加分布负荷		0.533
5	中间较重分布负荷		0.380

当考虑配电线路沿线负荷分布情况时，则三相电能总损耗为

$$\Delta A = 3GI_{\text{rms}}^2 RT \qquad (5-36)$$

1. 线路导线截面积不同时的长度折算

上述分散损失系数的计算是以全线单位长度的电阻 r_0 保持不变，即导线截面积相同时为前提的。而实际的多分支线路各线段的导线截面积可能是不相同的，因此，下面采用长度折算的方法进行电能损耗计算。

设线路由 3 个线段组成，3 个线段所采用的导线截面积分别为 S_1、S_2、S_3，3 个线段的长度分别为 L_1、L_2、L_3，将线段长度为 L_2、L_3 折算为相当于截面积为 S_1 的长度，则

$$L_2' = L_2 \frac{S_1}{S_2} \qquad (5-37)$$

$$L_3' = L_3 \frac{S_1}{S_3} \qquad (5-38)$$

式中 L_2'，L_3'——线段 2、线段 3 的折算长度。

若令 L_k 为长度折算系数，则有

$$L_k = \frac{L_\Sigma'}{L_\Sigma} \qquad (5-39)$$

式中 L_Σ'——折算后线路的总长度；

L_Σ——折算前线路的总长度。

对于上述 3 个线段的线路，有

$$L_k = \frac{L_1 + L_2' + L_3'}{L_1 + L_2 + L_3}$$

经长度折算以后，各种分布负荷的多分支线路的电能损耗可按下式计算

$$\Delta A = 3GI_{rms}^2 r_0 L_k L_\Sigma T = 3GI_{rms}^2 R'T \tag{5-40}$$

式中　R'——长度经折算后的计算电阻。

2. 分散损失系数法计算电能损耗

分散系数法是一种简化计算法，它有 3 点假设：

（1）各分布负荷的负荷曲线形状相同；

（2）负荷的功率因数相同；

（3）不考虑沿线电压的变化。

由于这种方法是用负荷分布的类型相比较来计算功率损耗与电能损耗的，所以其准确度要比逐点分段简化法为低。这种方法的计算过程如下：

（1）根据测计期内平均电流的分布，将多分支线路分成几种不同负荷分布类型的线段，分别进行分散损失系数的计算。

（2）用线路始端的负荷曲线形状系数来计算每一线段始端的均方根电流。用对应于各分布类型的分散损失系数，求得各该线段的电能损耗值，从而求得全线路的电能损耗。

5.5　主变压器的电能损耗计算

变压器的损耗包括有功损耗和无功损耗。有功损耗由铁损耗和铜损耗组成。变压器的铜损耗远小于铁损耗，因此变压器有功损耗近似等于铁损耗。变压器的无功损耗主要有励磁无功损耗和漏磁无功损耗。励磁无功损耗等于空载无功损耗，可通过变压器的空载损耗功率求得。

5.5.1　双绕组变压器的电能损耗

在测计期内，变压器的电能损耗 $\Delta A(kW \cdot h)$ 为

$$\Delta A = \Delta A_0 + \Delta A_R \tag{5-41}$$

$$\Delta A_0 = \Delta P_0 \left(\frac{U_{av}}{U_f}\right)^2 T \tag{5-42}$$

$$\Delta A_R = \Delta P_k \left(\frac{I_{rms}}{I_N}\right)^2 T = \Delta P_k \left(\frac{S_{rms}}{S_N}\right)^2 T \tag{5-43}$$

式中　ΔA_0——变压器的空载损耗电量，kW·h；

　　　ΔA_R——变压器的负载损耗电量，kW·h；

　　　ΔP_0——变压器空载损耗功率，kW；

　　　U_{av}——变压器一次侧的平均电压，kV；

　　　U_f——变压器的工作分接头电压，kV；

　　　ΔP_k——变压器的短路损耗功率，kW；

　　　I_N——变压器一次侧额定电流，A；

　　　S_{rms}——变压器代表日负荷（以视在功率表示）的均方根值，kV·A；

　　　S_N——变压器额定容量，kV·A。

如果已知测计期内的最大负荷电流、最小负荷电流和平均电流，则与架空线路相同，可以采用损失因数法进行计算

$$\Delta A = \left[\Delta P_0 \left(\frac{U_{av}}{U_f} \right)^2 + \Delta P_k \left(\frac{I_{max}}{I_N} \right)^2 F \right] T$$

式中　F——损失因数，含义参见式（5-13）。

5.5.2　三绕组变压器的电能损耗

对于三绕组变压器，应该分别算出各绕组中的损耗电量，然后相加得到三绕组变压器的负载损耗电量。

三绕组变压器空载损耗电量计算与双绕组空载损耗电量计算相同，可采用式（5-42）。

三绕组变压器负载损耗电量的计算，应根据各绕组的短路损耗功率及其通过的负荷电流分别计算每个绕组的损耗电量，再相加得到三绕组变压器绕组的总损耗电量。如果按照负荷实测记录得到测计期内通过各绕组的均方根电流，则各绕组中的损耗电量分别为

$$\Delta A_1 = \Delta P_{k1} \left(\frac{I_{rms1}}{I_N} \right)^2 T \tag{5-44}$$

$$\Delta A_2 = \Delta P_{k2} \left(\frac{I_{rms2}}{I_N} \right)^2 T \tag{5-45}$$

$$\Delta A_3 = \Delta P_{k3} \left(\frac{I_{rms3}}{I_N} \right)^2 T \tag{5-46}$$

式中　ΔA_1，ΔA_2，ΔA_3——变压器高、中、低压绕组负载损耗电量，kW·h；

　　ΔP_{k1}，ΔP_{k2}，ΔP_{k3}——变压器高、中、低压绕组短路损耗功率，kW；

　　I_{rms1}，I_{rms2}，I_{rms3}——归算到变压器一次侧各绕组的均方根电流，A；

则三绕组变压器的电能损耗可按下式进行计算

$$\Delta A = \Delta P_0 \left(\frac{U_{av}}{U_f} \right)^2 T + \Delta A_1 + \Delta A_2 + \Delta A_3 \tag{5-47}$$

5.5.3　并列运行变压器的电能损耗

两台主变压器并列运行时，若已知一次侧或二次侧总的均方根电流，则通过每台变压器的均方根电流的近似算式为

$$\begin{cases} I_{rms.1} = \dfrac{x_2}{x_1 + x_2} I_{rms} \\ I_{rms.2} = \dfrac{x_1}{x_1 + x_2} I_{rms} \end{cases} \tag{5-48}$$

式中　$I_{rms.1}$，$I_{rms.2}$——两台并列运行变压器上的均方根电流，A；

　　x_1，x_2——两台并列运行变压器的电抗，Ω。

则两台并列运行变压器总的电能损耗 ΔA_Σ（kW·h）可按如下公式计算

$$\Delta A_\Sigma = \left[(\Delta P_{01} + \Delta P_{02}) \left(\frac{U_{av}}{U_f} \right)^2 + \Delta P_{k1} \left(\frac{I_{rms.1}}{I_{N1}} \right)^2 + \Delta P_{k1} \left(\frac{I_{rms.2}}{I_{N2}} \right)^2 \right] T \times 10^{-3} \tag{5-49}$$

式中　I_{N1}，I_{N2}——两台并列运行变压器上的额定电流，A；

　　ΔP_{01}，ΔP_{02}——两台并列运行变压器空载损耗功率，kW；

　　ΔP_{k1}，ΔP_{k1}——两台并列运行变压器短路损耗功率，kW。

5.6　其他电力元件的电能损耗计算

5.6.1　电缆线路的电能损耗

电力电缆结构复杂，除了存在导体的电阻发热损耗外，在绝缘层中还存在介质损耗，在护套、铠装及加强层中还存在护套损耗和铠装损耗。因此，电缆线路的电能损耗计算式为

$$\Delta A = \Delta A_j + \Delta A_R \tag{5-50}$$

式中　ΔA_j——电缆的介质损耗，$kW \cdot h$；

　　　ΔA_R——电缆的负载损耗电量，$kW \cdot h$。

1. 电缆线路的介质损耗

介质损耗与电缆线路的负荷无关，仅与其工作电压有关，每相电缆单位长度的介质损耗 $\Delta A_j [(kW \cdot h)/km]$ 为

$$\Delta A_j = 3 T U_{\phi \cdot av} \omega C_0 \tan\delta \times 10^{-3} \tag{5-51}$$

式中　$U_{\phi \cdot av}$——测计期内电缆线路的相电压平均值，kV；

　　　ω——交流电角频率；

　　　C_0——电缆单位长度的工作电容，$\mu F/km$；

　　　$\tan\delta$——电缆介质角的正切值，它与电缆的材料、结构和额定电压有关，常见电缆的 $\tan\delta$ 取值见表 5-3。

表 5-3　　　　　　　　　　　　电缆常用绝缘材料的 $\tan\delta$ 值

序号	电缆形式	$\tan\delta$	序号	电缆形式	$\tan\delta$
1	黏性浸渍、不滴油绝缘电缆	0.01	5	聚氯乙烯绝缘电缆	0.1
2	低压力充油电缆	0.04	6	聚乙烯绝缘电缆	0.001
3	高压力充油电缆	0.0045	7	交联聚乙烯绝缘电缆	0.008
4	丁基橡皮绝缘电缆	0.05			

2. 电缆线路的负载损耗

电缆线路的负载损耗电量可参考架空线路上电阻发热损耗的计算方法进行，计算式为

$$\Delta A_R = 3 I_{rms}^2 R T \times 10^{-3} \tag{5-52}$$

由于三相电缆各相芯线距离很近，所以有较显著的集肤效应和近邻效应，使芯线交流电阻增大。

（1）电缆芯线的电阻。电缆芯线电阻的计算式为

$$R = R'(1 + K_1 + K_2) \tag{5-53}$$

式中　R'——考虑芯线周围温度影响后的交流电阻；

　　　K_1——集肤效应系数；

　　　K_2——邻近效应系数。

对于截面积为 $240mm^2$ 及以上的铜芯电缆和截面积为 $400mm^2$ 及以上的铝芯电缆，其 K_1、K_2 系数之和大于 5%，所以集肤效应和邻近效应的影响必须考虑，以免电能损耗计算偏小。

（2）其他损耗。电缆金属护套中的损耗大小与电缆的结构和护套的连接方式有关，护套

损耗与芯线中电流的平方成正比，因此其与芯线损耗之比为一常数，记为 λ_1。

电缆铠装层和加强层中由于磁滞和涡流所引起的损耗称为铠装损耗，它与芯线中电流的平方成正比，将比值记为 λ_2。

因此，电缆的负载损耗计算式修正为

$$\Delta A'_{R} = (1 + \lambda_1 + \lambda_2)\Delta A_{R} \tag{5-54}$$

式中　λ_1——电缆金属护套的损耗系数；

　　　λ_2——电缆铠装的损耗系数。

分相铅包电缆的护套损耗和铠装损耗都比较大，二者之和可能达到芯线损耗的 50%，因此对这种电缆线路在线损计算时必须考虑这两种损耗。

5.6.2　并联电容器的电能损耗

并联电容器在测计期 T 内的损耗电量 $\Delta A(kW \cdot h)$ 为

$$\Delta A = TQ_{c}\tan\delta \times 10^{-3} \tag{5-55}$$

式中　Q_{c}——测计期内投入运行的并联电容器的总容量，kvar；

　　　$\tan\delta$——并联电容器介质角的正切值，可取厂家实测值。

5.6.3　电抗器的电能损耗

1. 并联电抗器

并联电抗器的电能损耗 $\Delta A(kW \cdot h)$ 可按下式计算

$$\Delta A = \Delta P\left(\frac{U_{av}}{U_{N}}\right)^2 T \times 10^{-3} \tag{5-56}$$

式中　ΔP——额定电压下电抗器的功率损耗值；

　　　U_{av}——电抗器运行时间内的平均电压，kV；

　　　U_{N}——电抗器接入系统的额定电压，kV。

2. 串联电抗器

串联电抗器一般安装在变电站的变压器、母线、输电线路或高压配电线路的回路内，测计期内通过电抗器的电流都有直接的或间接的实测记录，因此，串联电抗器在测计期内的电能损耗可按下式计算

$$\Delta A = 3\Delta P_{k}\left(\frac{I_{rms}}{I_{N}}\right)^2 T \times 10^{-3} \tag{5-57}$$

式中　ΔP_{k}——每相电抗器通过额定电流、温度达到 $75℃$ 时的损耗功率，由厂家提供或由相关资料查得，kW；

　　　I_{rms}——通过电抗器的均方根电流，A；

　　　I_{N}——电抗器的额定电流，A。

5.7　10kV 配电网线损计算实例

5.7.1　线路导线等值电阻的计算

1. 绘制线路单线图

（1）支线与节点的标注。将线路主干线和分支节点与分支线及配电变压器的位置用一条单线绘制出来。从干线接出的线路称为一级支线，从支线接出的线路称为二级，其接出点称

为二级节点。同理，有三级支线、三级节点等。

（2）线段和线段长度以及导线规格的标注。在单线图上自变电站出线开始（以编号"0"标注），应标出各节点间的每段线路的编号，以及导线长度和规格型号。线段编号一般从末段开始，可用"带分数"形式进行标注，在整数部位用加有圆圈的阿拉伯数字，如①等表示线段；统一用分子部分表示线段长度，而用分母部分表示导线规格，即为"$\frac{\text{线段编号}}{\text{导线规格}}$"形式，如③$\frac{1.60}{\text{LJ-35}}$等。

（3）节点与节点杆号的标注。为了便于复核考察，应在单线图上的节点处标注杆号（可用阿拉伯数字和在其右上角加标号"♯"表示）。例如，干线上的节点标注为 12♯、22♯ 等，而支线节点号则用支线编号作为分母，分子为支线杆号。例如，$\frac{5^{\sharp}}{1\text{-}1}$ 表示一级一号支线第五号杆有二级节点，$\frac{3^{\sharp}}{1\text{-}2}$ 表示一级二号支线第 3♯ 杆有二级节点。

（4）变压器及其容量和用电量（负荷）的标注。在单线图上还应标注变压器的规格型号额定容量，计算月（季）供电量。为避免标注出现差错，还应标注台区双重编号，即台区号和用电单位名称。为标注统一，推荐采用"繁分式"表示，如 $\frac{S_9-100/10}{\dfrac{\text{雁塔 } 2^{\sharp}}{13000}}$ 表示。供电量可在计算期对号入座进行标注。此外，也可列表，见表 5-4 所示。

表 5-4　配电变压器接电位置、型号、容量、月供电量、用电单位、台区编号登记表

配电变压器所接干支线编号	配变规格型号	容量 (kV·A)	空载损耗 (kW)	短路损耗 (kW)	归算到一次侧等值电阻	月供电量		用电单位名称	台区编号
						有功电量 (kW·h)	无功电量 (kvar·h)		

2. 线段导线物理电阻计算

设第 j 段的长度为 L_j(km)，导线材料单位长度电阻为 r_j，则该线段线路导线的物理电阻 R_j 为

$$R_j = r_j L_j (\Omega) \tag{5-58}$$

3. 线路导线输电等值电阻计算

线路导线等值电阻的计算，依照绘制的单线图和计算期各台区变压器二次侧总表抄见电量，从线路末端起，从分支到主干线，即按照线路负荷递增途径的顺序，按线段（节点之间）逐一进行计算。在图 5-4 所示的单线图中，线段①R_4 的等值电阻 R_{4DZ} 等于线段物理电阻，在线段③R_3 上通过的电量为 $A_1^{\sharp}+A_2^{\sharp}$，其等值电阻为

$$R_{3DZ} = \frac{A_1^{\sharp}+A_2^{\sharp}}{(A_1+A_2)^2}R_3 \tag{5-59}$$

线路导线等值电阻 $R_{DZ\cdot L}$ 为

$$R_{DZ\cdot L} = \frac{\sum_{j=1}^{n}(A_{bj\cdot \Sigma}^2 R_j)}{\left(\sum_{i=1}^{m}A_{bi}\right)^2} \tag{5-60}$$

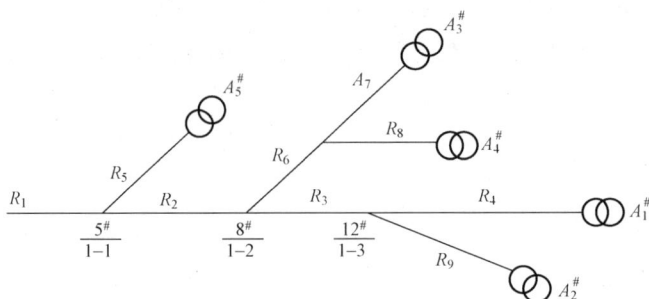

图 5-4 单线示例图

式中 $A_{bj\cdot\Sigma}^2$——由第 j 段供电的变压器二次侧总抄见电量之和，kW·h；

     n——线路分段的总段数；

     R_j——第 j 段线路导线的计算电阻，Ω；

     A_{bi}^2——线路上第 i 台变压器计算期二次侧总表实际抄见电量，kW·h；

     m——全线总台区数。

5.7.2 配电变压器等值电阻计算

1. 单台配电变压器绕组折算到一次侧的等值电阻计算

$$R_{B\cdot i} = \Delta P_{K\cdot i}\left(\frac{U_{1N}}{S_{N\cdot i}}\right)\times 10^3 \tag{5-61}$$

式中 $R_{B\cdot i}$——第 i 台配电变压器绕组归算到一次侧的等值电阻，Ω；

     $\Delta P_{K\cdot i}$——第 i 台配电变压器短路损耗功率，kW；

     U_{1N}——变压器一次侧额定电压，kV；

     $S_{N\cdot i}$——第 i 台配电变压器的额定容量，kV·A。

将以上所算的 $R_{B\cdot i}$ 填入表 5-4 所对应的栏目中，以备查用。

2. 线路上所接变压器绕组的总等值电阻计算

线路上所接变压器绕组的总等值电阻计算公式为

$$R_{DZ\cdot B} = \sum_{i=1}^{m}(A_{b\cdot i}^2 R_{B\cdot i})/\left(\sum_{i=1}^{m}A_{b\cdot i}\right)^2 (\Omega) \tag{5-62}$$

式中 $R_{DZ\cdot B}$——全线路变压器绕组的总等值电阻，Ω。

5.7.3 线路和变压器的综合运行时间确定

10kV 架空线路和所接的配电变压器虽然长期带电，但毕竟不等于每天 24h、每月全月带负荷运行，必须确定它们的实际运行时间。设线路运行时间为 t_L，变压器运行时间为 t_B，它们的综合运行时间为 t_Σ，则 t_L、t_B 和 t_Σ 为

$$\begin{cases} t_L = 24\times 天数 - 停电时间 \\ t_B = \dfrac{\displaystyle\sum_{i=1}^{m}(t_{B\cdot i}s_{N\cdot i})}{\displaystyle\sum_{i=1}^{m}s_{N\cdot i}} \end{cases} \tag{5-63}$$

或

$$\begin{cases} t_{\mathrm{B}} = \dfrac{\displaystyle\sum_{i=1}^{m} t_{\mathrm{B}\cdot i}}{m} \\[2ex] t_{\Sigma} = \dfrac{t_{\mathrm{L}} R_{\mathrm{DZ\cdot L}} + t_{\mathrm{B}} R_{\mathrm{DZ\cdot B}}}{R_{\mathrm{DZ\cdot L}} + R_{\mathrm{DZ\cdot B}}} \end{cases} \tag{5-64}$$

式中　$t_{\mathrm{B}\cdot i}$——第 i 台变压器装设的计时钟的记录时间，h。

5.7.4　线路负荷曲线形状系数计算

1. 计算线路供用电高峰月份的较小负荷曲线形状系数

（1）从抄表卡上可方便地找到当年或上年用电高峰月份，再由变电站运行日志表找到接近这个月份平均日负荷的日期。

（2）对照运行日志，计算该日的均方根电流 I_{rms} 和平均负荷电流 I_{av}，即

$$I_{\mathrm{rms}} = \sqrt{\left(\sum_{i}^{24} I_i^2\right)/24} \tag{5-65}$$

$$I_{\mathrm{av}} = \left(\sum_{i}^{24} I_i\right)/24 \tag{5-66}$$

（3）计算和确定 K_{X}。

$$K_{\mathrm{X}} = \frac{I_{\mathrm{rms}}}{I_{\mathrm{av}}} = \frac{\sqrt{\left(\sum_{i}^{24} I_i^2\right)/24}}{\left(\sum_{i}^{24} I_i\right)/24} \tag{5-67}$$

式中　K_{X}——有较大供电量月份的较小负荷形状系数；

　　　I_i——第 i 小时的电流，A。

2. 计算线路供用电低谷月份较大的负荷曲线形状系数 K_{d}

（1）从抄表卡上找出供用电低谷月份，再由变电站运行日志表找到接近这个月份平均日负荷的日期。

（2）对照运行日志，计算该日的均方根电流 I_{rms} 与该日改日平均负荷电流 I_{av}。

（3）计算和确定 K_{d}，其计算公式与计算 K_{X} 相同。

5.7.5　理论线损电量的计算

1. 线路导线理论线损电量

线路导线理论线损电量的计算式为

$$\Delta A_{\mathrm{L}} = (A_{\mathrm{p}}^2 + A_{\mathrm{q}}^2) \frac{K^2 R_{\mathrm{DZ\cdot L}}}{U_{\mathrm{N}}^2 t_{\mathrm{L}}} \times 10^{-3} \tag{5-68}$$

式中　ΔA_{L}——线路导线计算期内损耗电量，kW·h；

　　A_{p}，A_{q}——计算期内线路首端抄见有功、无功电量，kW·h；

　　　t_{L}——线路计算期运行时间，h；

　　　K——线路负荷形状系数。

2. 变压器绕组负载损耗电量

线路上所接变压器绕组负载损耗电量的计算按式（5-69）进行。

$$\Delta A_{\mathrm{B\cdot R}} = (A_{\mathrm{P}}^2 + A_{\mathrm{q}}^2) \frac{K^2 R_{\mathrm{DZ\cdot B}}}{U_{\mathrm{N}}^2 t_{\mathrm{B}}} \times 10^{-3} \tag{5-69}$$

式中 $\Delta A_{B \cdot R}$——线路上所接变压器绕组电阻损耗电量，kW·h；

$\quad\quad R_{DZ \cdot B}$——线路上所接变压器绕组总等值电组，$\Omega$；

$\quad\quad t_B$——配电变压运行时间，h。

3. 线路可变损耗所损失电量

线路可变损耗所损失电量的计算式为

$$\Delta A_{L \cdot kb} = \Delta A_L + \Delta A_{B \cdot R} \tag{5-70}$$

式中 $\Delta A_{L \cdot kb}$——线路可变损耗总损耗电量，kW·h。

4. 线路固定损耗电量

线路固定损耗电量的计算式为

$$\Delta A_{L \cdot GD} = \left(\sum_{i=1}^{m} \Delta P_{i0} \right) \times t_B \times 10^{-3} \tag{5-71}$$

式中 $\Delta A_{L \cdot GD}$——计算线路的固定损耗电量；

$\quad\quad \Delta P_{i0}$——第 i 台变压器的空载损耗功率。

5. 线路总理论损耗电量

线路总理论损耗电量的计算式为

$$\Delta A_{L \cdot \Sigma} = \Delta A_{L \cdot kb} + \Delta A_{L \cdot GD} \tag{5-72}$$

式中 $\Delta A_{L \cdot \Sigma}$——线路总理论损耗电量，kW·h。

6. 线路负荷功率因数

线路负荷功率因数的计算式为

$$\cos\varphi = \frac{A_p}{\sqrt{A_p^2 + A_q^2}} \tag{5-73}$$

7. 指标计算

（1）线路理论线损率为

$$\Delta A_{L\%} = \frac{\Delta A_{L \cdot \Sigma}}{A_p} \times 100\% = \frac{\Delta A_{L \cdot kb} + \Delta A_{L \cdot GD}}{A_p} \times 100\% \tag{5-74}$$

式中 $\Delta A_{L\%}$——线路本期计算的理论线损率，%。

（2）线路实际线损率为

$$\Delta A_{L \cdot sj}\% = \frac{A_p - \sum_{i=1}^{m} A_{bi}}{A_p} \times 100\% \tag{5-75}$$

式中 $\Delta A_{L \cdot sj}\%$——计算线路计算期实际线损率，%。

（3）线路中固定损耗所占比重 $\Delta A_{L \cdot GD}\%$ 为

$$\Delta A_{L \cdot GD}\% = \frac{\Delta A_{L \cdot GD}}{\Delta A_{L \cdot \Sigma}} \times 100\% \tag{5-76}$$

（4）线路最佳理论线损率 $\Delta A_{L \cdot zj}\%$ 为

$$\Delta A_{L \cdot zj}\% = \frac{2K \times 10^{-3}}{U_N \csc\varphi} \sqrt{R_{DZ \cdot \Sigma} \sum_{i=1}^{m} \Delta P_{io}} \times 100\% \tag{5-77}$$

（5）线路经济负荷电流 I_{jj} 为

$$I_{jj} = \sqrt{\frac{\sum_{i=1}^{m} \Delta p_{io}}{3K^2 R_{DZ \cdot \Sigma}}} \tag{5-78}$$

（6）线路实际平均负荷电流 I_{av} 为

$$I_{av} = \frac{\sqrt{\left(\dfrac{A_P}{t}\right)^2 + \left(\dfrac{A_q}{t}\right)^2}}{\sqrt{3}U} \tag{5-79}$$

（7）变压器实际负载率 f_{av} 为

$$f_{av} = \frac{\dfrac{A_P}{t\cos\varphi}}{\displaystyle\sum_{i=1}^{m} S_{Ni}} \tag{5-80}$$

【例 5 - 2】　设某 10kV 配电线路的导线型号有 LJ-50、LJ-35、LJ-25 三种规格。安装配电变压器 8 台，每台变压器的容量均为 430kV·A，计算月供电时间是 573h，线路首端有功供电量 $A_p=40\,110$kW·h，无功供电量 $A_q=35\,370$kvar·h，配电变电器抄见总电量 $A_{b.\Sigma}=33\,830$kW·h。若已测出该线路负荷曲线形状系数 $K=1.09$，试对该线路进行线损理论计算。

线路接线单线图如图 5-5 所示。配电变压器相关数据见表 5-5。导线单位长度电阻值：LJ-25 型导线，$r_0=1.28\Omega/\text{km}$；LJ-35 型导线，$r_0=0.92\Omega/\text{km}$；LJ-50 型导线，$r_0=0.64\Omega/\text{km}$。

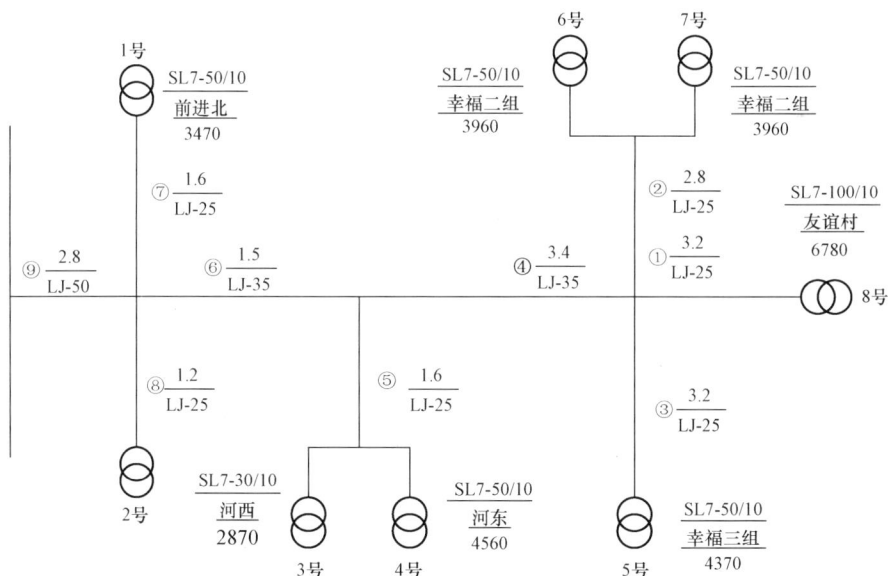

图 5-5　10kV 线路线损理论计算单线图

表 5-5　　　　　　　配电变压器型号、空载损耗、短路损耗及台数

变压器规格型号	空载损耗（额定值）P_0(W)	短路损耗（额定值）P_k(W)	台数
SL7-30	150	800	1
SL7-50	190	1150	6
SL7-100	320	2000	1
小　计	1610	9700	8

解　（1）计算参数。计算参数表格见表 5 - 6。

表 5 - 6　　　　　　　　　　　　　　**参 数 计 算 表**

线段编号	线段计算组织 (Ω)	用电单位名称	配变型号	台区抄见电量		台区编号
				有功电量	无功电量	
①	$R_1=1.28\times3.2=4.10$	友谊村	SL7-100/10	6780		8
②	$R_1=1.28\times2.8=3.58$	幸福一组	SL7-50/10	4310		7
		幸福二组	SL7-50/10	3960		6
③	$R_1=1.28\times3.2=4.10$	幸福三组	SL7-50/10	4370		5
⑤	$R_1=1.28\times1.6=2.05$	河东	SL7-50/10	4560		4
		河西	SL7-30/10	2870		3
⑦	$R_1=1.28\times1.6=2.05$	前进南	SL7-50/10	3510		2
⑧	$R_1=1.28\times1.2=1.54$	前进北	SL7-50/10	3470		1
④	$R_1=0.92\times3.4=3.13$					
⑥	$R_1=0.92\times1.5=1.38$					
⑨	$R_1=0.64\times2.8=1.79$					

（2）计算线路等值电路。

1）全线路划分为 9 个阶段，即 $R_{\mathrm{DZ \cdot L}}$ 的分子由 9 项组成，分别为

第①段：

$$A_{1\Sigma}^2 R_1 = 6780 \times 1.28 \times 3.2 = 147\ 098\ 880$$

第②段：

$$A_{2\Sigma}^2 R_2 = (4310 + 3960)^2 \times 1.28 \times 2.8 = 245\ 120\ 153.6$$

第③段：

$$A_{3\Sigma}^2 R_3 = 4370^2 \times 1.28 \times 3.2 = 78\ 220\ 902.4$$

第④段：

$$A_{4\Sigma}^2 R_4 = (6780 + 4310 + 3960 + 4370)^2 \times 0.92 \times 3.4 = 19\ 420^2 \times 0.92 \times 3.4$$
$$= 1\ 179\ 682\ 659$$

第⑤段：

$$A_{5\Sigma}^2 R_5 = (4560 + 2870)^2 \times 1.28 \times 1.6 = 113\ 059\ 635.2$$

第⑥段：

$$A_{6\Sigma}^2 R_6 = (6780 + 4310 + 3960 + 4370 + 4560 + 2870)^2 \times 0.92 \times 1.5$$
$$= 994\ 873\ 050$$

第⑦段：

$$A_{7\Sigma}^2 R_7 = 3470^2 \times 1.28 \times 1.6 = 39\ 110\ 451.2$$

第⑧段：

$$A_{8\Sigma}^2 R_8 = 3510^2 \times 1.28 \times 1.2 = 18\ 923\ 673.6$$

第⑨段：

$$A_{9\Sigma}^2 R_9 = 33\ 830^2 \times 0.64 \times 2.8 = 2\ 050\ 888\ 269$$

2) $\displaystyle\sum_{j=1}^{9}(A_{j\Sigma}^2 R_j) = 4\ 866\ 977\ 674$

3) $\displaystyle(\sum_{i=1}^{8}A_{bi})^2 = 33\ 830^2 = 1\ 144\ 468\ 900$

4) $R_{DZ\cdot L} = 4.25(\Omega)$，则 $R_{DZ\cdot L\Sigma} = 3R_{DZ\cdot L} = 12.75(\Omega)$。

（3）计算变压器绕组等值电阻。

1 号变压器：
$$3470^2 \times \frac{1150}{50^2} = 5\ 538\ 814$$

2 号变压器：
$$3510^2 \times \frac{1150}{50^2} = 5\ 667\ 246$$

3 号变压器：
$$2870^2 \times \frac{800}{30^2} = 7\ 321\ 688.9$$

4 号变压器：
$$4560^2 \times \frac{1150}{50^2} = 9\ 565\ 056$$

5 号变压器：
$$4370^2 \times \frac{1150}{50^2} = 8\ 784\ 574$$

6 号变压器：
$$3960^2 \times \frac{1150}{50^2} = 7\ 213\ 536$$

7 号变压器：
$$4310^2 \times \frac{1150}{50^2} = 8\ 545\ 006$$

8 号变压器：
$$6780^2 \times \frac{2000}{100^2} = 9\ 193\ 680$$

则有
$$R_{DZ\cdot B} = \frac{U_{IN}^2 \displaystyle\sum_{i=1}^{8}\left(A_{bi}^2 \frac{\Delta P_{ki}}{S_{Ni}^2}\right)\times 10^3}{(\displaystyle\sum_{i=1}^{8}A_{bi})^2} = \frac{10^2 \times 61\ 829\ 600.9}{33\ 830^3} = 5.4(\Omega)$$

（4）计算线路总等值电阻。
$$R_{DZ\cdot\Sigma} = R_{DZ\cdot L\Sigma} + R_{DZ\cdot B} = 12.75 + 5.4 = 18.16(\Omega)$$

（5）计算线路理论损耗电能。

1) 线路理论可变损耗电量 ΔA_{KB} 为
$$\Delta A_{KB} = (A_p^2 + A_q^2)\frac{K^2 R_{DZ\cdot\Sigma}}{U_{IN}^2 t}\times 10^{-3} = (140\ 110^2 + 35\ 370^2)\times\frac{1.09^2 \times 18.16}{10^2 \times 573}\times 10^{-3}$$
$$= 1076.8(kW\cdot h)$$

2）线路固定损耗电量 ΔA_{GD} 为

$$\Delta A_{GD} = \sum_{i=1}^{8} (\Delta P_{i0})t \times 10^{-3} = (150 + 190 \times 6 + 320) \times 573 \times 10^{-3} = 922.5(\text{kW} \cdot \text{h})$$

3）线路总体损耗电量 ΔA_{Σ} 为

$$\Delta A_{\Sigma} = \Delta A_{KB} + \Delta A_{GD} = 1076.8 + 922.5 = 1999.3(\text{kW} \cdot \text{h})$$

（6）理论线损率计算及线损分析。

1）线路理论线损率为

$$\Delta A_{L}(\%) = \frac{\Delta A_{\Sigma}}{A_{p}} \times 100\% = \frac{1999.3}{40\ 110} \times 100\% = 4.98\%$$

2）线路实际线损率为

$$\Delta A_{L \cdot Sj}(\%) = \frac{A_{p} - \sum\limits_{i=1}^{8} A_{b \cdot i}}{A_{p}} \times 100\% = \frac{40\ 110 - 33\ 830}{40\ 110} \times 100\% = 15.66\%$$

3）固定损耗占总损耗的比重为

$$\Delta A_{GD}(\%) = \frac{\Delta A_{GD}}{\Delta A_{\Sigma}} \times 100\% = \frac{922.5}{1999.3} \times 100\% = 46.14\%$$

4）经济线损率。

功率因数为

$$\cos\varphi = \frac{A_{P}}{\sqrt{A_{P}^2 + A_{q}^2}} = \frac{40\ 110}{\sqrt{40\ 110^2 + 35\ 370^2}} = 0.75$$

最佳理论线损率为

$$\Delta A_{zj}(\%) = \frac{2K \times 10^{-3}}{U_{lN}\cos\varphi} \sqrt{R_{DZ \cdot \Sigma} \sum_{i=1}^{8} \Delta P_{io}} \times 100\%$$

$$= \frac{2 \times 1.09 \times 10^{-3}}{10 \times 0.75} \sqrt{18.16 \times 1610} \times 100\% = 5.00\%$$

线路经济负荷电流为

$$I_{jj} = \sqrt{\frac{\sum\limits_{i=1}^{m} \Delta P_{io}}{3K^2 R_{DZ \cdot \Sigma}}} = \sqrt{\frac{1610}{3 \times 1.09^2 \times 18.16}} = 4.99(\text{A})$$

平均视在功率为

$$S_{sj} = \sqrt{\left(\frac{A_{P}}{t}\right)^2 + \left(\frac{A_{q}}{t}\right)^2} = 93.33(\text{kV} \cdot \text{A})$$

实际平均负荷电流为

$$I_{sj} = \frac{S_{sj}}{\sqrt{3}} = \frac{93.33}{\sqrt{3} \times 10} = 5.39(\text{A})$$

线路上变压器综合经济负载率为

$$f_{zh}(\%) = \frac{U_{le}}{K \sum\limits_{n=1}^{m} S_{ni}} \sqrt{\frac{\sum\limits_{n=1}^{m} \Delta P_{io}}{R_{DZ \cdot \Sigma}}} \times 100\% = \frac{10}{1.09 \times 430} \sqrt{\frac{1610}{18.16}} = 20.00\%$$

线路上变压器实际负载率为

$$S_{sj} = \frac{A_p}{t\cos\varphi} = \frac{40\,110}{573 \times 0.75} = 93.33(\mathrm{kV \cdot A})$$

$$f_{sj \cdot B} = \frac{S_{sj}}{\sum\limits_{i=1}^{m} S_{Ni}} \times 100\% = \frac{93.33}{430} \times 100\% = 21.70\%$$

变压器最佳负载率为

$$f_{zj \cdot B} = \sqrt{\frac{\sum\limits_{n=1}^{m} \Delta P_{oi}}{\sum\limits_{n=1}^{m} \Delta P_{ki}} \times \frac{R_{DZ \cdot B}}{R_{DZ \cdot L\Sigma} + R_{DZ \cdot B}}} \times 100\% = \sqrt{\frac{1610}{9700} \times \frac{5.4}{18.16}} \times 100\% = 22.22\%$$

5.8　配电网降低线损的技术措施

降低线损的技术措施一般分为两大类：一类是对电网实施改造，通过改善电网结构、增强供电能力、做好无功补偿等，通过投入一定的资金来实现降损的目的；另一类措施不需要投资费用，只要求改进电网运行管理，即可达到降损的目的。电网运行管理部门应重视后一类措施，并在日常的运行和线损管理工作中积极贯彻实施。

5.8.1　加强配电网的建设和改造

由于城市电网消耗约 75% 以上的电能，而且用电负荷不断增长，在大城市负荷密度已达 60 000～200 000MW/km²，而且有继续增长的趋势。我国现有城市电网建设因投资不足设备陈旧，受电和配电能力差，因此加强城市电网的建设和改造对于提高供电能力，对确保可靠供电和降低电网损耗都具有重要意义。

做好电网发展规划、建设规划、改造规划以及与规划相应的设计，是决定一个电网线损水平的基础管理环节。一个兼顾眼前需要和长远发展的、符合实际条件的电网规划和先进的设计，将从根本上决定这个电网的线损是否处在合理的水平上。

1. 城市中低压配电网建设和改造

（1）低压电网接线原则。供电半径不宜过长，为满足末端电压质量要求，市区一般为 250m，繁华地区为 150m，最长不超过 400m。在三相四线制供电系统中，中性线截面积宜与相线截面积相同。为改善电压质量，降低线损，纯照明负荷街区应避免单相供电。

（2）中压配电网的建设原则。应依据高压配电变电站的位置和负荷分布分成若干相对独立的分区。

应有较强的适应性，主干线导线截面积按长远规划选型一次建成。在负荷发展不能满足需要时，可增加新的馈入点或插入新的变电站，其结构保持不变。

（3）线损率的规划值。公用电网综合线损率一般为 0%～8%；35～220kV 主网线损率 < 3%；远景规划 10kV 及以下配电网线损率 < 5%；远景年的线损率呈下降趋势。

2. 农村中低压配电网建设和改造

（1）供电半径要求。农村线路供电半径一般应满足：380V 线路不大于 0.5km，10kV 线路小于 15km，35kV 线路小于 40km，110kV 线路小于 150km。负荷密度小的地区，在保证电压质量和适度控制线损的前提下，10kV 线路供电半径可适当延长。

（2）线损要求。农网改造后应达到：农网高压综合线损率降到 10% 以下，低压线损率降到 12% 以下。

（3）导线选型要求。35kV 线路导线应选用钢芯铝绞线，并留有 10 年的发展裕度，但截面积不得小于 70mm²。对 10kV 配网，农村配电变压器台区应按"小容量、密布点、短半径"的原则建设改造，应使用低损配电变压器，导线应选用钢芯铝绞线，并留有不少于 5 年的发展裕度，且截面积不得小于 35mm²，负荷小的线路末端导线截面积可选用 25mm²。低压主干线按最大工作电流选取导线截面积，且不得小于 35mm²，分支线不得小于 25mm²（铝绞线）。

（4）供电方式。对于负荷密度小、负荷点少和有条件的地区可采用单相变压器或单、三相混合供电的配电方式。

（5）无功补偿。坚持"全面规划，合理布局，分级补偿，就地平衡"及"集中补偿与分散补偿相结合，以分散补偿为主，高压补偿与低压补偿相结合，以低压补偿为主，调压与降损相结合，以降损为主"的原则。

变电站宜采用密集性电容器补偿，可按主变压器容量的 10%～15% 配置。100kV·A 及以上配电变压器宜采用自动投切补偿，可按配电变压器容量的 10%～15% 配置。

3. 增建线路回路，更换大截面积导线或改变线路迂回供电，以减小网络中的等值电阻

（1）增大导线截面积或改变线路迂回供电。在输送相同负荷的情况下换粗导线截面积或改变线路迂回供电，可减少功率损耗。降低的电能损耗为

$$\Delta(\Delta A) = \Delta A \left(1 - \frac{R_2}{R_1}\right) \tag{5-81}$$

式中　ΔA——改造前线路的损耗电能，kW·h；

R_1，R_2——分别为线路改造前后的电阻，对于有分支的线路则以等值电阻代替，Ω。

表 5-7 是换线前、后可变损耗的变化。

表 5-7　　　　　　　　　换线前、后降低可变损耗的关系

序号	原导线	换粗导线	降低线损（%）
1	LGJ-25	LGJ-55	38.4
2	LGJ-35	LGJ-50	23.5
3	LGJ-50	LGJ-70	29.2
4	LGJ-70	LGJ-95	28.3
5	LGJ-95	LGJ-120	18.2
6	LGJ-120	LGJ-150	22.2
7	LGJ-150	LGJ-185	19.0
8	LGJ-185	LGJ-240	22.4
9	LGJ-240	LGJ-300	18.8
10	LGJ-300	LGJ-400	25.2

（2）增加等截面积、等距离线路并列运行后的降损电量，即

$$\Delta(\Delta A) = \Delta A\left(1 - \frac{1}{N}\right) \tag{5-82}$$

式中　ΔA——原来一回线路运行时的损耗电量，$kW \cdot h$；

　　　　N——并列运行线路的回路数。

（3）原导线上增加一条不等截面积导线后的降损电量，即

$$\Delta(\Delta A) = \Delta A\left(1 - \frac{R_2}{R_2 + R_1}\right) \tag{5-83}$$

式中　R_1，R_2——原线路电阻、增加导线电阻，Ω。

4. 淘汰高耗能变压器，积极使用节能变压器

由于电力变压器是主要的变电设备，在各级电网和用户中使用的数量很大，而变压器损耗占总损耗的比例又较大。因此，应重视降低变压器损耗工作。变压器的效益与负荷率、铜损耗、铁损耗和功率因数有关，当铜损耗与铁损耗相等时效率为最高。在设计的标准规范中，损耗比（即铁损耗与铜损耗之比）为 $1/2.5 \sim 1/5$，最高效率时相应的负荷率为 0.63 和 0.45。

铁损耗是制造厂改进变压器效率的主要领域。非晶合金配电变压器空载损耗比同容量的硅钢铁心变压器空载损耗低 $60\% \sim 80\%$。由于非晶态合金厚度仅为 0.03mm，比较脆，不能冲压和机械加工，因而不能制造大容量变压器，只适用于 $630kV \cdot A$ 以下的配电变压器。

要加快淘汰高耗能变压器的步伐，积极使用节能变压器。日本现在全部采用卷铁心的配电变压器，与叠片式铁心相比，铁损耗减少 $30\% \sim 40\%$，铜损耗减少 10%。美国推广的非晶合金铁心配电变压器，其铁损耗比我国的 S9 系列低 80%。国外先进国家研制的超导变压器，铁损耗减少至常规变压器的 $1/7$，铜损耗减少至 $1/8$。

对节能变压器，降损电量计算公式为

$$\Delta(\Delta A_{\mathrm{T}}) = [\Delta P_0 - \Delta P_0']T \tag{5-84}$$

式中　$\Delta(\Delta A_{\mathrm{T}})$——$T$ 时段内由于采用节能变压器而减少的电能损失，$kW \cdot h$；

　　　　ΔP_0——更换前原变压器的空载损耗功率，kW；

　　　　$\Delta P_0'$——更换后节能变压器的空载损耗功率，kW；

　　　　T——变压器运行小时数，h。

5. 对配电网进行升压改造，简化电压等级，减少重复的变电级次

在负荷功率不变的条件下，将电网电压提高，则通过电网元件的电流相应减小，负载损失也随之降低。因此，可结合城、农网改造，对部分不适应经济供电需要的老配电网进行升压改造，提高供电能力，适应负荷增长的需要，并降低电网的线损。

线路升压后降损电能为

$$\Delta(\Delta A) = \Delta A\left(1 - \frac{U_{\mathrm{N1}}^2}{U_{\mathrm{N2}}^2}\right) \tag{5-85}$$

式中　ΔA——升压前线路的损耗电能，$kW \cdot h$；

　　　　U_{N1}——升压前线路的额定线电压，kV；

　　　　U_{N2}——升压后线路的额定线电压，kV。

升压后线路损耗的效果见表 5-8。

表 5 - 8　　　　　　　　　　　　升压后线路损耗效果表

升压前的额定电压（kV）	升压前的额定电压（kV）	升压后线路损耗降低（%）
110	220	75
35	110	89.9
10	35	91.8
6	10	64

5.8.2　选择经济合理的配电网运行方式

配电网接线方式和运行方式是否合理，不仅会影响到电网的安全供电，同时还影响到电网运行的经济性。采用经济运行方式的技术措施一般有以下几种。

1. 合理确定环网的运行方式

环形电网是合环运行还是开环运行，以及在哪一点开环运行，都与电网的安全、可靠和经济性有关。从降低线损的观点来考虑，在均一网络（各段线路的 R/X 相同）中，同一电压等级的环网，功率分布与各段电阻成反比（即功率经济分布），这时合环运行可取得很好的降损效果。在非均一程度较大的网络中（如电缆和架空线构成的环网、截面积相差太大的线路或通过变压器构成的环网等）功率按阻抗成反比分布（功率自然分布）。这时，只要负荷调整适当，开环运行对降损将是有利的。

通常城市环形电网选择在最优解列点采取开环运行，这时最优解列点的选择对降损是至关重要的。如果是均一的电网，各线段的 R/X 为常数，则自然功率分布和经济功率分布是一致的。对不均一电网，合环运行时将出现循环电流，使线损增加。

为了降低不均一环网中的功率损耗和电能损耗，还可以在环网自然分布的功率上叠加一个强迫的循环功率，并使两者之和等于经济的功率分布。要在环网中形成一个强迫的循环功率，必须要有一个可以调节的附加电动势，而利用纵横向调压变压器就可实现功率的经济分布。由于纵横向调压变压器的投资费用较大，一般在由不同电压等级线路组成的流过巨大功率的环网中才采用。在一般的不均一环网中，可采用串联电容器来补偿线路的部分电抗以达到功率的经济分布。

2. 重视电网无功环流增加网损的问题

在主网或城市电网的运行中，常常发现不少 110～220kV 环形电网中的有功功率与无功功率潮流流向不一致，甚至完全相反。尤其是在环网运行的地区无功补偿严重不足的电网，或 220/110kV 高低压电磁环网分头电压相差较大的运行电网中。由于地区无功补偿严重不足造成环网运行的线路中传输功率功率因数小，有大量的无功功率串动，容易出现较大的无功环流，从而增大网损。在 220/110kV 高低压电磁环 110kV 侧分头电压相差较大的情况下，同样出现无功环流造成网损不合理的增加。

3. 打开高低压电磁环网的运行方式

高低压电磁环网是指两组不同电压等级运行的线路，通过两端变压器磁回路的连接而并联运行。在这种具有不同电压等级的闭式环网中，其潮流分布仍与环形电网的潮流分布相似。由于在环网中接入了不同的电压级，因此，环网除线路元件外，还必然包括变压器元件。当变压器的变比不同时，将对电网的功率分布产生影响。

一个普遍的情况是系统高低压电磁环网打开后，多数情况下不仅系统安全稳定运行水平得到提高，而且系统经济运行水平也大大提高。因为 500kV 与 220kV 相比，其自然功率值相差极大，另外 500kV 线路电阻值也远小于 220kV 线路电阻值，从表 5-9 中就可明显看出。

表 5-9　　　　　　　　　　　　　220～500kV 线路运行参数

线路额定电压（kV）	导线截面积（mm²）	波阻抗（Ω）	自然功率（MW）	线路电阻（Ω/km）
220	185	413	117	0.170
	2×185	301	161	0.085
	210	408	119	0.150
	2×210	299	162	0.075
	240	405	119	0.131
	2×240	297	163	0.066
	300	399	121	0.105
	2×300	294	164	0.053
	400	390	124	0.079
	2×400	290	167	0.039
	500	385	126	0.063
	2×500	288	168	0.032
330	2×240	305	357	0.066
	2×300	302	360	0.053
	2×400	298	365	0.039
	2×500	296	368	0.032
	2×630	292	373	0.025
500	4×300	264	947	0.026
	4×400	262	954	0.020
	4×500	261	957	0.016
	4×630	259	965	0.013
	4×800	257	972	0.010

由于 500/220kV 高低压电磁环网运行时，按暂态稳定极限功率来控制联络线潮流，造成 500kV 线路实际可传输功率仅为 300MW 左右，相当于一条 220kV 线路的送电容量，从而使电网 220kV 线路传输功率较大，引起的网损也大大增加。

因此，由于 500/220kV 高低压电磁环网稳定限制造成 500kV 线路传输功率小于其自然传输功率时，打开电磁环后可使 500kV 线路传输功率增大，可大大减小电网传输功率所产生的网损。

在 500/220kV 高低压电磁环网的系统中，电网实际运行中还存在一种 500kV 系统西电东送，而 220kV 系统却东电西送的不合理的功率传输方式，造成电网传输功率所产生的网损大大增加，而打开 500/220kV 高低压电磁环网就可避免上述缺陷。

4. 避免近电远送或迂回供电

应严格合理地划分供电区域，按照经济合理的方式，尽量以最短的电气距离供电，避免交叉供电、跨供电区域供电，应力求杜绝近电远送或迂回供电。

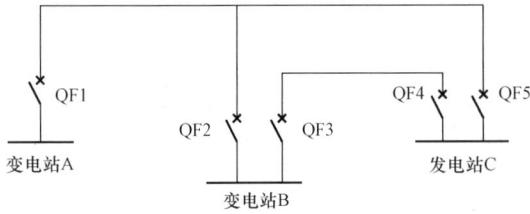

图 5 - 6 所示为某电网的部分运行接线图。当变电站 A 和 B 都由发电厂 C 供电，断路器 QF2 断开。当发电厂 C 检修设备不供电时，若断路器 QF2 仍断开，变电站 B 就改由变电站 A 通过发电厂 C 的高压母线供电，这时就造成迂回供电的不合理运行方式。因此，必须加以调整，即合上断路器 QF2，断开断路器 QF3，把变电站 B 直接换接到联络线上供电较为合适。

图 5 - 6　某电网的部分运行接线图

在 380/220V 的低压配电网，常常为了不使配电变压器过载而调整变压器的供电范围，如果不加注意，往往会出现迂回供电的情况。

5. 合理调整电网运行电压

电网的运行电压对电网元件的空载损耗、负载损耗和电晕损耗均有影响。当负荷不变时，电压每提高 1%，与电压平方成反比的负载损耗将减少 2%。在运行电压接近额定电压，当变压器分接头位置不变时电压每提高 1%，变压器的空载损耗将增加 2%。至于电晕损耗，不仅与运行电压有关，而且与气象条件及电网电压等级等因素有关。

一般电网中，负载损耗约占总损耗的 80% 左右，因此提高运行电压 1%，总损耗可降低 1.2% 左右。这说明适当提高电网的电压水平可以降低线损。

调整电网运行电压可以降低配电网的线损，但并不是配电网的电压调得越高或越低，线损电量就越小。6～10kV 配电网中，一般变压器空载损耗占配电网总损耗的 40%～80%。特别是配电线路在深夜运行时，因负荷低、运行电压较高，造成空载损耗比例更大。因为在一个配电网中往往有多台变压器，其铁心损耗是与电压的平方成正比的，而绕组中的损耗和输电线路电阻中的损耗则与电压的平方成反比。对同样大小的负荷来讲，如果提高运行电压，则会导致铁损增大、可变损耗减小。因此，必须合理地调整电网的运行电压，以达到节能降损的目的，对于农电线路在非排灌季节的情况更是如此。所以，对于配电线路在所有情况下都片面强调提高运行电压是不正确的。

提高电网的运行电压水平与降低线损的基本关系见表 5 - 10。

表 5 - 10　　　　　　　　提高运行电压水平与降低线损的基本关系

电压提高百分数（%）	1	3	5	7	10	15	20
可变损失降低百分数（%）	2	5.7	9	12.4	17.4	24.4	30.6
空载损失增加百分数（%）	2	6	10	14.5	21	32.3	44
总损失降低百分数（%）	1.2～1.4	3.4～4.0	5.2～6.2	7.0～8.3	9.7～11.6	13.0～15.9	15.7～19.4

6. 平衡三相负荷

在三相四线制的 380V 配电网中，大量的用电设备是接在某一相和中性线之间的单相设备。虽然在设计时尽量使各相负荷平衡，但三相电流总有某种程度的不一致。

三相负荷不对称可分为两种类型。一种是随机性的不平衡，时而这相负荷高，时而那相负荷高。对于这种不平衡只能利用专用的控制装置把一部分负荷转移到另外的相上去。第二种是系统不对称，由于用电设备增加或其他原因，三相的平均负荷不相等。这种不平衡使三相的总损耗增大，而且也增加了零线损耗。

低压配电网在运行中要经常测量配电变压器出线端和一些主干线的三相负荷电流及中性线电流，并进行平衡三相负荷电流工作。因为三相负荷电流不平衡，不仅要影响低压网络的电压质量，而且也会增加线损。配电变压器的低压侧三相负荷如果相等，则低压配电网中性线无电流流过。而实际运行中，往往三相负荷是不平衡的，又加之多数中性线导线截面积小于相线，所以三相负荷不平衡造成低压电网线损过大。为了降低这种线损，要定期进行三相负荷的测定，及时调整三相负荷趋于平衡。配电变压器三相负荷不平衡电流不应超过变压器额定电流的 25％；380V 三相四线制线路，三相负荷均匀分配使中性线电流不宜超过首端相线电流的 15％。

设一条低压线路的三相负荷电流为 I_A、I_B、I_C，中性线电流为 I_0，若中性线电阻为相线电阻的两倍，相线电阻为 R，则这条低压线路的有功功率损耗为

$$\Delta P_1 = (I_A^2 R + I_B^2 R + I_C^2 R + I_0^2 \times 2R) \times 10^{-3}$$

当三相负荷电流平衡时，若每相电流为 $(I_A + I_B + I_C)/3$，中性线电流为零。这时线路的有功功率损耗将为

$$\Delta P_2 = 3[(I_A + I_B + I_C)/3]^2 R \times 10^{-3}$$

两者之差为

$$\Delta P_1 - \Delta P_2 = \frac{2}{3}(I_A^2 + I_B^2 + I_C^2 - I_A I_B - I_C I_B - I_C I_A + I_0^2)R \times 10^{-3}$$

单相三线制供电与单相两线或三相四线制供电相比，可大幅度降低供电网电能损耗，可采用常规方法进行降损效果计算，它可以使用单相变压器，可以采用高压单相深入用户，单相变压器易于采用卷铁心结构，使损耗大大减少，单相三线制比三相四线制供电中低压电网综合电能损耗约可降低 20％～30％。

5.8.3　加强无功平衡，提高功率因数

做好电网的无功平衡，减少无功功率在电网中的流动，可降低网损。提高负荷的功率因数，可以减小负荷的无功功率，因而减少发电机送出的无功功率和通过线路及变压器的无功功率，从而减少线路和变压器中的有功功率损耗以及其他电能损耗。要根据 SD 35—1989《电力系统电压和无功电力技术导则》《电力系统电压质量和无功电压管理规定》及其他有关规定，按照电力系统无功优化计算结果，合理配置无功补偿设备，提高无功设备的运行水平，做到无功分压、分区就地平衡，改善电压质量，降低电能损耗。

1．做好电网的分区分压无功平衡，提高负荷的功率因数

配电线路输送大量无功功率是造成电网电压降低和线路损耗增大的主要原因。为了降低损耗和保证电网供电电压，最根本的是做好电网无功功率平衡和优化工作。一般 220kV 以上的输电线路，功率因数应保持在 0.9～0.95，用电负荷所需的无功功率包括各级变电站和线路的无功损耗主要靠安装在受端降压变电站和各级配电变电站中的电容器组供给。

为了保持主网各节点电压的稳定，增强调节的灵活性，在枢纽变电站还应装设无功静止补偿器和有载调压变压器，在配电变电站的电容器组应能分组投切。

电容器的控制方式应按负荷的变化情况确定：

（1）单台低压容量较大的电动机，可将电容器直接与它并联采用负荷开关的中间接点或负荷电流控制，也可采用时间切换器按固定程序投切。

（2）多台小容量电动机，其无功功率是随机变化的，可将电容器分组接在母线上，采用无功功率晶闸管控制方式，功率因数自动控制器按无功变化可将电容器组循环投切。

（3）在用户变电站高压侧亦可采用无功功率控制方式，将电容器分为若干组，根据工作日和休息日的负荷曲线变化控制。

上述各种控制方式在低负荷时自动将电容器切除，故可防止无功功率向系统倒送。

无功功率的需求与用户负荷状况有关，应把加强对用户功率因数的监督管理作为降低线损的一项重要手段，实行功率因数奖罚电价，规定用户的基准功率因数为 0.85～0.95。低于基准值加价收费，高于基准值减少电费。功率因数低于 0.7 的用户不予接电。用经济手段调动用户装电容器的积极性，对逐步实现无功功率就地平衡将起到重要作用。

当负荷的功率因数从 1 降到 $\cos\varphi$ 时，电网元件中的功率损耗将增加的百分数约为

$$\delta_P \% = \left(\frac{1}{\cos^2\varphi} - 1\right) \times 100\%$$

美国、英国、日本等国规定配电线路上基本不送无功功率，输电线路的功率因数在高峰负荷时达 0.95 以上，在低谷负荷时为 1.0 左右。

功率因数降低与损耗功率增加的百分数之间的关系见表 5-11。

表 5-11　　　　　　　　　功率因数降低与损耗功率增加的关系表

功率因数	0.95	0.9	0.85	0.8	0.75	0.7	0.65	0.6
有功功率损耗增加百分数（%）	11	23	38	56	78	104	136	178

提高负荷的功率因数与降低线损的关系可表示为

$$\delta_P \% = \left(1 - \frac{\cos^2\varphi_1}{\cos^2\varphi_2}\right) \times 100\%$$

式中　　$\cos\varphi_1$——负荷原来的功率因数；

　　　　$\cos\varphi_2$——负荷补偿后的功率因数。

2. 并联无功补偿降损的计算

当电网中的某一点装设无功补偿容量 Q_C 后，从该点至电源点所有串接的线路和变压器中的无功潮流将减少，从而使该点以前串接元件中的线损减小。

5.8.4　变压器的经济运行

为了适应变电站变电容量分期建设以及提高供电可靠性的需要，通常变电站一般安装 2～3 台主变压器。一般情况下两台变压器并列运行，当其中一台主变压器故障、检修或试验时，另一台还可以保持运行。而正常情况下如何安排变压器的运行方式，怎样才能减小运行变压器的损耗是人们所关心的问题。

1. 单台双绕组变压器的运行

单台双绕组变压器运行时，当空载损耗和短路损耗相等时，变压器效率最高，运行最经济。经济运行时变压器的负载系数 β_0 为

$$\beta_0 = \sqrt{\frac{\Delta P_0}{\Delta P_k}} \tag{5-86}$$

式中　ΔP_0——变压器的空载损耗，kW；

　　　ΔP_k——变压器的短路损耗，kW。

单台变压器经济负荷为

$$S_E = \beta_0 S_N \tag{5-87}$$

式中　S_E——变压器的经济负荷，kV·A；

　　　S_N——变压器的额定容量，kV·A。

根据负荷、空载损耗、短路损耗、功率因数可绘制双绕组单台变压器的运行损耗曲线。从运行损耗曲线可知：

（1）当 $\beta_0 = 40\% \sim 50\%$ 时，变压器运行时损耗最小，最经济；

（2）选用配电变压器时，负荷在 $40\% \sim 80\%$ 时运行比较经济；

（3）功率因数高损耗小，功率因数低损耗大。

2. 变电站多台同型号双绕组变压器的并列运行

当变电站有 n 台相同型号的双绕组变压器并列运行，应分别计算相邻台数变压器的临界负荷，确定不同负荷情况下应当投运的变压器运行台数。

若有 n 台同型号的双绕组变压器并列运行，当总负荷为 S 时，则总的有功功率损耗 ΔP_Σ 为

$$\Delta P_\Sigma = n\Delta P_0 + n\Delta P_k \left(\frac{S}{nS_N}\right)^2 = n\Delta P_0 + \frac{1}{n}\Delta P_k \left(\frac{S}{S_N}\right)^2 \tag{5-88}$$

切除 1 台变压器后，总的有功功率损耗 $\Delta P'_\Sigma$ 为

$$\Delta P'_\Sigma = (n-1)\Delta P_0 + \frac{1}{n-1}\Delta P_k \left(\frac{S}{S_N}\right)^2 \tag{5-89}$$

变压器的临界负荷 S_k 为

$$S_k = S_N \sqrt{n(n-1)\frac{\Delta P}{\Delta P_k}} \tag{5-90}$$

若考虑变压器的无功功率损耗，则变压器的临界负荷可写成

$$S_k = S_N \sqrt{n(n-1)\frac{\Delta P_0 + C_b\Delta Q_0}{\Delta P_k + C_b\Delta Q_k}} \tag{5-91}$$

式中　C_b——变压器的无功补偿功率经济当量，kW/kvar；

　　　ΔQ_0——单台变压器空载时的无功功率损耗，近似等于空载电流百分值乘上变压器的额定容量，kvar；

　　　ΔQ_k——单台变压器短路试验时的无功功率损耗，近似等于短路电压百分值乘上变压器的额定容量，kvar。

当总负荷下降到小于临界负荷时，切除 1 台变压器运行较为经济；当总负荷大于临界负荷时，n 台变压器并联运行较为经济。

5.8.5　谐波对网损的影响

交流系统中能产生用户所需有用功率的只是基波电压、电流和功率，而谐波功率不会做任何有用的功，只是在系统的各种发、变、配、用电设备中以发热的方式消耗掉。所以，谐波功率实质上就是谐波线损。

1. 谐波对线路损耗的影响

谐波电流流过线路时，附加损耗可表示为

$$\Delta P_{\mathrm{L}} = \sum_{h=2}^{\infty} I_h^2 R_h \tag{5-92}$$

式中　ΔP_{L}——线路谐波损耗，W；

　　　I_h——h 次谐波电流，A；

　　　R_h——h 次谐波频率下的线路电阻，Ω；

　　　h——谐波次数。

2. 谐波对变压器损耗的影响

当变压器流过高次谐波电流时，除了使铜损耗增加外，也使其铁损耗增加，其产生的附加损耗为铁心的涡流损耗和磁滞损耗。谐波电流在变压器中造成的附加损耗可用下式估算

$$\Delta P_{\mathrm{T}} = 3 \sum_{h=2}^{\infty} I_h^2 R_{\mathrm{T}} K_{h\mathrm{T}} \tag{5-93}$$

式中　I_h——通过变压器的 h 次谐波电流，A；

　　　R_{T}——变压器工频等值电阻；

　　　$K_{h\mathrm{T}}$——由于谐波的集肤效应和邻近效应使电阻增加的系数，当 h 为 5、7、11 和 13 时，该系数分别取 2.1、2.5、3.2 和 3.7。

3. 谐波对电容器损耗的影响

在谐波电压作用下，使电容器产生额外的功率损耗，其表达式为

$$\Delta P_{\mathrm{C}} = \omega C \tan\delta \sum_{h=2}^{\infty} h U_h^2 \tag{5-94}$$

第6章　配电网谐波分析

发电厂出线端电压一般具有很好的正弦特性，但在配电网中，由于接近负荷端，实际的电压和电流波形总是与正弦波存在偏差，即存在波形畸变，称之为谐波。波形畸变主要是由配电网中的非线性用电负载引起，对于某些负荷，其电流波形只是一个近似的正弦波。由于谐波问题的存在，原有的无功功率和功率因数等定义需要重新确定其含义。

6.1　波形畸变与谐波

6.1.1　谐波概念

波形畸变是配电网中的非线性用电设备引起的。当流过用电设备的电流和加在其上的电压不成比例关系，或者说其伏安特性不再是线性的，就出现了波形畸变。图6-1给出了一个非线性阻抗上的电压和电流波形，虽然该阻抗上所加电压为正弦波，但电流却是非正弦的。

电力系统中把波形畸变称为电力系统中产生了谐波。

国际上公认的谐波定义为：谐波是一个周期性电气量的正弦波分量，其频率为基波频率的整数倍。

国际电工标准中对谐波也有明确的定义：谐波分量为周期量的傅里叶级数中大于1的 n 次分量。

IEEE标准中对谐波的定义为：谐波为一周期波的正弦波分量，其频率为基波频率的整数倍。

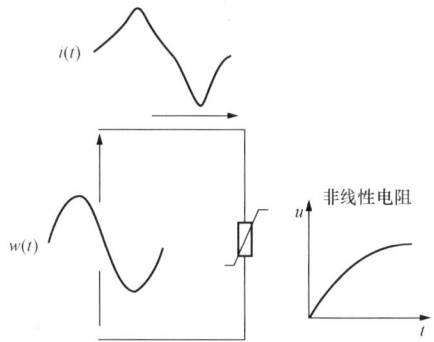

图6-1　非线性电阻引起的波形畸变

6.1.2　谐波性质

（1）谐波次数必须为正整数。在我国，电力系统的额定频率为50Hz，5次谐波频率为250Hz，7次谐波频率为350Hz。

（2）间谐波和次谐波。在一定的供电系统条件下，有些用电负荷会出现非整数倍的周期性电流的波动，根据该电流分解出的傅里叶级数，可能得出不是基波整数倍频率的分量，称为间谐波（Inter-harmonics）。次谐波（Sub-harmonics）是指频率低于工频基波频率的分量。

（3）谐波和暂态现象。在许多电能质量问题中常把暂态现象误认为是谐波畸变。暂态过程的实测波形是一个带有明显高频分量的畸变波形，虽然暂态过程中含有高频分量，但是暂态和谐波却是两个完全不同的现象，它们的分析方法也不同。电力系统仅在受到突然扰动之后，其暂态波形呈现出高频特性，但这些频率并不是谐波，与系统的基波频率无关。

为了区别谐波和暂态现象，实际工程中，采用谐波平均有效值的时间区段取为3s，即取3s时间段内的各谐波有效值的平均有效值。以电压谐波为例，第 h 次电压谐波有效值为

$$U_h = \sqrt{\frac{1}{m}\sum_{k=1}^{m} U_{hk}^2} \qquad (6-1)$$

式中　U_h——第 h 次电压谐波的 3s 平均有效值；

　　　U_{hk}——第 k 个区间测出的第 h 次电压谐波有效值；

　　　m——将 3s 分成的区间数。

（4）短时间谐波。对于短时间的冲击电流，如变压器空载合闸的励磁涌流，按周期函数分解，将包含短时间的谐波和间谐波电流，称为短时间的谐波电流或快速变化谐波电流，应与电力系统稳态谐波区别开来。

（5）陷波。换流装置在换相时，会导致电压波形出现陷波或称换相缺口。这种畸变是电压瞬时值的突然变化，虽然也是周期性的，但与基波频率无关，不属于谐波范畴。

（6）电压、电流波形不只取决于谐波分量的频率和幅值，还取决于它们互相之间的相位移。

6.1.3　谐波危害

1. 谐波对变压器的影响

变压器是按照在工频条件下，输送所需功率的最小损耗原则来设计的。谐波的存在会使变压器发热显著增加，在电流畸变率超过 5% 时，变压器需考虑降低容量运行。

变压器带负载运行时，负载损耗占主要部分，其包括绕组中的电阻损耗和涡流损耗。在谐波电流条件下，变压器负载损耗（标幺值）为

$$P_L = \sum_{h=1}^{M} I_h^2 + P_{EC} \sum_{h=1}^{M} I_h^2 h^2 \qquad (6-2)$$

式中　P_L——变压器负载损耗；

　　　I_h——变压器谐波电流；

　　　h——谐波次数；

　　　P_{EC}——额定条件下，变压器的涡流损耗因子，取值见表 6-1。

表 6-1　　　　　　变压器涡流损耗因子典型值（ANSI/IEEE C57.110 标准）

类　型	容量（MV·A）	电压	P_{EC}(%)
干式变压器	≤1	—	3～8
	≥1.5	5kV	12～20
	≤1.5	15kV	9～15
油浸变压器	≤2.5	480V	1
	2.5～5	480V	1～5
	＞5	480V	9～15

在谐波电流存在的条件下，分析变压器降容常采用 K 因子指标来描述。该指标是描述变压器额外发热的参数，反映变压器承受谐波时所致额外温升的能力。K 因子越大，变压器能处理的谐波次数越高，而且不会产生附加热量。K 因子的表达式为

$$K = \frac{\sum\limits_{h=1}^{\infty} h^2 \left(\dfrac{I_h}{I_1} \right)^2}{\sum\limits_{h=1}^{\infty} \left(\dfrac{I_h}{I_1} \right)^2} \qquad (6-3)$$

K 系数变压器是专门设计的可以承受谐波的变压器，但其价格较高，可以采用标准变

压器降容使用的方式代替 K 系数变压器。

2. 谐波对电动机的影响

谐波对电动机的主要影响是引起附加损耗、机械振动、噪声和谐波过电压。

谐波对电动机引起附加损耗，产生附加温升，缩短电动机的寿命。反映谐波附加损耗的谐波电阻和反映基波损耗的工频电阻满足

$$\frac{R_h}{R_1} \approx \sqrt{h} \tag{6-4}$$

式中　R_h——变压器谐波电阻；

R_1——变压器基波电阻。

3. 谐波对线路的影响

由于电缆分布电容对谐波电流有放大作用，因此在配电网低谷负荷时，电网电压上升而使谐波电压升高。谐波引起电缆损坏的主要原因是浸渍绝缘的局部放电，介质和温升的增大。忽略谐波对电缆介质损耗的影响，则电缆线路的谐波损耗为

$$P = \sum_{h=2}^{M} I_h^2 R_h \tag{6-5}$$

4. 其他影响

配电网或终端用户设备中的谐波电流，将对同一路径中的通信线路产生干扰。谐波电流在相应并联导线中感应的电压频率通常在音频范围内。配电网中的谐波电流可通过感应或直接传导的方式与通信线路耦合。

由于配电网中的消弧线圈是按照工频参数进行设计的，因而对谐波实际上不起作用。谐波电流较大时，会延迟或阻碍消弧线圈的灭弧作用。

谐波会对电能计量的准确性产生影响。

6.1.4　谐波的限值标准

谐波降低了配电网运行的安全性和经济性，为了保证电网、用户设备和人身安全，迫切需要对谐波污染造成的危害加以限制，国家有关部门对电力系统谐波畸变运行值做出了相关规定，现行国家标准为 GB/T 14549—1993《电能质量公用电网谐波》。

1. 公用配电网谐波电压限值

随着配电网电压等级的升高，各级配电系统的电压总畸变率逐渐降低，我国对公用配电网谐波电压允许值见表 6-2。

表 6-2　　　　　　　　　　　　　公用配电网谐波电压允许值

电网标称电压（kV）	电压总谐波畸变率（%）	各次谐波电压含有率（%）	
		奇　次	偶　次
0.38	5.0	4.0	2.0
6	4.0	3.2	1.6
10			
35	3.0	2.4	1.2
66			
110	2.0	1.6	0.8

2. 用户注入配电网的谐波电流限值

控制配电网的谐波电压，就必须限制谐波源注入配电系统的谐波电流，我国对配电系统公共连接点的所有用户向该点注入的各次谐波电流允许值见表 6-3。

表 6-3　　　　　　　　　　　注入公共连接点的谐波电流允许值

电压等级	基准短路容量	谐波次数及允许值（A）											
（kV）	（MV·A）	2	3	4	5	6	7	8	9	10	11	12	13
0.38	10	78	62	39	62	26	44	99	21	16	28	13	24
6	100	43	34	21	34	14	24	11	11	8.5	16	7.1	13
10	100	26	20	13	20	8.5	15	6.4	6.8	5.1	9.3	4.3	7.9
35	250	15	12	7.7	12	5.1	8.8	3.8	4.1	3.1	5.6	2.6	4.7
66	500	16	13	8.1	13	5.4	9.3	4.1	4.3	3.3	5.9	2.7	5.0
110	750	12	9.6	6.0	9.6	4.0	6.8	3.0	3.2	2.4	4.3	2.0	3.7

电压等级	基准短路容量	谐波次数及允许值（A）											
（kV）	（MV·A）	14	15	16	17	18	19	20	21	22	23	24	25
0.38	10	11	12	9.7	18	8.6	16	7.8	8.9	7.1	14	6.5	12
6	100	6.1	6.8	5.3	10	4.7	9.0	4.3	4.9	3.9	7.4	3.6	6.8
10	100	3.7	4.1	3.2	6.0	2.8	5.4	2.6	2.9	2.3	4.5	2.1	4.1
35	250	2.2	2.5	1.9	3.6	1.7	3.2	1.5	1.8	1.4	2.7	1.3	2.5
66	500	2.3	2.6	2.0	3.8	1.8	3.4	1.6	1.9	1.5	2.8	1.4	2.6
110	750	1.7	1.9	1.5	2.8	1.3	2.5	1.2	1.4	1.1	2.1	1.0	1.9

3. 不同谐波源的叠加计算

电网谐波电压和谐波电流往往由多个谐波源产生，因而不同谐波源的相量叠加计算是谐波标准制定的基础。两个谐波源的同次谐波电流 I_{h1} 和 I_{h2} 叠加，当相位角 θ_h 已知时，计算公式为

$$I_h = \sqrt{I_{h1}^2 + I_{h2}^2 + 2I_{h1}^2 I_{h2}^2 \cos\theta_h} \tag{6-6}$$

当相位 θ_h 不确定时，谐波电流计算公式为

$$I_h = \sqrt{I_{h1}^2 + I_{h2}^2 + K_h I_{h1}^2 I_{h2}^2} \tag{6-7}$$

式（6-7）中的系数 K_h 取值见表 6-4。

表 6-4　　　　　　　　　　　系 数 K_h 的 取 值

h	3	5	7	11	13
K_h	1.62	1.28	0.72	0.18	0.08

当公共连接点的实际短路容量不同于表 6-3 中的基准短路容量时，公共连接点的谐波电流允许值按式（6-8）进行换算，即

$$I_h' = \frac{S_k'}{S_k} I_h \tag{6-8}$$

式中　I_h'——公共连接点短路容量为 S_k' 时第 h 次谐波电流允许值；

I_h——表 6 - 3 中的在基准短路容量时第 h 次谐波电流允许值；

S'_k——公共连接点的最小短路容量；

S_k——公共连接点的基准短路容量。

6.2 谐波的度量与计算

6.2.1 谐波有效值

以周期电流 $i(t)$ 为例，周期量的有效值等于其瞬时平方值的平方根，其有效值 I 定义为

$$I = \sqrt{\frac{1}{T}\int_0^T i^2(t)\,\mathrm{d}t} \qquad (6-9)$$

当电压和电流都为非正弦波形时，可将电压和电流进行分解，即

$$\begin{cases} u(t) = \sum_{h=1}^{N} \sqrt{2}U_h \sin(h\omega_1 t + \alpha_h) \\ i(t) = \sum_{h=1}^{N} \sqrt{2}I_h \sin(h\omega_1 t + \beta_h) \end{cases} \qquad (6-10)$$

将式（6 - 10）代入式（6 - 9），则有

$$I^2 = \frac{1}{T}\int_0^T \left[\sqrt{2}I_1\sin(\omega_1 t + \beta_1) + \sqrt{2}I_2\sin(2\omega_1 t + \beta_2) + \cdots + \sqrt{2}I_h\sin(h\omega_1 t + \beta_h) + \cdots\right]^2 \mathrm{d}t$$

$$(6-11)$$

因此有

$$I^2 = I_1^2 + I_2^2 + I_3^2 + \cdots + I_h^2 \qquad (6-12)$$

由此可见，非正弦周期电流的有效值，等于其各次谐波电流有效值的平方和的平方根值，即

$$I = \sqrt{I_1^2 + I_2^2 + I_3^2 + \cdots + I_M^2} = \sqrt{\sum_{h=1}^{M} I_h^2} \qquad (6-13)$$

同理，非正弦周期电压信号 $u(t)$ 有效值为

$$U = \sqrt{U_1^2 + U_2^2 + U_3^2 + \cdots + U_M^2} = \sqrt{\sum_{h=1}^{M} U_h^2} \qquad (6-14)$$

6.2.2 非正弦波形的畸变率

畸变波形偏离正弦波形的程度，常用其正弦波形畸变率表示。各次谐波的有效值的平方和的平方根值与其基波有效值的百分比，称为正弦波形畸变率 THD（Total Harmonic Distortion）。

电压正弦波形的畸变率 THD_u 为

$$THD_u = \frac{\sqrt{\sum_{h=2}^{\infty} U_h^2}}{U_1} \times 100\% \qquad (6-15)$$

电压畸变波形的第 h 次谐波含量为第 h 次谐波电压的有效值 U_h 与基波电压有效值 U_1 的百分比，称为第 h 次谐波电压含量，即

$$HRU_h = \frac{U_h}{U_1} \times 100\% \qquad (6-16)$$

电流正弦波形的畸变率为

$$THD_i = \frac{\sqrt{\sum_{h=2}^{\infty} I_h^2}}{I_1} \times 100\% \tag{6-17}$$

第 h 次谐波电流的含量为

$$HRI_h = \frac{I_h}{I_1} \times 100\% \tag{6-18}$$

6.2.3　非正弦电流的功率和功率因数

当电压和电流都为非正弦波形，谐波畸变会影响功率和功率因数的数值，甚至影响功率的定义。

根据有功功率等于瞬时功率在一个周期内的平均值的定义，考虑到三角函数的正交性，可得到非正弦条件下有功功率的表达式为

$$P = \frac{1}{T} \int_0^T ui \, dt = \sum_{h=1}^{\infty} U_h I_h \cos\varphi_h \tag{6-19}$$

式中　φ_h——第 h 次谐波电流滞后谐波电压的相角。

定义非正弦条件下的无功功率表达式为

$$Q = \sum_{h=1}^{\infty} U_h I_h \sin\varphi_h \tag{6-20}$$

非正弦条件下的视在功率仍定义为电压和电流均方根值的乘积，即

$$S = UI = \sqrt{\left(\sum_{h=1}^{\infty} U_h^2\right)\left(\sum_{h=1}^{\infty} I_h^2\right)} \tag{6-21}$$

非正弦条件下功率之间不再保持直角三角的关系，$S^2 > P^2 + Q^2$，它们的差值称为畸变功率 D，即

$$D = \sqrt{S^2 - (P^2 + Q^2)} \tag{6-22}$$

根据定义，功率因数为

$$PF = \frac{P}{S} = \frac{UI_1\cos\varphi_1}{UI} = \frac{I_1}{I}\cos\varphi_1 = \frac{1}{\sqrt{1 + THD_i^2}}\cos\varphi_1 \tag{6-23}$$

定义相移功率因数为

$$DPF = \cos\varphi_1 \tag{6-24}$$

因此谐波存在时，功率因数为

$$PF = \frac{I_1}{I}DPF \tag{6-25}$$

6.2.4　三相电路中的谐波特性

在对称三相电路中，各相电压（电流）变化规律相同，但在时间上依次相差 1/3 周期（$T/3$）。

A 相、B 相、C 相电压电压可表示为

$$\begin{cases} u_A = u(t) \\ u_B = u\left(t - \dfrac{T}{3}\right) \\ u_C = u\left(t + \dfrac{T}{3}\right) \end{cases} \tag{6-26}$$

A 相电压所含第 h 次谐波电压为

$$u_{Ah} = \sqrt{2}U_h \sin(h\omega_1 t + \varphi_h) \qquad (6-27)$$

B、C 相第 h 次谐波电压分别为

$$u_{Bh} = \sqrt{2}U_h \sin(h\omega_1 t + \varphi_h - h \times 120°) \qquad (6-28)$$

$$u_{Ch} = \sqrt{2}U_h \sin(h\omega_1 t + \varphi_h + h \times 120°) \qquad (6-29)$$

当 $h=3k+1$（$k=1$，2，…）时，三相电压谐波的相序都与基波的相序相同，即 4、7、10 等次谐波都为正序性谐波。

当 $h=3k-1$ 时，三相电压谐波的相序都与基波的相序相反，即 2、5、8、11 等次谐波都为负序性谐波。

当 $h=3k$ 时，三相电压谐波都有相同的相位，即 3、6、9、12 等次谐波都为零序性谐波。

与电压情况相同，电流的各次谐波同样具有不同的相序特性。

不对称三相系统各次谐波的相序特性与对称时不同，各次谐波都有可能不对称，可用对称分量法将它们分解为零序、正序和负序三个对称分量系统进行研究。

6.3　配电网典型谐波源

配电网中的谐波源，就其非线性特性而言主要有三大类。

(1) 磁饱和类：各种含铁心设备，如变压器、电抗器等，其铁磁饱和特性呈现非线性。

(2) 换流类：主要为各种交直流换流装置、双向晶闸管可控开关设备及 PWM 变频器等电力电子设备。

(3) 电弧类：交流电弧炉和交流电焊机等。

上述设备，即使供给它理想的正弦波电压，它取用的电流也是非正弦的，即有谐波电流存在。其谐波电流含量主要决定于设备本身的特性和工作状况，与电力系统的参数关系不大，因而常被看作谐波恒流源。

6.3.1　磁饱和类设备

磁饱和类设备包括变压器、电机和其他带有铁心的电磁设备等。铁心的非线性磁化特性将引起谐波。

变压器的励磁回路实质上就是具有铁心绕组的电路。当变压器运行点在磁化饱和曲线"拐点"下方时，处于线性状态；而当其运行点位于"拐点"上方时，铁心为非线性器件，即使外加电压时纯正弦波，电流也要发生畸变，从而产生谐波电流，如图 6-2 所示。

当变压器磁路不饱和时，变压器的磁通 ϕ 和励磁电流 i_m 是直线关系，不产生谐波，如图 6-2（a）所示。当变压器磁路饱和时，变压器的磁通 ϕ 和励磁电流 i_m 不再是直线关系，励磁电流 i_m 中除了含有基波分量 i_{m1} 外，还含有 3 次谐波分量 i_{m3}，如图 6-2（b）所示。

虽然在额定运行电压下变压器励磁电流含有丰富的谐波电流，但一般情况下都小于额定满载电流的 1%；而一些功率类设备和电弧装置，所产生的谐波电流可以达到其额定值 20% 或更高。但是，变压器对谐波的影响较为显著，特别是对于变压器较多的配电系统。通常，凌晨时负荷较小、电压较高，3 倍频谐波电流有较大幅值的增加。

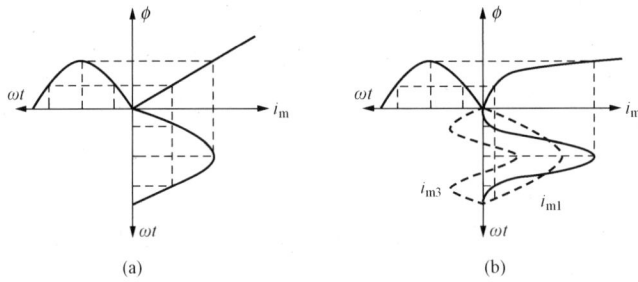

图 6-2　变压器励磁回路运行特性

(a) 变压器磁路不饱和；(b) 变压器磁路饱和

忽略磁滞影响，以空载变压器为例对其进行谐波分析，当变压器端电压为正弦波时，有

$$u = \sqrt{2}U\sin(\omega t + \alpha) \tag{6-30}$$

式中　α——变压器端电压的初相位。

由端电压和铁心磁通间关系可得

$$u = \omega \frac{\mathrm{d}\phi}{\mathrm{d}t}$$

于是有

$$\phi = -\frac{\sqrt{2}U}{w\omega}\cos(\omega t + \alpha) = \frac{\sqrt{2}U}{w\omega}\sin\left(\omega t + \alpha - \frac{\pi}{2}\right) \tag{6-31}$$

式中　ϕ——变压器铁心磁通；

　　　w——变压器一次绕组匝数。

在正弦电压下，磁通也是正弦，只是相位滞后电压 $\frac{\pi}{2}$。由铁心磁化曲线可求得对应此磁通的电流波形为

$$i = a_1\phi + b_1\phi^3 \tag{6-32}$$

则有

$$i = \sqrt{2}I_1\sin\left(\omega t - \frac{\pi}{2}\right) + \sqrt{2}I_3\sin\left(3\omega t - \frac{\pi}{2}\right) \tag{6-33}$$

此时的电流已发生畸变，包含有 3 次谐波项，且其峰值与基波峰值相重合构成尖顶波。

式（6-33）只是个近似表达式，实际上电流中还有其他高次谐波项。因为电流波形正、负半波相同，因而电流中只有奇次谐波存在。

在计及所加电压的初相角 θ 时，有

$$u = \sqrt{2}U\sin(\omega t + \theta) \tag{6-34}$$

则

$$i = \sqrt{2}I_1\sin\left(\omega t - \frac{\pi}{2} + \theta\right) + \sqrt{2}I_3\sin\left(3\omega t - \frac{\pi}{2} + \theta\right) \tag{6-35}$$

可见，初相角的变化改变了坐标原点的位置，h 次谐波移动了 $h\theta$ 的电角度，但电流的波形不变。

6.3.2　整流和换流类设备

整流和换流类设备在工作过程中，使得配电系统输入的电压、电流之间失去了正比例关

系，导致负荷电流波形发生畸变，产生谐波。表 6-5 列出了各种整流电路及其谐波电流特性。表 6-6 列出了各种晶闸管调节电路及其谐波电流特性。

表 6-5　　　　　　　　　　整流电路及其谐波电流特性

名　称	电　路　图	谐波电流特性
三相桥电路		$k=6n\pm1$，$n=1,2,\cdots$ $\dfrac{I_k}{I_1}=K_k\dfrac{1}{k}$ 其中，$a=0$，$\theta=0$ 时，$K_k=1$；a 为相位控制角；θ 为换相重叠角
单相桥电路		$k=4n\pm1$，$n=1,2,\cdots$ $\dfrac{I_k}{I_1}=K_k\dfrac{1}{k}$ 其中，$a=0$，$\theta=0$ 时，$K_k=1$
三相混合桥电路		$k=3n\pm1$，$n=1,2,\cdots$ $\dfrac{I_k}{I_1}=K_k\dfrac{1}{k}$ 其中，$\theta_a=\theta_D=0$ 时，$K_k=\sqrt{\dfrac{2}{3}}\sin$ $\dfrac{k\pi}{3}\sqrt{1-(-1)^4\cos ka/\cos\dfrac{a}{2}}$ 式中：θ_k 为晶闸管侧换相重叠角；θ_D 为二极管侧换相重叠角

表 6-6　　　　　　　　　　晶闸管调节电路及其谐波电流特性

名　称	电　路　图	谐波电流特性
带平衡电抗器的反星形电路		$k=6n\pm1$，$n=1,2,\cdots$ $\dfrac{I_k}{I_1}=K_k\dfrac{1}{k}$ 其中，$a=0$，$\theta=0$ 时，$K_k=1$
单相双方向控制电路		$k=4n\pm1$，$n=1,2,\cdots$ $\dfrac{I_k}{I_1}$ 由负荷功率因数 φ 和相位控制角 α 而定

名　称	电　路　图	谐波电流特性
三相双方向控制电路		$k = 6n \pm 1$，$n = 1, 2, \cdots$ $\dfrac{I_k}{I_1}$ 由负荷功率因数 φ 和相位控制角 α 而定
三相单方向控制电路		$k = 3n \pm 1$，$n = 1, 2, \cdots$ $\dfrac{I_k}{I_1}$ 由负荷功率因数 φ 和相位控制角 α 而定

6.3.3　电弧炉

电弧炉是利用三根碳棒电极和炉料、铁渣之间的三相大电流电弧所产生的热量来熔化炉料。电弧炉工作时由于反复不规则地将电极开路和短路，使得电弧不稳定、负载不平衡，所以产生谐波。谐波次数和谐波量因电弧炉本身的特性和运行方式而不同。

根据电弧炉的容量及冶炼要求，炼钢周期为 3～8h 不等。炼钢前的 0.5～2h 为炉料的熔化时期，此阶段电弧极不稳定，因此电弧电流具有数值大而且不平衡、畸变和不规则波动的特点。特别是在熔化期的初期，畸变和波动更为严重。在后一阶段的精炼期，电弧电流比较稳定，畸变也较小。

根据对电弧炉实测电流的分析，电弧炉电流中主要含有 2、3、4、5、7 次谐波成分。典型电弧炉谐波电流含有率见表 6-7。

交流电弧炉为三相不平衡的谐波电流源，冶炼过程中还有基波负序电流注入系统。此外，三相电流的剧烈波动，还会引起公共连接点的电压波动，导致白炽灯闪烁，并对电视机、电子设备产生闪变。

表 6-7　　　　　　　　　　　　电弧炉谐波电流含有率（%）

谐波次数 h		2	3	4	5	7
谐波含有率	熔化期（活动电弧）	7.7	5.8	2.5	4.2	3.1
	精炼期（稳定电弧）		2.0		2.1	

6.3.4　电力机车

电气铁道的电力机车牵引负荷为波动性很大的大功率单相整流负荷，具有对称性、非线性、波动性和功率大的特点，将产生高次谐波和基波负序电流。

电气铁道的供电，一般采用电力系统 110kV 双电源，经铁道沿线建立若干牵引变电站降压到 27.5kV 或 55kV 后通过牵引网（接触网）向电力机车供电。电力机车采用架空接触导线和钢轨之间的 25kV 单相工频交流电源，经过全波整流后驱动直流牵引电动机。图 6-3 所示为电气铁道电力机车供电系统简图。

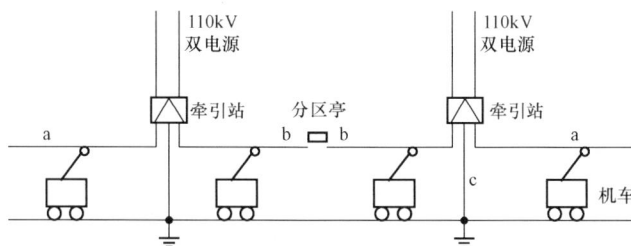

图 6-3 电力机车供电系统示意图

当前我国电力机车主要有韶山Ⅰ型、韶山Ⅲ型，表 6-8 是某试验研究所对韶山Ⅰ型电力机车运行中的测试数据。

表 6-8 韶山Ⅰ型电力机车在宝（宝鸡）成（成都）线秦岭段的谐波电流含量

机车负荷电流（基波）（A）	各次谐波电流含有率（%）									
	2	3	4	5	6	7	8	11	13	15
75	3.76	25.4	1.08	12.9	0.13	7.46	0.39	2.64	1.62	1.13

从表 6-8 可以看出，韶山Ⅰ型电力机车正常谐波电流主要是 3、5、7 次，其值约为

$$I_h = \frac{(1.5 \sim 2)I_1}{h^2} \qquad (6-36)$$

式中 I_1——基波电流。

6.3.5 家用电器

家用电器单台容量不大，但数量很大且散布于各处，电力部门又难以管理。家用电器所产生的谐波电流可以从低压系统馈入配电网。一般家用电器所产出的高次谐波电流含量见表 6-9 所示。从表中可以看出，谐波含量最高是电视机，尤其是彩色电视机，随着家用电器的发展，其产生的谐波污染已日益成为不可忽视的问题。

表 6-9 一般家用电器产生的高次谐波电流含量

谐波率（%） ╲ 谐波次数 ╱ 名称	3	5	7	9	11	总谐波率
日光灯	14.1	2.9	1.8	—	—	14.4
鼓风灯	8.5	1.4	0.9	—	—	8.7
洗衣机	10.8	5.3	—	—	—	12.1
彩色电视机	87.9	68.3	45.2	23.5	6.8	122.61
一般黑白电视机	89.1	16.9	2.1	2.1	1.2	90.7
电子灶	14.6	1.7	1.0	—	—	14.7
电冰箱	21.2	10.6	6.0	—	—	—
吸尘器	9.1	1.1	0.7	—	—	—

6.4 元件谐波参数计算

三相高次谐波往往呈现不同的正序、负序、零序特性。在分析各元件谐波参数时，应考虑到它们的序特征并采用相应的序参数。

6.4.1 变压器谐波参数

在基波潮流计算中，常忽略变压器的励磁支路和绕组电阻。由于铁心的存在，变压器的励磁支路是非线性的，其非线性的程度随外施电压而变，电压越高，铁心越接近饱和，其非线性的程度也越大。

变压器是电力系统的谐波源之一，在谐波潮流计算中，可以将它看作单独的谐波源。在较粗略计算时也可忽略变压器非线性的作用。在高次谐波作用下，变压器绕组相间及绕组匝间的电容将要起作用，但在所考虑的谐波次数不太高时，可以忽略不计，因而其等值电路为一连接一、二次侧节点的阻抗支路，如图 6-4 所示。

图 6-4 变压器谐波等值电路

变压器阻抗值由绕组电阻和漏抗所组成。电感值可近似认为是常数，从而其漏抗值是相应基波电抗与谐波次数的乘积，即

$$X_{Th} = hX_{T1} \tag{6-37}$$

式中 X_{Th}——变压器 h 次谐波电抗；

          X_{T1}——变压器在基波时的相应序电抗，其谐波电抗由该次谐波的序特性确定。

在高次谐波作用下，变压器绕组内的集肤效应和邻近效应都变得显著，电阻值将增大。有关资料表明，电阻值大致与谐波次数的平方根成正比，因而变压器谐波阻抗可表示为

$$Z_{Th} = \sqrt{h}R_{T1} + jhX_{T1} \tag{6-38}$$

式中 Z_{Th}——变压器 h 次谐波阻抗；

          R_{T1}——基波时变压器的绕组阻抗。

当略去变压器的电阻时，变压器等值电流就是一个纯电抗的支路。

6.4.2 线路谐波参数

配电线路是具有均匀分布参数，在潮流计算中三相对称配电线路通常以集中参数的Ⅱ型等值电路表示，如图 6-5 所示。

作基波（$h=1$）计算时，等值电路参数为分布参数的简单集中。若以 r_{01}、x_{01}、b_{01} 分别表示线路单位长度的基波电阻、电抗和电纳，且此线路长度为 l（km）时，基波等值电路参数为

$$\begin{cases} Z_1 = (r_{01} + jx_{01})l \\ Y_1 = jb_{01}l \end{cases} \tag{6-39}$$

在谐波作用下，配电线路的分布参数特性将比基波时更为明显。对 h 次谐波而言，是波长为 $\dfrac{300h}{6000} = \dfrac{h}{20}$ 的线路。换句话说，若对基波 300km 以上的架空线路需要考虑其分布特性；则对 h 次谐波来说，$\dfrac{300}{h}$km 的线路就需要计及其分布特性。例如，对 11 次谐

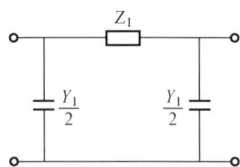

图 6-5 配电线等值电路

波，27.3km 的架空线就应计及分布特性。为此，计算中以应用双曲线函数计算线路等值参数较好。

配电线路的电容和电感值可认为是不随频率变化的常量。正常运行时，线路的电导可以忽略，因而线路单位长度导纳可表示为

$$Y_{0h} = \mathrm{j}hb_{01} \tag{6-40}$$

式中　Y_{0h}——配电线路的在 h 次谐波时单位长度电纳值；

　　b_{01}——基波时的线路单位长度电纳值。

配电线路的电阻因集肤效应将随谐波次数增大而增大，对通常应用的导线规格，电阻的变化情况可表示为

$$r_{0h} = 0.288 r_{01} + 0.138 \sqrt{hr_{01}}, \quad h \neq 1 \tag{6-41}$$

式中　r_{0h}，r_{01}——分别为谐波和基波时单位长度线路阻抗值。

这样，线路单位阻抗可表示为

$$Z_{0h} = r_{0h} + \mathrm{j}hx_{01} \tag{6-42}$$

式中　Z_{0h}——h 次谐波时配电线路单位长度阻抗值；

　　x_{01}——基波时线路单位长度电抗值。

6.4.3　负荷谐波参数

由于各种负荷比例及地点随时间变化较大，因而要准确地确定其等效阻抗值是很困难的，可近似地认为综合负荷为一等值电动机。当高次谐波电压施加于电动机端时，定子中将产生 h 倍同步速的旋转磁场，它和转子间以接近于 $(h \pm 1)$ 倍同步速做相对运动（异步机转子转速略低于同步速），于是可得综合负荷的谐波等值阻抗值为

$$Z_h = \sqrt{h} R_1 + \mathrm{j}hX_1 \tag{6-43}$$

式中　Z_h——h 次谐波时等值电动机阻抗值；

　　R_1，X_1——基波时等值电动机的负序电阻和电抗。

当负荷点处接有较大容量的无功补偿装置时，由于电容的频率特性和电感的完全不同，此时应将其从综合负荷中分出来作为一个独立支路对待。显然，电容的谐波电抗值和谐波次数成反比。

零序电流一般不会进入负荷，因而在零序性的高次谐波网络里，可忽略负荷支路。

求得各元件的谐波参数后，即可按它们的接线情况形成用以描述谐波网络的谐波导纳矩阵。在形成各次谐波导纳矩阵时，对基波分量可求出基波网络节点导纳矩阵，其导纳元素与网络的基波阻抗相对应。对谐波分量，其网络元件参数和等值电路，应与谐波的频率相对应。另外，还需将发电机和线性负荷的等值谐波阻抗接到各谐波网络中相应的节点上，从而求出各次谐波网络的节点导纳矩阵。

6.5　谐　波　谐　振　分　析

在配电网的多处装有并联电容器，并联电容器对配电系统的阻频特性影响较大。电容器本身并不产生谐波电流，但有时电容器却可以引起严重的谐波电压畸变。

配电网中感性电抗随频率成比例增加，并联电容器的容性电抗则成比例减小，即

$$X_C = \frac{1}{2\pi f C} \tag{6-44}$$

式中　　X_C——并联电容器的容抗；

　　　　f——系统频率；

　　　　C——并联电容器的电容值。

电感和电容之间基本的谐振频率 f_τ 关系式为

$$f_\tau = \frac{1}{2\pi\sqrt{LC}} \tag{6-45}$$

式中　　f_τ——谐振频率；

　　　　L——系统电抗。

所有含有电容和电感的电路都有一个或多个固有频率，在某一固有频率下，电路与系统间可能发生谐振。谐振频率所对应的电压和电流的幅值较大。

从谐波源处看，在谐波频率下，并联电容器与系统等值电感为并联关系，如图 6-6 所示。图中 S 是系统等值电源，Z 为系统等值电抗，T 是变压器，C 是并联电容器，L 是电抗器。对于基波频率外的其他频率，系统电源呈短路状态，在某一固有频率下，当并联电容器的容抗和系统总电抗相等时，就发生了并联谐振。配电系统的谐波源主要是电流源，电容器引起谐波电流放大的基本原理可用图 6-7 所示的等值电路图进行分析。

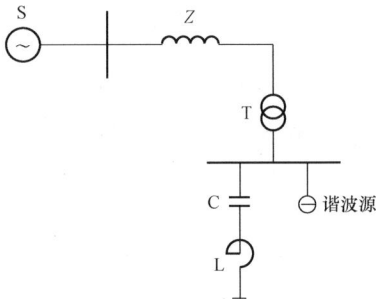

图 6-6　系统简化示意图　　　　　　　图 6-7　系统等值电路图

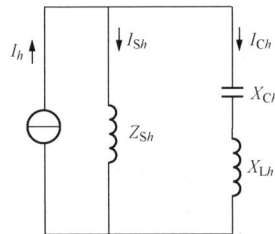

设电容器、电抗器和系统等值基波电抗分别为 X_C、X_L 和 X_S，其 h 次谐波电抗分别为 X_{Ch}、X_{Lh} 和 X_{Sh}。设谐波源 h 次谐波电流为 I_h，注入主系统的电流为 I_{Sh}，注入电容器的电流为 I_{Ch}。

当 $I_{Sh} > I_h$ 时，称为系统谐波电流放大；当 $I_{Ch} > I_h$ 时，称为电容器谐波电流放大；当 $I_{Sh} > I_h$ 和 $I_{Ch} > I_h$ 同时发生时，称为谐波电流严重放大。

电容器支路和系统支路并联的基波电抗和 h 次谐波电抗分别为 X_S' 和 X_{Sh}'，再设 s 和 k 分别是以 X_C 为基值的系统电抗率和电抗器电抗率，则

$$s = \frac{X_S}{X_C} \tag{6-46}$$

$$s = \frac{X_L}{X_C} \tag{6-47}$$

可以导出电容器和主系统的谐波电流关系式为

$$I_{Ch} = \frac{X_{Sh}'}{X_{Lh} - X_{Ch}} I_h = \frac{h X_S}{h X_S + h X_L - X_C/h} I_h = \alpha_{Ch} I_h \tag{6-48}$$

$$I_{Sh} = \frac{X'_{Sh}}{X_{Sh}}I_h = \frac{hX_L - X_C/h}{hX_S + hX_L - X_C/h}I_h = \alpha_{Sh}I_h \qquad (6\text{-}49)$$

$$\alpha_{Ch} = \frac{I_{Ch}}{I_h} = \frac{s}{s + k - 1/h^2} \qquad (6\text{-}50)$$

$$\alpha_{Sh} = \frac{I_{Sh}}{I_h} = \frac{k - 1/h^2}{s + k - 1/h^2} \qquad (6\text{-}51)$$

式中 α_{Ch}，α_{Sh}——电容器和系统的谐波电流分配系数。

(1) 在 $h = 1/\sqrt{s+k}$ 时，$\alpha_{Ch} = \infty$，$\alpha_{Sh} = \infty$。在 $I_h > 0$ 时，不论 I_h 为何值，$I_{Ch} = \infty$，$I_{Sh} = \infty$，由于实际上存在电阻，α_{Ch}、α_{Sh}、I_{Ch} 和 I_{Sh} 实际上是有限大值，这种情况是谐波谐振状况，其谐波谐振次数为 h_0，即

$$h_0 = \sqrt{\frac{X_C}{X_S + X_L}} = \frac{1}{\sqrt{s+k}} \qquad (6\text{-}52)$$

(2) 在 $h = 1/\sqrt{k}$ 时，$\alpha_{Ch} = 1$，$\alpha_{Sh} = 0$，$I_{Ch} = I_h$，$I_{Sh} = 0$。这种情况是电容器全谐振状况，其谐波谐振次数为 h_k，即

$$h_k = \sqrt{\frac{X_C}{X_L}} = \frac{1}{\sqrt{k}} \qquad (6\text{-}53)$$

(3) 在 $h = 1/\sqrt{2s+k}$ 时，$\alpha_{Ch} = -1$，$\alpha_{Sh} = 2$，$I_{Ch} = -I_h$，$I_{Sh} = 2I_h$。这种情况是谐波严重放大的第一临界状况，其谐波谐振次数为 h_1，即

$$h_1 = \sqrt{\frac{X_C}{2X_S + X_L}} = \frac{1}{\sqrt{2s+k}} \qquad (6\text{-}54)$$

(4) 在 $h = 1/\sqrt{\frac{s}{2}+k}$ 时，$\alpha_{Ch} = 2$，$\alpha_{Sh} = -1$，$I_{Ch} = 2I_h$，$I_{Sh} = -I_h$。这种情况是谐波严重放大的第二临界状况，其谐波谐振次数为 h_2，即

$$h_2 = \sqrt{\frac{X_C}{\frac{X_S}{2} + X_L}} = \frac{1}{\sqrt{\frac{s}{2}+k}} \qquad (6\text{-}55)$$

由以上分析可以看出，$h_1 < h_0 < h_2 < h_k$。在 $h > h_k$ 时，$I_{Sh} < I_h$，$I_{Ch} < I_h$，电容器和主系统均分担谐波源电流。在 $h_0 < h < h_k$ 时，电容器不仅是吸收谐波源电流，而且吸收主系统谐波电流。在 $h < h_0$ 时，电容器使主系统分担的谐波电流大于谐波源电流。在 $h_1 < h < h_2$ 时，是谐波严重放大范围。在 $h = h_0$ 时，发生谐波谐振。表 6-10 列出谐波电流放大倍数的典型状况。

表 6-10　　　　　　　　　　谐波电流放大倍数典型状况

谐波次数	谐波电流放大	系统谐波电流	电容器谐波电流
$1 \sim h_1$	轻度放大	$1 \sim 2$	$0 \sim -1$
$h_1 \sim h_0$	严重放大	$2 \sim +\infty$	$-1 \sim -\infty$
h_0	谐振	$\pm\infty$	$\pm\infty$
$h_0 \sim h_2$	严重放大	$-\infty \sim -1$	$+\infty \sim 2$
$h_2 \sim h_k$	轻度放大	$-1 \sim 0$	$2 \sim 1$
h_k	完全滤波	0	1
$> h_k$	分流	$0 < \alpha_{Sh} < 1$	$0 < \alpha_{Sh} < 1$

【例 6-1】 某 10kV 变电站母线的最小短路容量为 35MV·A，加装有 600kvar、额定电压为 $11/\sqrt{3}$kV 的补偿电容器组。实测 10kV 变电站母线未投电容器组时的 5、7、11、13 次谐波电流分别为 6、4、3A 和 2A，投入电容器后 5、7 次谐波电流发生放大问题。试计算谐波电流的放大程度，并计算在电容器组中串联 6% 电抗器后谐波电流是否仍存在放大问题。

解 系统基波等值电抗为

$$X_S = \frac{10.5^2}{35} = 3.15(\Omega)$$

电容器组每相基波容抗为

$$X_C = \frac{11^2 \times 1000}{600} = 201.67(\Omega)$$

因此，系统电抗率为

$$s = X_S/X_C = 0.015\,62$$

电抗器电抗率为

$$k = X_L/X_C = 0$$

由式（6-50）和式（6-51），可求出电容器组投入后注入系统的 5、7、11、13 次谐波电流放大倍数分别为 1.64、4.26、−1.12、−0.61，相应的谐波电流值分别为 9.84、17.04、−3.36、−1.22A。

注入电容器组的 5、7、11、13 次谐波电流放大倍数分别为 −0.64、−3.26、2.12、1.61，相应的谐波电流值分别为 3.84、13.04、6.36、3.22A。

根据计算结果可知，电容器投入后，注入系统的 5、7、11 次谐波电流与注入电容器组的 7、11、13 次谐波电流均发生不同程度的放大情况。

在电容器中串联 6% 电抗器后，可求出电容器组投入后注入系统 5、7、11、13 次谐波电流放大倍数，分别为 0.44、0.72、0.77、0.78，相应的谐波电流值分别为 2.64、2.88、2.31、1.56A。

注入电容器组的 5、7、11、13 次谐波电流放大倍数分别为 0.56、0.28、0.23、0.22，相应的谐波电流值分别为 3.36、1.12、0.69、0.44A。

可见，串联 6% 电抗器后，谐波电流的放大得到了有效抑制。

在补偿电容器中串接 5%～6% 电抗率的电抗器后，可以对系统中 5 次及以上谐波有抑制作用，但对 5 次以下的谐波却有放大作用。因此，补偿电容器串联电抗器应根据配电网谐波的实际情况进行合理选择，以避免可能发生的谐波放大等问题。

6.6 谐波管理与抑制技术

6.6.1 谐波管理原则

电网谐波管理应依据《电力法》、《电力供应与使用条例》、GB/T 14549—1993《电能质量 公用电网谐波》及电力企业制订的有关规定、条例和实施细则进行。

（1）贯彻"谁干扰，谁污染，谁治理"的原则，并按要求治理合格。

（2）谐波源的管理。应建立和健全客户谐波源的技术档案，包括设备的容量、型式、参数、主接线，有关电容器或滤波器的参数，谐波设计计算值和实测值等。当谐波源产生的谐波电流使公共连接点的谐波电压超出标准规定的允许值时，应按就地治理的原则，限期采取措施，否则，供电企业可中止对其供电。

（3）新装或增容的谐波源管理。把好投运关，具有谐波源的客户在申请用电时，应根据谐波源和系统公用电网参数，进行谐波预测计算，对于超出允许值的客户，需采取限制谐波的措施，与用电设备同时投运。新设备投运后，进行谐波实测复核，合格者才允许正式接网运行。

（4）在日常工作中，对有谐波源的客户要定期测量、检查，加强管理力度。

（5）为提高电网电能质量和供电效率，查明电力谐波来源，为对谐波开展有效治理提供依据，有必要将基波电能与谐波电能分别计量，并区别出谐波潮流，进而通过对向电网注入谐波的客户采取惩罚性计费的方式，强制其尽快采取措施，以减小由其注入给电网的电力谐波量，从而保证电网的可靠运行和不损害线性负荷客户的利益。

6.6.2　谐波主动治理技术

谐波主动治理是从谐波源本身出发，使谐波源不产生谐波或降低谐波源产生的谐波。谐波主动治理技术主要有：①通过增加变流装置的相数或脉动数；②改变变压器绕组接法。

1. 增加变流装置的脉动数

变流装置是配电网的主要谐波源之一，对变流设备增加脉动数是降低配电网谐波的一种基本方法。

正常情况下，变流装置在其交流侧产生的谐波次数为

$$h = mp \pm 1, \quad m = 1, 2, 3, \cdots, n \tag{6-56}$$

式中　h——谐波次数；

　　　p——变流装置的脉动数。

变流装置产生的各次谐波电流的有效值为

$$I_h \approx \frac{1}{h} I_1 \tag{6-57}$$

式中　I_h——第 h 次谐波电流有效值；

　　　I_1——基波电流有效值。

根据式（6-56）、式（6-57）可知，变流装置的脉动数越多，则谐波电流的次数越高，随着谐波电流次数的增高，谐波电流值越小。

增加变流装置脉动数的有效方法是利用 2 台绕组接法不同（Yy 和 Yd）的变压器，其二次侧电流相差 30°的原理，将 2 台三相 6 脉冲全波换流器分别接入上述 2 台不同接线方式的变压器，这样 2 组 6 脉冲变流器。变成 12 脉冲变流器。此种接法只产生 11、13 次以上的谐波电流，可不用投资安装 5、7 次滤波器。

当 $p=18$ 及以上时可通过整流变压器采用曲折绕组实现，每组绕组通过不同的连接方式和不同匝数比的配置形成不同的移相角。图 6-8 所示的 $p=18$ 时整流装置组成示意图，主要由整流变压器 T，3 个整流桥 Z，3 个滤波电抗器 L 组成。整流变压器 T 二次绕组有 3 个，分别采用 1 个星形接线和 2 个

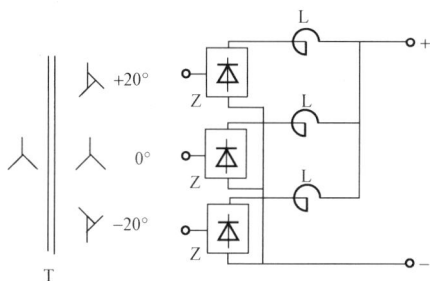

图 6-8　$p=18$ 的整流电路

分别前移 20°和后移 20°的 Z 接线，使整流电压依次移相 20°，把原来的 60°脉动变成 3 个 20°脉动。此种接法只产生 17 次、19 次以上的谐波电流，可不用投资安装 17 次以下的滤波器。

2. 改变变压器绕组接法

通过改变配电变压器绕组接法可有效减少某些次数的谐波。例如在配电网的变压器，其二次侧采用三角形连接，3 次谐波可在变压器二次绕组中形成环流，不会注入变压器低压侧的配电网中，可有效消除 3 次及其 3 的倍数次谐波对配电网的影响。

6.6.3　交流滤波器技术

在谐波源处就近安装滤波器，是在谐波源设备已确定的情况下，防止谐波电流注入配电网的有效措施。

1. 无源滤波器

无源滤波器主要由电力电容器、电抗器和电阻器组成。运行时其和谐波源并联，除起滤除谐波之外，兼具无功补偿的需要。

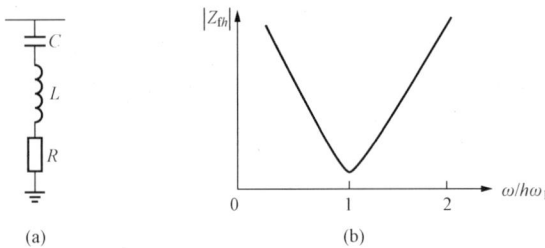

图 6-9　单调谐滤波器结构与频率特性

（a）结构示意图；（b）频率特性

无源滤波器一般有一组或数组单调谐滤波器组成，单调谐滤波器利用 RLC 电路串联原理进行滤波，用于滤除某一特定次数的谐波，其组数及每组的滤波次数根据现场谐波状况确定。图 6-9 所示为单调谐无源滤波器的结构与频率特性，对 h 次谐波的阻抗 Z_{fh} 为

$$Z_{fh} = R + \mathrm{j}\Big(h\omega_1 L - \frac{1}{h\omega_1 C}\Big) \tag{6-58}$$

谐振频率 f_h 为

$$f_h = hf_1 = \frac{1}{2\pi\sqrt{LC}} \tag{6-59}$$

在谐振点处，$Z_{fh} = R$，因 R 很小，h 次谐波电流主要经 R 分流。因此，只要将滤波器的谐振次数设定为与需要滤除的谐波次数相等，则可起到滤除该次谐波的作用。

双调谐滤波器在谐振频率附近相当于两个并联的单调谐滤波器，同时吸收两种频率的谐波。与单调谐滤波器相比，基波损耗较小。

双调谐滤波器有两个谐振频率，同时吸收两个频率的谐波，等效于两个并联的单调谐滤波器。图 6-10 所示为双调谐无源滤波器的结构与频率特性。

高通滤波器在高于某个频率之后很宽的频带范围内呈低阻抗特性，用于吸收若干较高次谐波。

在无限大至 f_0 的频率范围内，高通滤波器的阻抗是一个与它的电阻 R 同数量级的低阻抗，从而使得高通滤波器对截止频率以上的高次谐波形成一个公共的电流通路。图 6-11 所示为三阶以下的高通无源滤波器结构。其中二阶高通滤波器应用最为广泛，二阶高通滤波器对 h 次谐波的阻抗为

$$Z_{fh} = \frac{1}{\mathrm{j}h\omega_1 C} + \Big(\frac{1}{R} + \frac{1}{\mathrm{j}h\omega_1 L}\Big)^{-1} \tag{6-60}$$

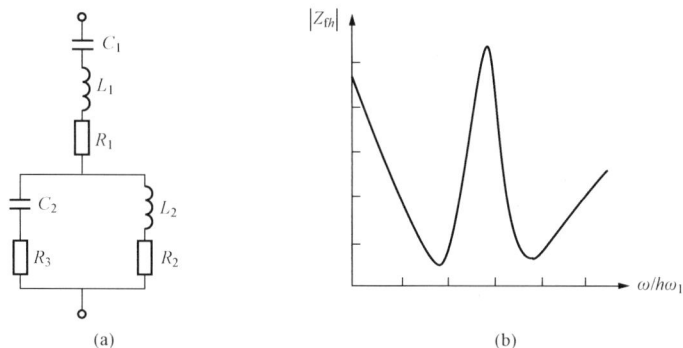

图 6-10 双调谐滤波器结构与频率特性

（a）结构示意图；（b）频率特性

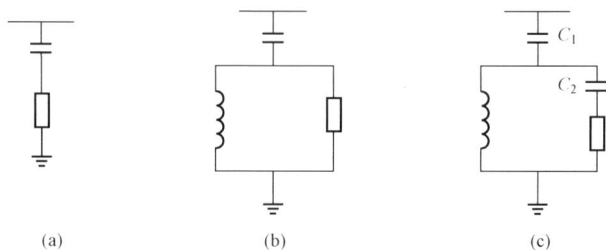

图 6-11 高通无源滤波器结构

（a）一阶；（b）二阶；（c）三阶

二阶高通滤波器对应的截止频率 f_0 为

$$f_0 = \frac{1}{2\pi RC} \tag{6-61}$$

工程上，往往采用若干组单调谐滤波器与一组高通滤波器配合使用的方案。

无源滤波器具有结构简单、设备投资少、运行可靠性高、维护方便的优点，是当前广泛采用的治理谐波技术之一。但它存在一些缺陷，如谐波频带窄，只能消除特定的几次谐波，可能会对某些谐波产生放大作用，受系统参数影响较大，当系统阻抗发生变化时可能会与系统中的阻抗发生并联谐振等。

2. 有源滤波器

有源滤波器是近年来发展起来的一种治理谐波的有效技术。它的基本原理是通过注入与配电网中原有谐波和无功电流大小相等、方向相反的补偿电流，使配电网谐波和无功电流趋于零。与无源滤波器相比，它能对变化的各次谐波和无功同时进行补偿，补偿特性受系统阻抗和频率变化影响较小。

并联型有源滤波器的原理示意图如图 6-12 所示。

在图 6-12 中，负荷电流为

$$i_L = i_1 + i_h \tag{6-62}$$

式中 i_L——负荷电流；

i_1——基波电流；

i_h——谐波电流。

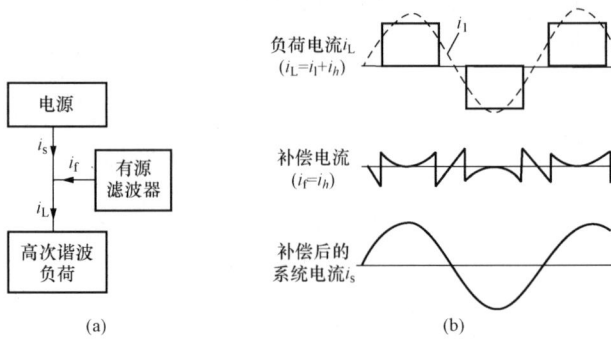

图 6-12 并联型有源滤波器原理示意图

(a) 原理示意图；(b) 补偿电流

有源滤波器补偿前谐波电流为

$$i_h = i_L - i_1 \tag{6-63}$$

有源滤波器提供的补偿电流为

$$i_f = -i_h \tag{6-64}$$

有源滤波器补偿补偿后系统的电流 i_S 为

$$i_S = i_L + i_f = i_1 \tag{6-65}$$

经有源滤波器补偿后，电网电流只含有基波电流 i_1。

第7章　配电网电压质量与无功补偿

SD 325—1989《电力系统电压和无功电力技术导则》指出：电压是电能质量的重要指标，电压质量对电力系统的安全与经济运行，对保证用户安全生产和产品质量以及电气设备的安全与寿命有重要的影响。配电网无功补偿与无功功率平衡不仅能保证电压质量，而且提高了电力系统运行的稳定性与安全性，降低了电能损耗，充分发挥了经济效益。

7.1　电　压　质　量

7.1.1　电压偏差标准

供用电设备的理想工作电压是其额定电压，但运行中允许有适当的电压偏移。偏移的范围是根据供用电设备对电压偏移的敏感性，以及可能造成后果的严重程度决定的。《供电营业规则》第54条规定，在电力系统正常状态下，供电企业供到用户受电端的供电电压允许偏差为：

（1）35kV及以上电压供电，电压正负相差的绝对值之和不超过额定电压值的10％；

（2）10kV及以上三相供电，电压偏差为额定电压值的±7％；

（3）低压220V单相供电，电压偏差为额定电压的＋7％、－10％。

在电力系统非正常运行情况下，供电企业供到用户受电端的电压最大允许偏差不应超过额定值的±10％。

实际运行电压在允许电压偏差范围内累计运行的时间与对应的总运行统计时间之比的百分值，称为电压合格率。电网的电压合格率应大于90％；按照县级电力企业"争创一流"的要求，电压合格率应大于95％。

7.1.2　电压超标的危害

无论配电网是低电压运行还是高电压运行，都会给电气设备的运行带来较大危害。这主要表现为：

（1）照明负荷。电压低时，发光效率下降，影响照度。当电压降低5％时，亮度降低15％～20％；当电压降低10％，亮度降低32％。反之，当电压升高5％时，电灯使用寿命减少一半；当电压升高10％时，只能维持原寿命的1/3。

（2）整流器、电热器、电弧炉等负荷。其有功功率与电压平方成正比，当电压降低1％时，有功功率降低2％，从而降低了用电设备的有功功率；反之，电压升高时，则有功功率增加。

（3）感应电动机及其他电机类负荷。因感应电动机的转矩与电压的平方成正比，滑差率与电压的平方成反比，电压下降时经常会使电动机过负荷而烧毁，同时也会使电动机启动困难。反之，长期高电压运行，会对电动机的绝缘造成危害。

（4）电压偏低会降低发、供、用电设备的输出功率，增加供电线路及电气设备中的电能损失。

（5）电压偏低常常会引起低电压保护装置动作，电磁开关、空气断路器跳闸，影响生产的正常进行。反之，电压偏高将引起过电压保护装置动作，使电气设备的电压线圈烧坏等。

（6）电压偏低或偏高都会影响到通信、广播、电视等音像的质量，影响家用电器设备的正常工作。

（7）如果电网的无功功率严重匮乏，将导致电压崩溃、系统振荡、电网瓦解等大事故发生。

7.1.3　影响电压质量的主要因素

电网在运行中，其电压是随时变化的，造成电压波动的原因大致有以下几个方面：

（1）电网运行方式的改变，引起功率分布和电网阻抗的改变，使电压升高或降低。

（2）电力负荷随季节、昼夜及用户生产流程而变动。在低负荷时段电压偏高，在电网用电负荷高峰时段电压偏低。

（3）供电距离超过合理的供电半径，供电导线截面积选择不当，用电功率因数过低等，都会加大电压损失。

（4）冲击性负荷、非对称性负荷的影响，调压措施缺乏或使用不当。

（5）用电单位安装的无功补偿电容器采用了"死补"，即24h内不论本单位需用无功量是多少，都固定供给一定量的无功功率，从而在高峰负荷时间吸收电网无功，而低谷负荷时间大量向系统反送无功，造成电压变动幅度的增加。

总之，无功功率的余、缺状况是影响供电电压偏差的重要因素。

7.1.4　提高电压质量的措施

电压调整是一项十分复杂的问题，对于配电网来说，先应建立电压监测点，安装电压监测控制仪对电压质量进行连续监测。对监测点电压按规定的合格范围值进行整定，准确地统计出一个周期内总供电时间及电压不合格（偏高或偏低）的累计时间，从而准确地反映出电压质量的实测数据，为调整电压提供依据。目前改善电压质量的方法主要有：

（1）变压器调压。分为不带负荷调压和有载调压两种。不带负荷调压必须在断开变压器之后，调整变压器的分接头挡位。有载调压可以在变压器不停电的情况下进行调整电压，并且调压范围大，调整范围可达额定电压的 $\pm 15\%$ 以上调压级数多，可大大改善配电网的电压质量。

（2）无功优化补偿。无功优化补偿是提高供用电设备功率因数、减少电网损耗、改善电压质量的有效途径。通常可采用并联电容器、并联电抗器、静止补偿器改变配电网中的无功功率分布，降低配电网线损及电压损失，达到调节电压的目的。

7.2　电 压 损 耗 计 算

7.2.1　功率传输对电压水平的影响

当线路传输功率时，电流将在线路阻抗上产生电压损耗。图7-1所示为不考虑线路分布电容影响的配电线路等值电路和相量图。

设线路的电阻为 R，电抗为 X，线路首端电压为 $\dot{U}_1$，在线路接入功率因数为 $\cos\varphi$ 的负荷，负荷电流为 $\dot{I}$，负荷端电压即线路末端电压为 $\dot{U}_2$，则

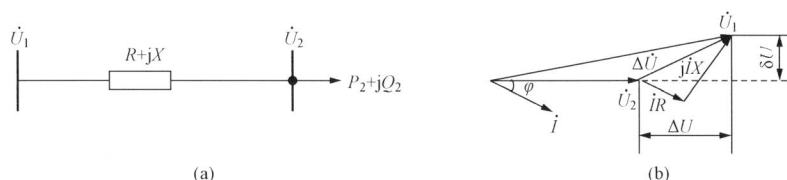

图 7-1　配电线路等值电路和向量图

(a) 等值电路；(b) 向量图

$$\dot{U}_1 - \dot{U}_2 = \mathrm{d}\dot{U} = \sqrt{3}\,\dot{I}(R + \mathrm{j}X) \tag{7-1}$$

将 $\dot{U}_1$、$\dot{U}_2$ 的向量差 $\mathrm{d}\dot{U}$ 称作线路的电压降，若电流用线路末端的功率和电压表示，即

$$I = \frac{S_2}{\sqrt{3}U_2} \tag{7-2}$$

将式 (7-2) 代入式 (7-1)，可得

$$\Delta\dot{U} = \frac{P_2 R + Q_2 X}{U_2} + \mathrm{j}\frac{P_2 X - Q_2 R}{U_2} \tag{7-3}$$

在 110kV 及以下配电网中，人们更关心的是线路两端电压有效值之差，也就是线路的电压损耗。线路首段电压和线路末端电压的差额称为电压损耗，电压损耗和首段电压比值的百分数称为电压损耗率。

当 $\dot{U}_1$、$\dot{U}_2$ 间的相角差比较小时，可以忽略电压降落横分量对电压损耗的影响，把电压降落纵分量近似看作电压损耗，即

$$U_1 \approx U_2 + \frac{P_2 R + Q_2 X}{U_2} \tag{7-4}$$

从式 (7-4) 可见，电压损耗由两部分组成，即

$$\Delta U = \frac{P_2 R}{U_2} + \frac{Q_2 X}{U_2} \tag{7-5}$$

配电线路的电压损耗率可表示为

$$\Delta U\% = \frac{\Delta U}{U_1} \times 100\% \tag{7-6}$$

从以上分析可见，在电网线路、变压器上产生的电压损耗一方面与电网元件的参数有关，另一方面决定于线路或变压器传输的功率。在变压器等值电路中，一般串联电抗的数值也要比电阻大得多，无功功率的消耗也是造成电压损耗的主要因素。由于传输功率随时间不断变化，因此即使在配电网的同一节点上，电压损耗或电压偏差也随时间在不断波动。

7.2.2　多个集中负荷时的电压损耗计算

中压配电网中，经常有一条干线带多个集中负荷的供电方式，如图 7-2 所示。这时往往要求计算该线路的最大电压损耗，即从首端到最末端负荷之间的总电压损耗。

为了计算方便，通常在计算电压损耗时，用额定电压代替各负荷点的实际电压，并不计线路阻抗上的功率损耗。

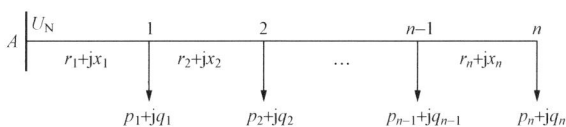

图 7-2　多个集中负荷的配电线路

其线路总的最大电压损耗可表示为

$$\Delta U_{\max} = \frac{\sum\limits_{i=1}^{n}(p_i r_i + q_i x_i)}{U_N} \tag{7-7}$$

式中　$\Delta U_{\max}$——线路首端到最末用户端的总最大电压损耗，kV；

　　　　p_i，q_i——分别是线路中任一点 i 的负荷有功及无功，MV·A；

　　　　r_i，x_i——分别是第 i 个负荷点到电源（首端）点之间的总阻抗，Ω；

　　　　U_N——线路额定电压，kV。

若用负荷的有功功率及功率因数表示最大电压损耗时，则有

$$\Delta U_{\max} = \frac{1}{U_N}\sum\limits_{i=1}^{n}\frac{p_i}{\cos\varphi_i}(r_i\cos\varphi_i + x_i\sin\varphi_i) \tag{7-8}$$

7.2.3　匀布负荷的电压损耗计算

对于某些城市配电网、平原地区农村配电网及路灯负荷等，可以近似地认为负荷沿线路均匀分布，简称匀布负荷，如图 7-3（a）所示。

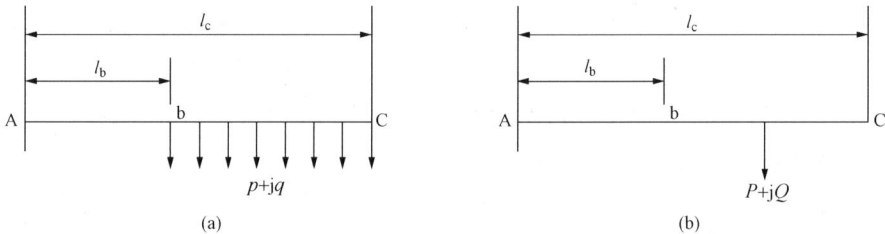

图 7-3　负荷均匀分布的配电线路
（a）均匀分布的负荷；（b）产生的电压损耗

设匀布负荷的密度为 $p+jq$，单位长导线阻抗为 r_0+jx_0，则总匀布负荷为 $P+jQ$，则其值为

$$P+jQ = (p+jq)(l_c - l_b) \tag{7-9}$$

则匀布负荷产生的总电压损耗可用下式计算

$$\Delta U = \frac{Pr_0 + Qx_0}{U_N}\left(l_b + \frac{l_c - l_b}{2}\right) \tag{7-10}$$

式（7-10）表明，匀布负荷产生的电压损耗，可用一大小等于总匀布负荷、位于匀布负荷中央的集中负荷产生的电压损耗代替，如图 7-3（b）所示。

7.3　配电网无功补偿原理

7.3.1　无功补偿的基本概念

电网的电压 U、负荷电流 I、视在功率 S、有功功率 P 以及无功功率为 Q 之间的关系如图 7-4（a）、（b）所示。

从图 7-4 可以看出

$$S = \sqrt{P^2 + Q^2} \tag{7-11}$$

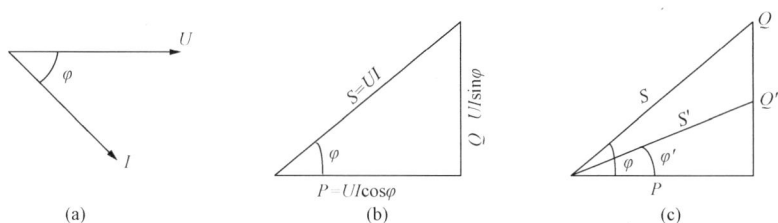

图 7 - 4　无功功率补偿示意图

(a) 电压和电流的关系；(b) 功率三角形；(c) 无功补偿原理

$$\cos\varphi = \frac{P}{S} \tag{7-12}$$

电力系统中除了负荷需要无功功率外，线路的电感电抗和变压器的电感电抗也都消耗无功功率。除了发电机是无功功率的主要电源外，线路的电容也产生部分无功功率。在以上两项无功电源不足以满足负荷的无功功率和电网的无功功率损耗时，需加装无功补偿设备，这些补偿设备也是无功功率的电源。

如果配电网的有功负荷 P 不变，由于加装了一部分无功补偿设备，使无功消耗由 Q 减少到 Q' 时，功率因数由 $\cos\varphi$ 提高到 $\cos\varphi'$ [见图 7 - 4 (c)]，那么 $Q-Q'$ 就称为无功补偿的容量。由图 7 - 4 (c) 不难看出，加装了无功补偿设备后，视在功率 S' 也比 S 小了。

7.3.2　无功补偿的作用

配电网进行无功功率补偿后，具体效益主要体现在如下几个方面。

1. 降低线路和变压器中的功率损耗和电能损耗

线路有功功率损耗为

$$\Delta P = \frac{P^2 + Q^2}{U^2} \times R \times 10^{-3} = \frac{P^2 R}{U^2} \times 10^{-3} + \frac{Q^2 R}{U^2} \times 10^{-3} \tag{7-13}$$

变压器有功功率损耗为

$$\Delta P = \frac{P^2 R}{U^2} \times 10^{-3} + \frac{Q^2 R}{U^2} \times 10^{-3} + \Delta P_0 \tag{7-14}$$

式中　　P，Q——流过线路或变压器的有功功率及无功功率，kW、kvar；

$\qquad U$——电网线电压，kV；

$\qquad R$——线路或变压器电阻，Ω；

$\qquad \Delta P_0$——变压器空载损耗，kW。

无功补偿不改变线路上有功功率的输送，只改变无功功率的输送，即补偿安装点的负荷无功，使从安装点的上游线路或变压器输送的无功减少，因此有效地降低线路功率损耗和电能损耗。由于无功功率补偿使线路减少的有功损失为

$$\Delta P' = \frac{P^2 R}{U^2} \times 10^{-3} + \frac{(Q_1^2 - Q_2^2)R}{U^2} \times 10^{-3} \tag{7-15}$$

式中　　Q_1，Q_2——补偿前和补偿后线路输送的无功功率，kvar。

2. 降低线路和变压器中的电压损耗，改善用户电压质量

线路和变压器中的电压损耗可表示为

$$\Delta U = \frac{PR + QX}{U} \times 10^{-3} = \frac{PR}{U} \times 10^{-3} + \frac{QX}{U} \times 10^{-3} \tag{7-16}$$

式中 X——线路或变压器的电抗，Ω。

在线路末端装设容量为 Q_c 的无功功率补偿装置后，线路上电压损耗减少的量为

$$\Delta U' = \frac{Q_c X}{U} \times 10^{-3} \qquad (7-17)$$

如果在变压器二次侧并联容量为 Q_c 的电容器，则变压器电压损耗的减少量为

$$\Delta U'\% = \frac{Q_c U_d \%}{S_N} \qquad (7-18)$$

式中 S_N——变压器额定容量，$kV \cdot A$；

$U_d\%$——变压器阻抗电压百分数。

3. 提高线路和变压器的有功传输能力

由式（7-11）、式（7-12）可知，进行无功功率补偿提高功率因数后，在输送同样容量的有功功率情况下，设备安装容量可以减少。或者说，在保持视在功率不变的情况下，可增大有功功率传输。

7.3.3 无功补偿的配置原则

为了最大限度地减少无功功率的传输损耗，提高配电设备的效率，无功补偿设备的配置应按照"分级补偿，就地平衡"的原则进行规划，合理布局而且要满足以下几点要求。

1. 总体平衡与局部平衡相结合

要做到城乡电网的无功电力平衡，首先要满足整个县级配电网的无功电力平衡，其次要同时满足分站（变电站）、分线（配电线路）的无功电力平衡。如果无功电源的布局（补偿容量和补偿位置）选择不合理，局部地区的无功电力不能就地平衡，就会造成一些变电站或者一些线路的无功电力偏多，电压偏高，过剩的无功电力要向外输出；或者造成一些变电站或一些线路的无功电力不足，电压下降，必然要向上游电网索取无功电力。这样仍然会造成不同分区之间无功电力的长途输送和交换，使电网的功率损耗和电能损耗增加。因此，在规划中，要在总体平衡的基础上，研究各个局部的补偿方案，求得最优化的组合，才能达到最佳的补偿效果。

2. 电业部门补偿与用户补偿相结合

统计资料表明，在城乡电网中用户消耗的无功功率约占 50%；在工业网络中，用户消耗的无功功率约占 60%；其余的无功功率消耗在输配电网络中。因此，为了减少无功功率在网络中的输送，要尽可能地实现无功就地补偿、就地平衡，所以必须由供电部门和用户共同进行补偿。

3. 分散补偿与集中补偿相结合，以分散为主

无功补偿既要达到总体平衡，又要满足局部平衡，既要开展供电部门的补偿，又要进行用户的补偿，这就必然要采取分散补偿与集中补偿相结合的方式。集中补偿是指在变电站集中装设容量较大的电容器进行补偿，分散补偿是指在配电网络中分散的负荷区（如配电线路、配电变压器和用户的用电设备等）分散进行的无功补偿。

变电站的集中补偿，主要是补偿主变压器本身的无功损耗，以及减少变电站以上输电线路传输的无功电力，从而降低供电网络的无功损耗，但它不能降低配电网络的无功损耗。因为用户需要的无功仍需要通过变电站以下的配电线路向负荷输送，所以为了有效地降低线损，必须进行分散补偿。

4. 降损与调压相结合，以降损为主

利用并联电容器进行无功补偿，其主要目的是为了达到无功电力就地平衡，减少网络中的无功损耗，以降低线损。与此同时，也可以利用电容器组的分组投切，对电压进行适当地调整，但这只是并联电容器补偿的辅助目的。在一般情况下，要以降损为主，调压为辅。

7.3.4　无功补偿的方式

无功优化补偿的方式有以下四种。

1. 变电站集中补偿

变电站集中补偿主要是利用并联电容器的投切，配合有载调压变压器进行调压。有载调压虽然灵活、调压幅度大，但在电网无功不足的时候，只能改变电压分布，却不能提供无功功率，这一点可以由并联电容器来弥补。投入电容器增加了网络的无功电能，同时又提高了网络电压。但仅依靠电容器进行较大幅度的调压会使补偿容量选择得很大，并不经济。

变电站集中补偿装置包括并联电容器、同步调相机、静止补偿器等，主要目的是平衡电网的无功功率，改善电网的功率因数，提高系统终端变电站的母线电压，补偿变电站主变压器的高压输电线路的无功损耗。这些补偿装置一般集中接在变电站 10kV 母线上，因此具有易管理、方便维护等优点，但这种补偿方案对 10kV 配电网的降损不起作用。

为实现变电站的电压/无功综合控制，通常采用并联电容器组和变压器有载调压抽头协调调节。鉴于变电站集中无功补偿对提高高压电网功率因数、维持变电站母线电压和平衡系统无功有重要作用，因此应根据负荷增长需要设计好变电站的无功补偿容量，在保证电压合格和无功补偿效果最好的情况下，尽可能使电容器组投切开关的操作次数为最少。

2. 随线补偿

随线补偿是将补偿电容器安装在线路上，用来补偿线路上的无功消耗，同时使线路末端电压得到提高，具有投资少、见效快、降损效果显著等特点。补偿地点应选择在较大的分支线且负荷集中的地段。

配电变压器要消耗无功功率，而很多公用变压器没有安装低压补偿装置，造成很大无功功率缺额，需要由变电站或发电厂承担。大量的无功功率沿线传输使得配电网的网损居高难下，这种情况下可考虑配电线路无功补偿。

线路补偿是通过在线路杆塔上安装电容器实现无功补偿。线路补偿远离变电站，存在保护难配置、控制成本高、维护工作量大、受安装环境限制等问题。因此，线路补偿的补偿点不宜过多，控制方式应从简，一般不采用分组投切控制，补偿容量也不宜过大，避免出现过补偿现象。

线路补偿主要提供线路和公用变压器需要的无功功率，工程关键是选择补偿地点和补偿容量，采取实用优化算法。线路补偿适用于功率因数低、负荷重的长线路，一般采用固定补偿，因此存在适应能力差、重载情况下补偿不足等问题。

3. 随器补偿

随器补偿是将电容器安装在配电变压器的低压侧，主要用来补偿变压器的空载无功损耗和漏磁无功损耗。有关技术要求规定，10kV 配电变压器，容量在 100kV·A 及以上的工农业用电必须进行无功补偿，并采用自动投切装置。

配电变压器低压补偿是应用最普遍的补偿方法。由于用户的日负荷变化大，通常采用微机控制、跟踪负荷波动分组投切电容器补偿，总补偿容量在几十至几百千乏不等。目的是提高专用变电器用户功率因数，实现无功功率的就地平衡，降低配电网损耗和改善用户电压质量。

4. 随机补偿

将电力电容器接在电动机的电源进线端与电动机直接并联，用以补偿电动机的无功消耗。对于固定安装、年运行时间在 1500h 以上、功率大于 4kW 的电动机，应在机旁就地补偿，与电动机同步投切。

在 10kV 以下电网的无功消耗总量中，变压器消耗占 30％左右，低压用电设备消耗占 65％以上，因此在低压用电设备上实施无功补偿十分必要。理论计算和实践运行证明，低压设备无功补偿的经济效果最佳，是值得推广的一种节能措施。

异步电动机是消耗无功最多的低压用电设备，故对于油田抽油机、矿井提升机、港口卸船机等厂矿企业的较大容量电动机，应该实施就地无功补偿。与前三种补偿方式相比，随机补偿具有更显著的优点：①线损率可减少 20％；②改善电压质量，减少电压损失，进而改善用电设备启动与运行条件；③释放系统能量，提高线路供电能力。

配电网无功补偿的四种方式如图 7-5 所示。方式 1 代表变电站集中补偿，方式 2 代表配电变压器低压侧补偿，方式 3 代表配电线路固定补偿，方式 4 代表用电设备随机补偿。

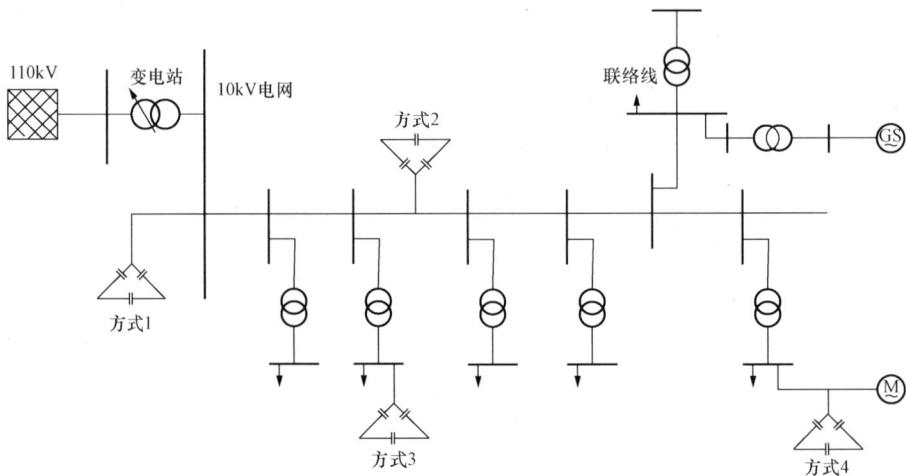

图 7-5 配电网无功补偿方式

根据以上常用无功补偿方式分析讨论，可归纳整理出四种补偿方式的特点，见表 7-1。

表 7-1　　　　　　　　　　　四种无功补偿方式的特点比较

补偿方式	变电站集中补偿	配电变压器低压补偿	配电线路固定补偿	用电设备随机补偿
补偿对象	变电站无功需求	配电变压器无功需求	配电线路无功负荷	用电设备无功需求
降损范围	主变压器及输电网	配电变压器及输配电网	配电线路及输电网	整个输配电网
调压效果	较好	较好	较好	最大
单位投资	较大	较大	较小	较大
设备利用率	较高	较高	很高	较低
维护方便性	方便	较方便	方便	不方便

7.4　配电网无功补偿容量的确定

《国家电网公司电力系统无功补偿配置技术原则》对配电网不同电压等级的补偿容量、高压侧功率因数及单组容量有推荐的取值范围，见表 7 - 2。

表 7 - 2　　　　　　　　　　　　　　　　配电网无功补偿的推荐值

电压等级	高压侧功率因数	补偿容量	单组容量上限	备　注
220kV 变电站	主变压器最大负荷时 ≥0.95；低谷负荷时［0.92，0.95］	主变压器容量的 10%～25%	20Mvar（66kV）12Mvar（35kV）8Mvar（10kV）	最大单组投切引起母线电压变化不超过额定电压的 2.5%
35～110kV 变电站	主变压器最大负荷时 ≥0.95；低谷负荷时［0.92，0.95］	主变压器容量的 10%～30%	6Mvar（110kV）3Mvar（35kV）	单组容量应考虑变电站负荷较小时无功补偿的需要
10kV 及其他电压等级配电网	主变压器最大负荷时 ≥0.95	主变压器容量的 20%～40%	—	—
电力用户	35kV 及以上电力用户，变压器最大负荷时 ≥ 0.95；100kVA 及以上 10kV 电力用户 0.95 以上；其他电力用户 0.90 以上	—	—	35kV 及以上供电的电力用户在任何情况下不应向电网倒送无功

由于各配电网情况与补偿目的各不相同，按照表 7 - 2 中的要求统一进行无功补偿配置较为粗略。在实际应用中，确定无功补偿容量的方法是多种多样的，目的是要提高配电网的某种运行指标，下面介绍几种确定补偿容量的方法。

7.4.1　从提高功率因数需要确定补偿容量

如果电力网最大负荷月的平均有功功率为 P_{av}，补偿前的功率因数为 $\cos\varphi_1$，补偿后的功率因数为 $\cos\varphi_2$，则补偿容量的计算式为

$$Q_c = P_{av}(\tan\varphi_1 - \tan\varphi_2) = P_{av}\left(\sqrt{\frac{1}{\cos^2\varphi_1} - 1} - \sqrt{\frac{1}{\cos^2\varphi_2} - 1}\right) \qquad (7 - 19)$$

式中　Q_c——所需补偿容量，kvar。

$\cos\varphi_1$ 应采用最大负荷日平均功率因数，$\cos\varphi_2$ 确定必须适当。通常，将功率因数从 0.9 提高到 1 所需的补偿容量，与将功率因数从 0.72 提高到 0.9 所需的补偿容量相当。因此，在高功率因数下进行补偿，其效益将显著下降。这是由于，在高功率因数下，$\cos\varphi$ 曲线的上升率变小，因此提高功率因数所需的补偿容量将要相应地增加。

7.4.2　从降低线损需要确定补偿容量

线损是电网经济运行一项重要指标，网络参数一定的条件下，其与通过导线的电流平方成正比。如设补偿前流经电网的电流为 $\dot{I}_1$，其有功、无功分量为 $\dot{I}_{1R}$ 和 $\dot{I}_{1X}$。补偿后，流经电网的电流为 $\dot{I}_2$，其有功、无功分量为 $\dot{I}_{2R}$ 和 $\dot{I}_{2X}$。加装无功补偿电容器后，将不会改变不

补偿前的有功分量，即

$$I_{1R} = I_{2R} \tag{7-20}$$

补偿后线损降低的百分值为

$$\Delta P_s = \frac{3\left(\dfrac{I_{1R}}{\cos\varphi_1}\right)^2 R - 3\left(\dfrac{I_{2R}}{\cos\varphi_2}\right)^2 R}{3\left(\dfrac{I_{1R}}{\cos\varphi_1}\right)^2 R} \times 100\% = \left[1 - \left(\dfrac{\cos\varphi_1}{\cos\varphi_2}\right)^2\right] \times 100\% \tag{7-21}$$

而补偿容量为

$$Q_c = \sqrt{3}U(I_1\sin\varphi_1 - I_2\sin\varphi_1) = \sqrt{3}U\left(\frac{I_{1R}}{\cos\varphi_1}\sin\varphi_1 - \frac{I_{2R}}{\cos\varphi_2}\sin\varphi_2\right)$$

$$= \sqrt{3}UI_{1R}(\tan\varphi_1 - \tan\varphi_2) = P(\tan\varphi_1 - \tan\varphi_2) \tag{7-22}$$

因此，式（7-22）与式（7-19）是一致的。

7.4.3　从提高运行电压需要来确定补偿容量

在配电线路的末端运行电压较低，特别是重负荷、细导线的线路，加装补偿电容以后，可以提高运行电压，这就产生了按提高电压的要求，选择多大的补偿电容是合理的问题。此外，在网络电压正常的线路中，装设补偿电容时，网络电压的升压不能越限，为了满足这一约束条件，也必须求出补偿容量 Q_c 和网络电压增量之间的关系。

装设补偿电容后，电源电压 U_1 不变，变电站母线电压由 U_2 升到 U_2'，且

$$U_1 = U_2' + \frac{PR + (Q - Q_c)}{U_2'}$$

所以投入无功补偿后电压增量（kV）为

$$\Delta U = U_2' - U_1$$

因此

$$Q_c = \frac{U_2' \Delta U}{X} \tag{7-23}$$

三相所需总容量为

$$\sum Q_c = 3Q_c \tag{7-24}$$

7.4.4　用无功补偿当量确定补偿容量

1. 无功补偿经济当量

加装无功补偿容量 Q_c 后，线路有功损耗的减小值为

$$\Delta P_L = \frac{Q_c(2Q - Q_c)R \times 10^{-3}}{U_N^2} \tag{7-25}$$

无功经济当量的意义是线路投入单位补偿容量时，有功损耗的减小值为

$$C_b = \frac{\Delta P_L}{Q_c} = \frac{Q^2 R \times 10^{-3}}{QU_N^2}\left(2 - \frac{Q_c}{Q}\right) = \frac{P_Q}{Q}\left(2 - \frac{Q_c}{Q}\right) = C_Q\left(2 - \frac{Q_c}{Q}\right) \tag{7-26}$$

式中　　P_Q——Q 个单位无功功率通过线路时，由线路电阻 R 所引起的损耗，kW；

　　　　C_Q——单位无功功率通过线路时，由线路电阻 R 所引起的损耗，kW；

　　　　$\dfrac{Q_c}{Q}$——无功功率的相对降低值，称为补偿度。

由式（7-26）可知，当补偿度很低时，即 $\dfrac{Q_c}{Q} \approx 0$ 时，则 $C_b = 2C_Q$；当补偿容量较大时，

即 $\dfrac{Q_c}{Q} \approx 1$ 时，则 $C_b = C_Q$。因此，无功功率补偿容量越大，其减小有功功率的作用越小。这就说明，并非无功补偿容量越大就越经济，补偿容量到底投入多少，功率因数提高到什么程度最有利，需通过技术经济比较来确定。

由式（7-26）知

$$C_b = C_Q\left(2 - \frac{Q_c}{Q}\right) = \frac{\Delta P_L}{Q_c} \tag{7-27}$$

2. 无功补偿容量

当采用补偿当量确定补偿容量时，可将线路分成 n 段，计算出每段的有功损耗值，即

$$\Delta P_i = \frac{Q_{ci}(2Q_i - Q_{ci})R_i}{U_N^2} \times 10^{-3} \tag{7-28}$$

式中 Q_{ci}——第 i 段线路的补偿容量；

$\qquad Q_i$——第 i 段线路的无功功率；

$\qquad R_i$——第 i 段线路的电阻。

则 n 个线路有功损耗减少的总值为

$$\sum \Delta P_i = \sum_{i=1}^{n} \frac{Q_{ci}(2Q_i - Q_{ci})R_i}{U_N^2} \times 10^{-3} \tag{7-29}$$

因此，无功功率的补偿容量为

$$Q_c = \frac{\sum \Delta P_i}{C_b} \tag{7-30}$$

7.4.5 单台电动机补偿容量的确定

对于用户的异步电动机，可以采取单台无功补偿方式。其补偿容量的计算式为

$$Q_c = \sqrt{3} U_N I_0 \tag{7-31}$$

式中 U_N——电动机的额定电压，kV；

$\qquad I_0$——电动机的空载电流，A。

由式（7-31）可知，电动机的补偿容量是按照其空载无功损耗选择的。

【例 7-1】 某变电站各条出线的参数和设备容量列在表 7-3 中。主变压器参数为：560kV·A，10/0.4kV，$U_k\% = 4.49$，短路有功损耗为 $P_k = 9.4$kW。欲将功率因数提高到 0.97~0.98，试确定在变电站低压侧集中补偿时的无功补偿容量。

表 7-3   变电站各出线设备容量表

负载	数量（台）	设备容量（kW）	负载系数	平均功率	平均功率因数（kW）	总平均功率（kW）	总平均功率因数
电动机	3	3×100	0.8	240	0.87		
电动机	1	75	0.75	60	0.86	475	0.84
各种设备	38	350	0.5	175	0.8		

解 （1）求补偿电容的容量 Q_c。根据式（7-19）可得

$$475 \times \left(\sqrt{\frac{1}{0.84^2} - 1} - \sqrt{\frac{1}{0.97^2} - 1}\right) \leqslant Q_c \leqslant 475 \times \left(\sqrt{\frac{1}{0.84^2} - 1} - \sqrt{\frac{1}{0.98^2} - 1}\right)$$

所以

$$188\text{kvar} \leqslant Q_c \leqslant 210\text{kvar}$$

（2）补偿后的功率节省值。视在功率节省值为

$$\Delta S = P_{av}\left(\frac{1}{\cos\varphi_1} - \frac{1}{\cos\varphi_2}\right) = 475 \times \left(\frac{1}{0.84} - \frac{1}{0.98}\right) = 80(\text{kV} \cdot \text{A})$$

有功功率节省值为

$$\Delta P = S_N(\cos\varphi_2 - \cos\varphi_1) = \frac{475}{0.84} \times (0.98 - 0.84) = 78(\text{kW})$$

变压器损耗节省值为

$$Q_k = U_k\%S_N \times 10^{-2} = 4.49 \times 560 \times 10^{-2} = 25(\text{kvar})$$

取无功经济当量 $C_b = 0.1$，则变压器节省的有功损耗为

$$\Delta P_B = \left(\frac{P_{av}}{S_N}\right)^2\left(\frac{1}{\cos^2\varphi_1} - \frac{1}{\cos^2\varphi_2}\right) \times (P_k + C_bQ_k)$$

$$= \left(\frac{475}{560}\right)^2 \times \left(\frac{1}{0.84^2} - \frac{1}{0.98^2}\right) \times (9.14 + 0.1 \times 25)$$

$$= 3.23(\text{kW})$$

7.5 无功补偿的经典优化方法

补偿容量的经典优化法是从网损最小、年运行费最小、年支出费用最小的观点，求出最佳补偿容量的算法，以及在考虑负荷沿线分布情况下，求得最佳补偿容量和补偿位置的算法。这些算法的共同特点是，当求得所要求的量值的数学表达式以后，采用求函数极值的方法，来求得补偿容量和位置的数学表达式。从数学的观点来看，是一些古典的算法，故将其称为经典优化法。至今，这种方法仍被应用于确定网络补偿容量和位置的实践中。

7.5.1 按网损最小确定补偿容量

网络补偿的重要目的之一是降损节能，因此，从网损最小的观点来确定补偿容量，是首先应该重视的问题。若网络接线图如图 7-6 所示，图中各段时间内的总无功负荷 Q_1，Q_2，$\cdots$，Q_n。如图 7-7 所示，假定网络总补偿容量为 Q_c，则全年的电能损耗与无功负荷的关系为

$$\Delta A = \Delta P_cQ_cT + \frac{R}{U^2}[(Q_1 - Q_c)^2t_1 + (Q_2 - Q_c)^2t_2 + \cdots + (Q_n - Q_c)^2t_n] \quad (7\text{-}32)$$

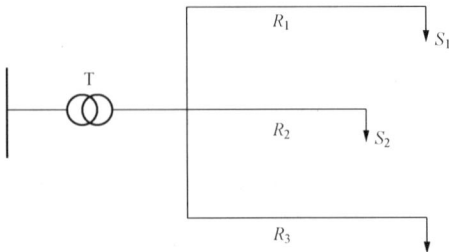

图 7-6 网络接线图

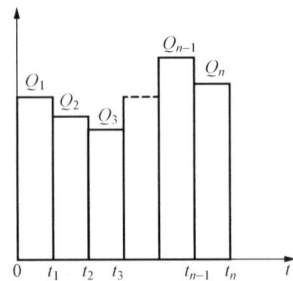

图 7-7 各时段的无功负荷图

式中　ΔP_c——补偿电容每千伏的有功损耗，kW；

　　　T——年运行时间，h；

　　　R——补偿点至电源的等值电阻，Ω。

并联电容器与调相机相比，其有功损耗 ΔP_c 较小，为其无功容量的 $0.3\%\sim0.5\%$，即 $\Delta P_c=(0.003\sim0.005)Q_c$。

为使网损最小，可将网损 ΔA 对 Q_c 进行微分，并令其为零，则有

$$\Delta P_c T-2\left[(Q_1-Q_c)t_1+\cdots+(Q_n-Q_c)t_n\right]\frac{R}{U^2}=0$$

可得

$$Q_c=Q_{av}-\frac{\Delta P_c U^2}{2R} \tag{7-33}$$

或

$$Q_c=\frac{Q_{max}\tau_{max}}{T}-\Delta P_c\frac{U^2}{2R} \tag{7-34}$$

式中　Q_{av}——年平均无功负荷，kvar；

　　　Q_{max}——无功负荷的最大值，kvar；

　　　τ_{max}——年最大负荷损耗小时数，h。

这种算法比较简单，但没有计入投入补偿电容所需要的费用。该算法所能保证的是网损最小，但如果考虑安装补偿电容的费用，就不一定是经济的。

7.5.2　按年运行费最小原则确定补偿容量

年运行费由两部分组成，第一部分是加装补偿电容后网络损耗的电价，即

$$F_1=\Delta A\beta \tag{7-35}$$

式中　ΔA——年电能损耗，kW·h；

　　　β——有功电价，元/（kW·h）。

第二部分是补偿装置的年运行、维护费用，即

$$F_2=K_a K_c Q_c \tag{7-36}$$

式中　K_c——装设单位补偿容量的综合投资，元/kvar；

　　　K_a——补偿装置的维护费用率，%。

如此，年运费 $F=F_1+F_2$，即

$$F=\Delta A\beta+K_a K_c Q_c \tag{7-37}$$

为使年运行费 F 最小，将 F 对 Q_c 微分，并令其为零，解得

$$Q_c=Q_{av}-\left(\frac{K_a K_c}{\beta T}+\Delta P_c\right)\frac{U^2}{2R}=\frac{Q_{max}\tau_{max}}{T}-\left(\frac{K_a K_c}{\beta T}+\Delta P_c\right)\frac{U^2}{2R} \tag{7-38}$$

7.5.3　按年支出费用最小原则确定补偿容量

所谓年支出费用是指同时考虑年运行费和投资的回收。如设投资的回收率为 K_e，则年计算支出费用为

$$Z=F+K_e K_c Q_c \tag{7-39}$$

使年支出费用最小，将 Z 对 Q_c 进行微分，并命其为零，解得

$$Q_c=Q_{av}-\left[\frac{(K_a+K_e)K_c}{\beta T}+\Delta P_c\right]\frac{U^2}{2R} \tag{7-40}$$

上述三种确定补偿容量方法的基本思想和计算公式的形式很相似，但其所计及的因素和所获得的经济效益却各不相同，所以其适用范围也因此而异。通过上述分析，可以清楚的看出：

（1）第一种办法的补偿容量和投资皆最大；

（2）第二种办法，补偿容量和投资皆居中；

（3）第三种办法的补偿容量最小，因此，其所用投资也最小。

从投资的观点来考虑，第三种办法是最佳的，但这里并没有计及因电能节省所获得的效益，如在进行方案比较时，应该用动态的观点，考虑在运行年度内电能节省的收益才是正确的。

上述几种方法只适用于带有集中负荷的简单网络，对复杂网络计算是相当麻烦的。

【例 7 - 2】 图 7 - 6 中的 3 条配电线路，线路电阻 $R_1 = 15\Omega$、$R_2 = 10\Omega$、$R_3 = 15\Omega$；各条线路的有功功率分别为 $P_1 = 200\text{kW}$、$P_2 = 150\text{kW}$、$P_3 = 100\text{kW}$，无功功率分别为 $Q_1 = 250\text{kvar}$、$Q_2 = 200\text{kvar}$、$Q_3 = 150\text{kvar}$。今拟在 S_1、S_2、S_3 处进行补偿，试确定补偿容量。

解 （1）按网损最小计算。根据式（7 - 33），第 i 个补偿点的补偿容量为

$$Q_{ci} = Q_i - \Delta P_c \frac{U^2}{2R_i}, i = 1,2,3$$

设 $\Delta P_c = 0.003\text{kW/kvar}$，则各条线路补偿容量为

$$Q_{c1} = 250 - 0.003 \times \frac{10^8}{2 \times 15} \times 10^{-3} = 240(\text{kvar})$$

$$Q_{c2} = 200 - 0.003 \times \frac{10^8}{2 \times 10} \times 10^{-3} = 185(\text{kvar})$$

$$Q_{c3} = 150 - 0.003 \times \frac{10^8}{2 \times 15} \times 10^{-3} = 140(\text{kvar})$$

补偿总容量为

$$Q_c = \sum_{i=1}^{3} Q_{ci} = 240 + 185 + 140 = 565(\text{kvar})$$

补偿度计算为

$$K_B = \frac{Q_c}{Q} = \frac{565}{250 + 200 + 150} = 94.2\%$$

补偿后网络的功率因数为

$$\tan\varphi = \frac{Q - Q_c}{P} = \frac{600 - 565}{450} = \frac{35}{450}, \quad \varphi = 4.45°, \quad \cos\varphi = 0.997$$

补偿后网络的有功功率损耗为

$$\Delta P = \sum_{i=1}^{3} \Delta P_i = \sum_{i=1}^{3} (Q_i - Q_{ci})^2 \frac{R_i}{u^2}$$

$$= (250 - 240)^2 \times \frac{15}{10^2} + (200 - 185)^2 \times \frac{10}{10^2} + (150 - 140)^2 \times \frac{15}{10^2} = 52.5(\text{W})$$

（2）按年运行费最小计算各补偿点的补偿容量。根据式（7 - 38），对第 i 个补偿容量为

$$Q_{ci} = Q_i - \left(\frac{K_a K_c}{\beta T} + \Delta P_c\right) \frac{U^2}{2R_i}$$

取 $K_c=60$ 元/kvar，$K_a=0.1$，$\beta=0.2$ 元/(kW·h)，则各补偿点的补偿容量和补偿点容量为

$$Q_{c1} = 250 - \left(\frac{0.1 \times 60}{0.2 \times 8760} + 0.003\right) \times \frac{10^2 \times 10^3}{2 \times 15} = 228.7(\text{kvar})$$

$$Q_{c2} = 200 - 0.0064 \times \frac{10^2 \times 10^3}{2 \times 10} = 168(\text{kvar})$$

$$Q_{c3} = 150 - 21.3 = 128(\text{kvar})$$

$$Q_{c4} = 228.7 + 168 + 128 = 524.7(\text{kvar})$$

补偿后的度功率因数为 $\cos\varphi=0.986$，网络损耗降为 $\Delta P=243.4\text{W}$，系统补偿度为 87.5%。

7.5.4　补偿容量的分配

当网络总无功容量确定之后，如何将该补偿容量合理的分配至各个补偿点，以使网络的损耗最小，获得最佳的补偿效益，这是一个非常重要的问题。为解决此问题，应该研究无功补偿容量的最优分布，其所采用的方法是等网损微增率法。

如图 7-6 所示的辐射式分支网络，如果共有 n 个分支，则装设的总容量 Q_c 在各分支中应进行合理的分配。为了说明其分配方法，首先写出其总损耗表达式，即

$$\Delta P = \frac{(Q-Q_c)R}{U^2} = \sum_{i=1}^{n} \frac{(Q_i-Q_{ci})R_i}{U^2} \tag{7-41}$$

按等网损微增率的原则，对 Q_c 进行分配，必须将 ΔP 相对 Q_c 微分，并令其为零，可得

$$(Q_i-Q_{ci})R_i = (Q-Q_c)R \tag{7-42}$$

因此

$$Q_{ci} = \left[Q_i - \frac{(Q-Q_c)}{R_i}\right]R \tag{7-43}$$

式中　R——全网等值电阻。

这就是说，在辐射式分支网络中，当总补偿容量 Q_c 求得之后，且当网络无功负荷 Q 和各分支无功负荷 Q_i 皆为已知的条件下，各分支的补偿容量 Q_{ci} 只决定于全网等值电阻 R 和各分支电阻 R_i，只要求得 R/R_i，便可求得各分支 Q_{ci} 的最佳值。

7.6　考虑负荷分布时无功补偿的优化方法

7.6.1　均布负荷线路

城乡电网中有许多大小相差不多、沿线路均匀分布的负荷，如城乡的公用配电线路、照明配电线路等，这些都属于匀布负荷线路，如图 7-8 所示。

在图 7-8（a）所示的匀布负荷线路中，设线路长度为 L，总电阻 R，平均无功负荷为 Q，平均电压为 U。若对线路采取分散与集中相结合的补偿方式，即变电站母线上集中补偿的容量为 Q_{cm}，线路上装设电容器的容量为 Q_b。为了分析问题方便起见，假设线路上只在距线路首端 l_1 处装设一组电容器，则线路上的无功潮流分布如图 7-8（b）所示。在线路传输的有功功率 P 基本不变的情况下，最优补偿计算的目的，就是按照线路无功线损最小的原则确定线路上装设电容器组的最佳位置和最优补偿容量。

由无功潮流分布图可见，并联电容补偿后，将线路"分成"Ⅰ、Ⅱ、Ⅲ三个小段，各段

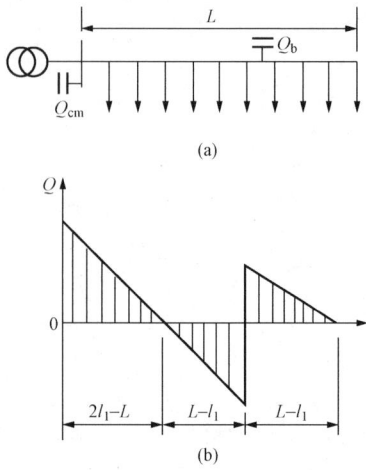

图 7-8　均布负荷线路单点无功补偿
（a）均布负荷线路；（b）均布负荷线路
　补偿后无功潮流分布图

的无功潮流方向如图 7-8（a）中箭头所示。在第 I 段（$0 \sim 2l_1 - L$），该段的总无功负荷为 $\dfrac{2l_1 - L}{L}Q$，若 l 为积分动点，则距母线 l 处的无功负荷为 $\dfrac{2l_1 - L - l}{L}Q$，所以其功率损耗为

$$\Delta P_{\text{I}} = \int_0^{2l_1 - L} \frac{Q_{\text{I}}^2}{U^2} \mathrm{d}r = \int_0^{2l_1 - L} \left(\frac{2l_1 - L - l}{U_{\text{L}}}Q\right)^2 \frac{R}{L} \mathrm{d}l$$

$$= \frac{Q^2}{3U^2}\left(\frac{2l_1 - L}{L}\right)^3 R \tag{7-44}$$

在第 II 段和第 III 段，由于补偿电容器位于 II、III 段的中心，两段线路长度相等，因而功率损耗也相等，故

$$\Delta P_{\text{II}} = \Delta P_{\text{III}} = \int_{l_1}^{L} \frac{Q_{\text{III}}^2}{U^2} \mathrm{d}r = \int_{l_1}^{L} \frac{\left(\dfrac{L - l}{L}Q\right)^2}{U^2} \frac{R}{L} \mathrm{d}l$$

$$= \frac{Q^2}{3U^2}\left(\frac{L - l_1}{L}\right)^3 R \tag{7-45}$$

则整个线路的有功损耗为

$$\Delta P = \Delta P_{\text{I}} + \Delta P_{\text{II}} + \Delta P_{\text{III}}$$

$$= \frac{Q^2}{3U^2}\left(\frac{2l_1 - L}{L}\right)^3 R + \frac{2Q^2}{3U^2}\left(\frac{L - l_1}{L}\right)^3 R \tag{7-46}$$

显然，ΔP 为 l 的函数，利用函数求极值的方法，求线路有功功率损耗 ΔP 的极小值，可求得：当 $l_1 = \dfrac{2}{3}L$ 时，ΔP 达到极小值，对应的 l_1 以后的长度为 $\dfrac{1}{3}L$，其相应的无功负荷 $Q_{\text{III}} = \dfrac{1}{3}Q$，因而电容器的补偿容量为 $Q_{\text{b}} = 2Q_{\text{III}} = \dfrac{2}{3}Q$。可见安装一组电容器时，其最佳装设位置应在距线路首端 $\dfrac{2}{3}$ 处，相应的最优补偿容量为 $Q_{\text{b}} = \dfrac{2}{3}Q$，此时线路的无功功率损耗最小。

线路上安装两组或三组电容器的情况可依此类推。

将这个法则加以推广，若线路上装设 n 组并联电容器补偿，则不同电容器组的最佳装设位置 l_i 的计算式为

$$l_i = \frac{2i}{2n+1}L, \quad i = 1, 2, \cdots, n \tag{7-47}$$

最佳装设位置下的每组最优无功补偿容量 $Q_{\text{b}i}$ 的计算式为

$$Q_{\text{b}i} = \frac{2}{2n+1}Q, \quad i = 1, 2, \cdots, n \tag{7-48}$$

全线路的最优无功补偿总容量 Q_{b} 为

$$Q_{\text{b}} = nQ_{\text{b}i} = \frac{2n}{2n+1}Q, \quad i = 1, 2, \cdots, n \tag{7-49}$$

不同装设组数的最优无功补偿容量，见表 7-4。

表 7 - 4　　　　　　　　　　　不同装设组数的最佳位置及最优容量表

组数	最佳装设位置（距变电站距离）			每组最优容量	总容量
	第 1 组	第 2 组	第 3 组		
1	$\frac{2}{3}L$			$\frac{2}{3}Q$	$\frac{2}{3}Q$
2	$\frac{2}{5}L$	$\frac{4}{5}L$		$\frac{2}{5}Q$	$\frac{4}{5}Q$
3	$\frac{2}{7}L$	$\frac{4}{7}L$	$\frac{6}{7}L$	$\frac{2}{7}Q$	$\frac{6}{7}Q$

最优补偿的降损效益计算结果见表 7 - 5。

表 7 - 5　　　　　　　　　　　最优补偿的降损效益计算结果

组数	最优补偿容量	降低线损
1	$\frac{2}{3}Q$	88.9%
2	$\frac{4}{5}Q$	96%
3	$\frac{6}{7}Q$	98%

7.6.2　非均布负荷线路

配电网中大多数配电线路具有分支线多、导线型号多、配电点多的特点，其负荷是非均匀分布的。在这种情况下进行无功补偿计算，首先应将不同型号导线的实际长度，换算成同一型号导线（代表性导线）的等效长度，并假设配电线路归一化总长度为 1，进而变换成归一化长度体系；其次，将各配电点分布的实际无功负荷，换算成归一化无功负荷，并假设配电线路归一化无功最大负荷为 1，进而变化成归一化无功负荷体系。

设配电线路由 m 个型号导线组成干线，干线上含支线共有 n 个配电供电点，即线路有 n 个分段，线路总长度为 L，为了计算方便，忽略各分支线电阻对计算结果的影响，则线路各段等效长度为

$$l_{di} = \frac{l_i r_i}{r_d} Q \qquad (7 - 50)$$

式中　l_i——第 i 段线路实际长度，km；

　　　l_{di}——第 i 段线路等效总长度，km；

　　　r_i——第 i 段线路单位电阻，Ω/km；

　　　r_d——所选代表性导线单位电阻，Ω/km。

线路等效总长度为

$$l_{dz} = \sum_{i=1}^{n} l_{di} \qquad (7 - 51)$$

式中　l_{dz}——线路等效总长度，km。

线路各段的归一化长度为

$$l_{gi} = \frac{l_{di}}{l_{dz}} \qquad (7 - 52)$$

线路归一化后的总长度为

$$l_{gz} = \sum_{i=1}^{n} l_{gi} = 1 \qquad (7-53)$$

式中　l_{gi}——线路第 i 段归一化长度；

　　　l_{gz}——线路归一化后的总长度。

线路长度归一化计算后，下面进一步对负荷进行归一化计算。若变电站馈线出口处的最大无功负荷为 Q_{max}，则各配电点归一化无功负荷为

$$Q_{gi} = \frac{Q_i}{Q_{max}} \qquad (7-54)$$

线路归一化无功总负荷为

$$Q_{gz} = \sum_{i=1}^{n} Q_{gi} = 1 \qquad (7-55)$$

各线路段上的归一化无功负荷为

$$Q_{dgi} = 1 - \sum_{j=1}^{i-1} Q_{gj}, \quad i = 1, 2, \cdots, n \qquad (7-56)$$

式中　Q_i——第 i 个负荷点无功功率，kvar；

　　　Q_{gi}——第 i 个负荷点归一化负荷；

　　　Q_{gz}——线路归一化无功总负荷；

　　　Q_{dgi}——第 i 个线路的归一化负荷；

$\sum_{j=1}^{i-1} Q_{gj}$——第 i 点之前的各负荷点归一化负荷之和。

对线路长度和各段无功负荷进行归一化计算后，用归一化的线路长度 l_{gi} 作横坐标，各区段归一化无功负荷 Q_{dgi} 为纵坐标，绘制出阶梯形归一化元功负荷分布曲线，然后进行最优无功补偿计算。

最优无功补偿计算方法分两种类型：第一种是根据无功负荷功率分布情况，首先选定电容器组数及装设位置（即离变电站母线的距离，假设离母线最近的电容器组为第一组），然后计算其最优补偿容量；第二种是首先选定补偿电容器组数目及其拟选容量，然后计算其最佳装设位置。计算时按无功损耗最小的原则确定电容器的容量，则最优补偿容量为

$$Q_{yi} = 2\left(Q_{max} f Q_{pi} - \sum_{j=i+1}^{n} Q_j\right), \quad i = 1, 2, \cdots, n \qquad (7-57)$$

式中　Q_{yi}——第 i 组最优补偿容量，kvar；

　　　f——无功负荷率，当有功负荷率高时取 $f = 0.6 \sim 0.8$，有功负荷率低时取 $f = 0.3 \sim 0.6$；

　　　Q_{pi}——第 $i-1$ 至第 i 点线路段间的归一化无功负荷的加权平均值；

$\sum_{j=i+1}^{n} Q_j$——第 i 组之后至线路末端之间的所有各电容器组的额定容量之和，kvar。

补偿电容的最佳装设位置为

$$l_{Ji} = F^{-1}\left[\frac{1}{Q_{max} f}\left(\frac{Q_i}{2} + \sum_{j=i+1}^{n} Q_j\right)\right], \quad i = 1, 2, \cdots, n \qquad (7-58)$$

式中　l_{Ji}——第 i 组电容器组的最佳装设位置（归一化值）；

Q_i——第 i 组电容器组拟选容量，kvar；

F^{-1}——反函数符号。

【例 7 - 3】　某 10kV 配电线路干线采用 LGJ-50 型和 LGJ-35 型两种导线架设，全长 9km，全线有 5 个配电点，其中无功负荷分布如图 7 - 9 所示。线路首端最大无功负荷为 1000kvar，拟在线路 5km 和 7km 处设两组电容补偿。若无功负荷率取 0.3 时，试求最优补偿容量。

解　（1）线路长度归一化计算。查有关技术手册可知 LGJ-50 型导线单位电阻为 0.640/km，LGJ-35 型导线单位电阻为 0.920/km，取 LGJ-50 型导线为代表性导线，则各段等效长度为

$$l_{d1} = 2\text{km}, \quad l_{d2} = 3\text{km}, \quad l_{d3} = 1\text{km}, \quad l_{d4} = 1.4375\text{km}, \quad l_{d5} = 2.875\text{km}$$

等效总长度为

$$l_{dz} = \sum_{i=1}^{n} l_{di} = 10.3125\text{km}$$

各线路归一化长度为

$$l_{g1} = \frac{l_{d1}}{l_{dz}} = \frac{2}{10.3125} = 0.194, \quad l_{g2} = \frac{3}{10.3125} = 0.291$$

$$l_{g3} = \frac{1}{10.3125} = 0.097, \quad l_{g4} = \frac{1.4375}{10.3125} = 0.139, \quad l_{g5} = \frac{2.875}{10.3125} = 0.279$$

（2）负荷归一化计算。

$$Q_{g1} = \frac{Q_1}{Q_{max}} = \frac{200}{1000} = 0.2$$

$$Q_{g2} = 0.3, \quad Q_{g3} = 0.2, \quad Q_{g4} = 0.1, \quad Q_{g5} = 0.2$$

各线路归一化负荷为

$$Q_{dg1} = 1 - \sum_{j=1}^{i-1} Q_{gj} = 0, \quad Q_{dg2} = 1 - 0.2 = 0.8, \quad Q_{dg3} = 1 - (0.2 + 0.3) = 0.5$$

$$Q_{dg4} = 1 - (0.2 + 0.3 + 0.2) = 0.3, \quad Q_{dg5} = 1 - (0.2 + 0.3 + 0.2 + 0.1) = 0.2$$

（3）绘制归一化无功负荷分布曲线，如图 7 - 10 所示。

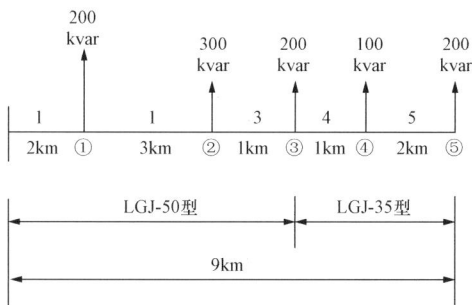

图 7 - 9　配电线路无功负荷分布图　　　　　　图 7 - 10　归一化无功负荷分布曲线

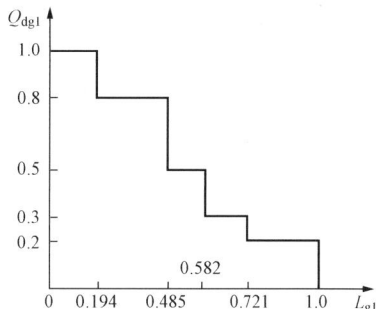

（4）最优补偿容量计算。补偿电容装设位置分别在 5km 和 7km 处，即为图 7 - 9 中的② 及④两个点，则变电站母线到负荷点②间的平均负荷 Q_{pj1} 以及负荷点②到④间的平均负荷 Q_{pj2} 分别为

$$Q_{pj1} = \frac{1.0 \times 0.194 + 0.8 \times 0.291}{0.194 + 0.291} = 0.88$$

$$Q_{pj2} = \frac{0.5 \times 0.097 + 0.3 \times 0.139}{0.097 + 0.139} = 0.382$$

第④点的最优补偿容量为

$$Q_{y2} = 2\left(Q_{\max}fQ_{p2} - \sum_{j=3}^{2}Q_j\right) = 2 \times (1000 \times 0.3 \times 0.382 - 0) = 229.2(\text{kvar})$$

第②点的最优补偿容量为

$$Q_{y1} = 2\left(Q_{\max}fQ_{p2} - \sum_{j=2}^{2}Q_j\right) = 2 \times (1000 \times 0.3 \times 0.88 - 229.2) = 69.6(\text{kvar})$$

【例 7 - 4】 在 [例 7 - 3] 中，拟在线路后部和前部分别按照两组容量分别为 100kvar 和 150kvar 的电容器，在其他条件相同情况下，求最佳安装位置。

解 由题意可知

$$Q_2 = 100\text{kvar}, \quad Q_1 = 150\text{kvar}, \quad Q_{\max} = 1000\text{kvar}, \quad f = 0.3$$

将以上数据代入式（7 - 58）得

$$l_{J2} = F^{-1}\left[\frac{1}{1000 \times 0.3} \times \left(\frac{100}{2} + 0\right)\right] = F^{-1}(0.1667)$$

$$l_{J1} = F^{-1}\left[\frac{1}{1000 \times 0.3} \times \left(\frac{150}{2} + 100\right)\right] = F^{-1}(0.5833)$$

再从图 7 - 9 中曲线上查找与以上两个值相对应的两个点为①和⑤，其对应的距变电站母线间距离分别为 5km 和 9km。

7.7　配电网无功补偿技术

配电网中常用的无功补偿技术包括并联电容器、并联电抗器、静止无功补偿器和静止无功发生器。

7.7.1　并联电容器补偿

并联电容器是配电网中应用较广的无功功率电源，主要用来提高配电网的功率因数、降低网损和改善电压水平，具有投资省、运行经济、结构简单等优点。并联电容器的无功功率与供电电压平方成正比，当系统因电压降低而需要更多的无功功率时，并联电容器的无功功率反而降低，这是其主要缺点之一。此外，并联电容器对配电网中的谐波产生放大效应，不仅危害电容器本身，而且危及配电网中的其他电气设备，严重时造成电气设备损坏。

7.7.2　并联电抗器补偿

并联电抗器通常用于吸收配电网中过剩的无功功率。在城市配电网中，电缆线路较多，充电功率较大，使电网的电压偏移超过允许范围，会对电网及电气设备的绝缘造成危害，可采用并联电抗解决无功功率过剩的情况。

并联电抗器在配电网中的作用概括起来有以下两点：

（1）削弱空载或轻载线路电容效应引起的电压升高，改善线路电压分布，提高用户电压质量，同时也限制了操作过电压水平。

（2）改善轻负载情况下线路中的无功潮流分布，使线路功率因数达到较高的数值，减少轻载或空载时无功的不合理流动，使无功就地平衡，从而降低线路的有功功率损耗，提高送电效率。

7.7.3 静止无功补偿器

静止无功补偿器（SVC，Static Var Compensator）主要由晶闸管控制的电抗器和电容器组成，可以有效提高配电网电压稳定性，拟制冲击负荷造成的电压波动问题。

并联电容器补偿无法有效跟踪负载无功需求的变化，而静止无功补偿器既可以输出无功功率，又能吸收无功功率，具有良好的调节功能。静止无功补偿器通过自动控制器，能根据电压的变化快速自动改变无功补偿容量，从而将电压的变化控制在很小范围内。

常用的静止无功补偿器有以下几种形式：晶闸管投切电容器型（TSC，Thyristor Switched Capacitor）、晶闸管控制电抗器型（TCR，Thyristor Controlled Reactor）、磁控电抗器型（MCR，Magnetically Controlled Reactors）。

1. 晶闸管投切电容器型（TSC）

TSC 由晶闸管投切电容器组成，电容器分成很多单元，以实现分级控制。

TSC 典型构成包括晶闸管阀、补偿电容器及阻尼电抗器，如图 7-11 所示。一般情况下，按照一定的比例设计成多组支路的滤波器，在基波频率下成容性，分级

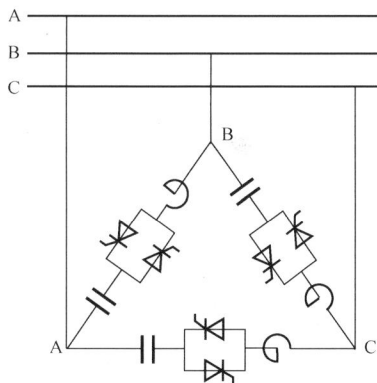

图 7-11 TSC 的基本组成

改变补偿装置的无功出力，滤波支路在某次谐波下偏调谐，兼滤除该次谐波。

2. 晶闸管控制电抗器（TCR）

TCR 通过调节晶闸管的触发角，实现连续调节补偿装置的无功功率。利用 TCR 回路吸收感性无功功率，可以对无功功率进行动态补偿，通过并联滤波器吸收多余的无功功率，确保补偿点的电压接近维持不变。其基本组成如图 7-12 所示。

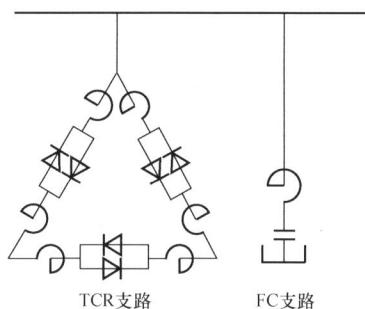

TCR支路　　FC支路

图 7-12 TCR 的基本组成

3. 磁控控制电抗器（MCR）

MCR 利用直流助磁原理，通过附加直流励磁磁化电抗器铁心，通过调节磁控电抗器的饱和程度来改变铁心的磁导率，实现电抗值的连续、快速调节，从而实现无功容量的连续可调。其基本组成如图 7-13 所示。

7.7.4 静止无功发生器

静止无功发生器（SVG，Static Var Generator）不仅能动态补偿无功，也可动态补偿瞬时有功功率，其中的静止补偿器，即 STATCOM 是柔性交流输配电技术 FACTS 的重要设备。

SVG 基本原理主要是将逆变器经过电抗器或者变压器或者直接并联在电网上，通过调节逆变器交流侧输出电压的幅值和

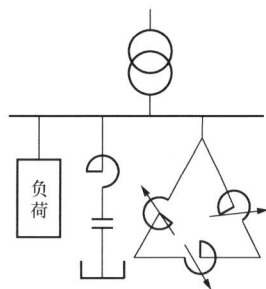

图 7-13 MCR 的基本组成

相位，或者直接控制其交流侧电流的幅值和相位，迅速吸收或者发出所需的无功功率，实现快速动态调节无功的目的。其基本电路有两种，图 7-14 所示为电压源型逆变电路，图 7-15 所示为电流源型逆变电路。

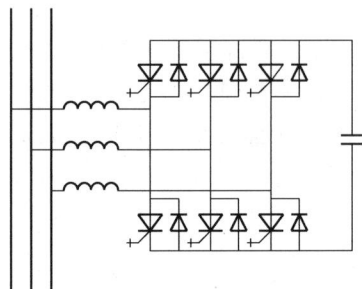

图 7-14　无压源型 SVG　　　　图 7-15　电流源型 SVG

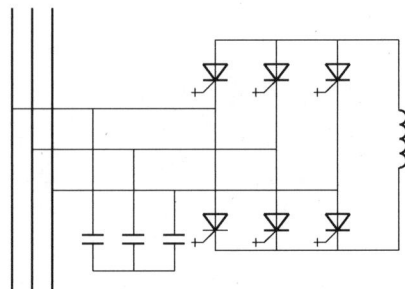

7.7.5　变电站电压/无功综合补偿

各级变电站在配电网中承担着电压和无功调节的重要任务，以中压配电网 6～10kV 最接近用户，因此变电站的 6～10kV 母线的供电质量对用户起着决定性的影响。变电站中一般采用有载调压变压器和无功补偿设备进行电压无功调节。变电站电压/无功综合控制是指采用有载调压变压器和并联补偿电容器进行局部的电压和无功自动综合调节。

1. 电压/无功综合补偿控制的目标

在变电站中，根据系统的运行情况，利用有载调压变压器和并联补偿电容器组进行电压和无功自动综合调节，以保证变压器低压侧母线电压在规定范围内，并遵循无功就地平衡原则，使变电站进线侧功率因数尽可能高的自动控制装置，称为电压无功综合控制装置（VQC，Synthetic and Automation Control of Voltage and Reactive Power）。

其具体调控目标为：

（1）维持供电电压在规定范围内；

（2）保持电网稳定、无功功率平衡；

（3）在电压合格前提下，使电能损耗最小；

（4）减少变压器分接开关和并联补偿电容器组的日调节次数。

2. 电压/无功综合补偿的检测和识别

只有正确地掌握了变电站的运行状态，才能正确地选择无功控制对策，从而达到自动控制的目的。作为变电站电压/无功综合控制装置，由于其控制对象主要是变压器分接头和并联电容组，控制目的是保证主变压器二次电压在允许范围内，且尽可能提高进线的功率因数，故一般选择电压和进线处功率因数（或无功功率）为状态变量。

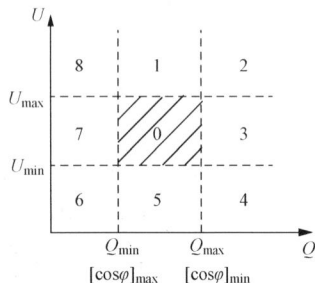

根据状态变量的大小，可将变电站的运行状态划分为九个区域，如图 7-16 所示，简称"九区图"。

在图 7-16 中，纵坐标 U 取变压器低压侧母线电压，横坐标取变压器高压侧母线无功功率（功率因数），构成了电压—无功功率（功率因数）控制模式。U_{max}、U_{min}、$[\cos\varphi]_{max}$、

图 7-16　电压无功综合
控制九区图

$[cos\varphi]_{min}$、Q_{min}、Q_{max} 分别是电压的上下限、功率因数的上下限和无功功率的上下限。

在这个九区域的运行状态中，0 区为电压和功率因数均合格区，其余八个区均为不合格区。电压无功综合控制装置利用检测到的电压和功率因数，结合当时的运行方式即可确定运行点在运行图中所处的位置，从而确定相应的控制对策。

当变电站运行于 0 区域时，电压和功率因数均合格，此时不需要进行调整。

（1）简单越限情况。

变电站运行于 1 区域时，电压超过上限而功率因数合格，此时应调整变压器分接头使电压降低。如单独调整变压器分接头无法满足要求时，可考虑强行切除电容器组。

变电站运行于 5 区域时，电压低于下限而功率因数合格，此时应调整变压器分接头使电压升高，直至分接头无法调整（次数限制或挡位限制）。

变电站运行于 3 区域时，功率因数低于下限而电压合格，此时应投入电容器组直至功率因数合格。

变电站运行于 7 区域时，功率因数超过上限而电压合格，此时应切除电容器组直至功率因数合格。

（2）双参数越限情况。

变电站运行于 2 区域时，电压超过上限而功率因数低于下限，此时如先投入电容器组，则电压会进一步上升。因此，应先调整变压器分接头使电压降低，待电压合格后若功率因数仍越限再投入电容器组。

变电站运行于 4 区域时，电压和功率因数同时低于下限，此时如先调整变压器分接头升压，则无功会更加缺乏。因此，应先投入电容器组，待功率因数合格后若电压越限再调整变压器分接头使电压升高；

变电站运行于 6 区域时，电压低于下限而功率因数超过上限，此时如先切除电容器组，则电压会进一步下降。因此，应先调整变压器分接头使电压升高，待电压合格后若功率因数仍越限再切除电容器组；

变电站运行于 8 区域时，电压和功率因数同时超过上限，此时如先调整变压器分接头降压，则无功会更加过剩。因此，应先切除电容器组，待功率因数合格后若电压仍越限再调整变压器分接头使电压降低。

参 考 文 献

［1］何正友. 配电网分析及应用. 北京：科学出版社，2014.

［2］王清亮，付周兴，董张卓. 电力系统自动化原理及应用. 北京：中国电力出版社，2014.

［3］濮贤成，程文，贾代球，唐述正. 降损节电实用技术. 北京：中国电力出版社，2013.

［4］董张卓，王清亮，黄国兵. 配电网和配电自动化系统. 北京：机械工业出版社，2014.

［5］李宏仲，金义雄，王承民等. 地区电网无功补偿与电压无功控制. 北京：机械工业出版社，2012.

［6］王成山，罗凤章. 配电系统综合评价理论与方法. 北京：科学出版社，2012.

［7］王清亮. 单相接地故障分析与选线技术. 北京：中国电力出版社，2013.

［8］王清亮. 补偿接地电网的暂态量选线保护研究. 西安：西安科技大学，2010.

［9］王清亮，付周兴. 基于能谱熵测度的自适应单相接地故障选线方法. 电力系统自动化，2012，36（5）：103-107.

［10］杜辉，王清亮，张璐. 采用希尔伯特黄变换方法实现配电网故障选线. 电力系统及其自动化学报，2013，25（5）：60-64.

［11］国家电力监管委员会电力可靠性管理中心. 电力可靠性技术与管理培训教材. 北京：中国电力出版社，2007.

［12］郭谋发. 配电网自动化技术. 北京：机械工业出版社，2012.

［13］刘健等. 现代配电自动化系统. 北京：中国水利水电出版社，2013.

［14］程浩忠等. 电能质量概论. 北京：中国电力出版社，2008.

［15］肖湘宁等. 电能质量分析与控制. 北京：中国电力出版社，2010.

［16］程浩忠，艾芊，张志刚，等. 电能质量. 北京：清华大学出版社，2006.

［17］程浩忠，吕干云，周荔丹. 电能质量监测与分析. 北京：科学出版社，2012.

［18］国家电网公司企业标准. 城市电力网规划设计导则. 北京：中国电力出版社，2010.